工程制图及计算机绘图精品课程系列教材

AutoCAD 2012 基础教程
AutoCAD 2012 Foundation Course

主 编 朱 龙 陈 磊
副主编 李锡蓉

科学出版社

北 京

内 容 简 介

本书由浅入深、循序渐进地介绍了 Autodesk 公司最新推出的中文版的 AutoCAD 2012。作者本着去繁从简的思想编写了这本教程，注重操作技巧和实例分析相结合，使读者能事半功倍地掌握 AutoCAD 的精髓。

全书共 12 章，分别介绍了 AutoCAD 2012 的基础知识和操作技巧，绘图环境的设置，线型、颜色和图层的设置使用，AutoCAD 2012 设计中心的使用，图形显示的控制，二维图形的绘制及编辑，文字及表格的创建与编辑，块及块属性的使用，图形对象的尺寸标注及尺寸样式的创建，还简明扼要地阐述了三维造型的原理和方法，最后通过对机械、建筑、水工图样的实例分析引导用户全面、高效、快捷地掌握 AutoCAD 绘制图形的方法。

本书作者均是多年从事计算机图学教学和科研的教师，书中内容反映了他们多年的教学心得。本书是一本着重讲述 AutoCAD 2012 二维图形绘制技能和方法，同时兼顾三维造型的教程。

本书适合高等院校、应用性本科、职业教育的教学，也适合广大工程设计人员和 AutoCAD 爱好者自学使用。

图书在版编目(CIP)数据

AutoCAD 2012 基础教程/朱龙，陈磊主编. —北京：科学出版社，2013.1
工程制图及计算机绘图精品课程系列教材
ISBN 978-7-03-036404-3

Ⅰ.①A… Ⅱ.①朱… ②陈… Ⅲ.①AutoCAD 软件—高等学校—教材
Ⅳ.①TP391.72

中国版本图书馆 CIP 数据核字(2012)第 319027 号

责任编辑：邓 静 张丽花/责任校对：张怡君
责任印制：张 伟/封面设计：迷底书装

科学出版社 出版
北京东黄城根北街 16 号
邮政编码：100717
http://www.sciencep.com
北京虎彩文化传播有限公司 印刷
科学出版社发行 各地新华书店经销
*
2013 年 1 月第 一 版 开本：787×1092 1/16
2023 年 8 月第十一次印刷 印张：15 1/2
字数：349 000

定价：48.00 元
(如有印装质量问题，我社负责调换)

前　　言

　　AutoCAD 是 Autodesk 公司开发的计算机辅助设计软件包，由于 AutoCAD 具有易于掌握、使用方便、体系结构开放等优点，因此广泛运用于机械、电子、化工、交通运输、土木工程、国防建设等领域，对国民经济的发展和各个行业技术水平的提高都产生了积极的影响。中文版 AutoCAD 2012 是 AutoCAD 系列软件中的最新版本，与以前版本相比，AutoCAD 2012 的性能和功能都得到了较大提高和改善。

　　随着工程图学的发展，传统的工程图学逐步演变和发展为"工程制图"和"计算机辅助绘图"两大部分。计算机辅助绘图又分为二维 CAD（以 AutoCAD 为代表）和三维 CAD（以 Solid Edge、Solidworks、UG、Pro-E 为代表），本书就是为了学生全面系统地学习二维 CAD 而编写的教材。

　　本书由朱龙、陈磊任主编，李锡蓉任副主编。全书共 12 章。第 1 章、第 9 章和第 11 章由陈磊编写，第 2 章和第 3 章由李雪枫编写，第 4 章由缪丽编写，第 5 章由朱龙编写，第 6 章由李莎、程莲萍编写（李莎负责），第 7 章由李锡蓉编写，第 8 章由许平编写，第 10 章由熊湘晖编写，第 12 章由胡跃峰、杨泽、何卉编写（胡跃峰负责）。全书由朱龙、陈磊、李锡蓉统稿并审核。

　　本书在朱龙任主编，陈磊、许平任副主编的《中文版 AutoCAD 2006 教程》基础上进行了深化和提升。《中文版 AutoCAD 2006 教程》共 11 章。第 1 章、第 2 章由朱龙编写，第 3 章由李华编写，第 4 章由吴艳萍编写，第 5 章由陈银金、彭用新、熊湘晖编写，第 6 章由李莎、杨晓媛编写，第 7 章由李锡蓉编写，第 8 章由许平编写，第 9 章由陈磊编写，第 10 章由朱景春编写，第 11 章由胡跃峰、杨泽、何卉、顾红编写。在此对上述作者表示感谢。

　　本书根据编者多年的教学实践经验总结而成，是一本重点讲述 AutoCAD 二维平面设计并兼顾三维造型的教程。除了讲解理论知识外，书中所引用的实例和习题都是教学过程中的题例，非常适合读者快速掌握 AutoCAD 的精髓。

　　本书适合高等院校、应用性本科、职业教育的教学使用，教学时数建议为 32 学时（16 学时上课，16 学时上机）；本书也适合广大工程设计人员和 AutoCAD 爱好者自学使用。

　　在本书的编写和出版过程中，得到昆明理工大学教务处、昆明理工大学机电工程学院、工程制图教研室全体教师的大力支持和帮助，并得到云南省精品课程"工程制图及计算机绘图"建设项目的资助，在此一并表示衷心的感谢。

　　由于时间仓促，加之编者水平有限，书中不妥之处在所难免，恳请读者批评指正，并提出宝贵的意见，谢谢！

编　者

2012 年 8 月于昆明

目　　录

前言

第1章　概述 ………………………………………………………………… 1

1.1　AutoCAD 2012 的新增功能 …………………………………………… 1

1.2　AutoCAD 2012 的系统配置要求 ……………………………………… 2

1.3　AutoCAD 2012 的安装与启动 ………………………………………… 3

1.4　思考练习 ………………………………………………………………… 5

第2章　AutoCAD 2012 基础知识和操作 ………………………………… 6

2.1　AutoCAD 2012 的窗口介绍 …………………………………………… 6

2.2　AutoCAD 2012 窗口设置的修改 ……………………………………… 10

2.3　AutoCAD 2012 绘图环境的设置 ……………………………………… 11

2.3.1　设置图形单位 …………………………………………………… 11

2.3.2　图形界限设置 …………………………………………………… 13

2.3.3　工作空间设置 …………………………………………………… 13

2.4　AutoCAD 2012 的文件命令及在线帮助 ……………………………… 13

2.4.1　新建图形文件 …………………………………………………… 13

2.4.2　打开已有文件 …………………………………………………… 14

2.4.3　快速保存图形文件 ……………………………………………… 15

2.4.4　另存图形文件 …………………………………………………… 15

2.4.5　同时打开多个图形文件 ………………………………………… 16

2.4.6　局部打开图形文件 ……………………………………………… 17

2.4.7　退出 AutoCAD …………………………………………………… 17

2.4.8　在线帮助 ………………………………………………………… 17

2.5　图纸幅面格式及线型颜色 ……………………………………………… 18

2.5.1　图纸幅面及格式 ………………………………………………… 19

2.5.2　线型颜色 ………………………………………………………… 19

2.6　其他辅助说明 …………………………………………………………… 20

2.6.1　鼠标的使用 ……………………………………………………… 20

2.6.2　键盘输入命令与参数 …………………………………………… 20

2.6.3　功能键 …………………………………………………………… 21

2.6.4　透明命令 ………………………………………………………… 21

2.6.5　命令的对话框形式与命令行形式 ……………………………… 21

2.7　思考练习 ………………………………………………………………… 22

第 3 章　绘图辅助设置与辅助工具 ……………………………………………………… 23

　3.1　图层概念及设置 ………………………………………………………………… 23

　　3.1.1　新建图层 …………………………………………………………………… 23

　　3.1.2　设置图层颜色、线型和线宽 ……………………………………………… 24

　　3.1.3　图层的显示控制 …………………………………………………………… 25

　　3.1.4　图层的打印设置 …………………………………………………………… 25

　　3.1.5　设置当前层 ………………………………………………………………… 26

　　3.1.6　删除图层 …………………………………………………………………… 26

　3.2　线型设置 ………………………………………………………………………… 26

　　3.2.1　设置当前线型 ……………………………………………………………… 27

　　3.2.2　载入线型 …………………………………………………………………… 27

　　3.2.3　线型的可选择显示 ………………………………………………………… 27

　3.3　栅格及栅格捕捉设置 …………………………………………………………… 27

　　3.3.1　栅格设置 …………………………………………………………………… 27

　　3.3.2　栅格捕捉设置 ……………………………………………………………… 29

　3.4　正交模式设置 …………………………………………………………………… 29

　3.5　对象捕捉设置 …………………………………………………………………… 29

　　3.5.1　打开对象捕捉 ……………………………………………………………… 30

　　3.5.2　对象捕捉模式 ……………………………………………………………… 32

　　3.5.3　自动捕捉和自动追踪 ……………………………………………………… 34

　3.6　AutoCAD 2012 功能键和常用控制键 ………………………………………… 37

　3.7　AutoCAD 2012 设计中心 ……………………………………………………… 38

　　3.7.1　启动 AutoCAD 2012 设计中心 …………………………………………… 38

　　3.7.2　AutoCAD 2012 设计中心窗口说明 ……………………………………… 39

　　3.7.3　使用 AutoCAD 2012 设计中心打开图形文件 …………………………… 41

　　3.7.4　使用 AutoCAD 2012 设计中心向图形添加内容 ………………………… 41

　　3.7.5　管理常使用的内容 ………………………………………………………… 43

　3.8　思考练习 ………………………………………………………………………… 43

第 4 章　图形显示控制 ……………………………………………………………………… 44

　4.1　图形的缩放 ……………………………………………………………………… 44

　4.2　图形的平移 ……………………………………………………………………… 46

　4.3　SteeringWheels 控制盘导航 …………………………………………………… 47

　4.4　图形的重画与重生成 …………………………………………………………… 48

　4.5　命名视图 ………………………………………………………………………… 49

　4.6　图形视口 ………………………………………………………………………… 50

　4.7　ViewCube 工具的使用 ………………………………………………………… 52

　4.8　思考练习 ………………………………………………………………………… 53

第 5 章　绘制二维图形对象 ………………………………………………………………… 54

　5.1　AutoCAD 2012 中的坐标系 …………………………………………………… 54

　　5.1.1　绝对直角坐标 ……………………………………………………………… 55

5.1.2　相对直角坐标 ······························ 55

5.1.3　极坐标 ····································· 56

5.1.4　动态输入 ··································· 56

5.2　点——POINT 命令 ·································· 57

5.2.1　设置点样式 ································· 57

5.2.2　绘制点 ····································· 57

5.2.3　定数等分点 ································· 58

5.2.4　定距等分点 ································· 58

5.3　直线——LINE 命令 ·································· 59

5.4　射线和构造线 ······································· 60

5.4.1　射线——RAY 命令 ························· 60

5.4.2　构造线——XLINE 命令 ···················· 60

5.5　多线命令 ··· 62

5.5.1　定义多线样式——MLSTYLE 命令 ··········· 62

5.5.2　绘制多线——MLINE 命令 ················· 65

5.6　圆——CIRCLE 命令 ································· 66

5.7　圆弧——ARC 命令 ·································· 68

5.8　椭圆与椭圆弧——ELLIPSE 命令 ······················ 72

5.9　样条曲线——SPLINE 命令 ··························· 73

5.10　多段线——PLINE 命令 ····························· 74

5.11　正多边形——POLYGON 命令 ······················· 75

5.12　矩形——RECTANG 命令 ··························· 77

5.13　圆环——DONUT 命令 ····························· 78

5.14　修订云线——REVCLOUD 命令 ····················· 79

5.15　绘图实例 ··· 80

5.16　思考练习 ··· 81

第 6 章　二维对象编辑 ······································ 84

6.1　选择对象 ··· 84

6.2　放弃和重做 ··· 87

6.2.1　放弃（UNDO）命令 ······················· 87

6.2.2　重做（REDO）命令 ······················· 88

6.3　编辑命令 ··· 88

6.4　删除对象和恢复对象 ································· 89

6.4.1　删除——ERASE 命令 ······················ 89

6.4.2　恢复——OOPS 命令 ······················· 90

6.5　复制对象 ··· 90

6.5.1　复制——COPY 命令 ······················· 90

6.5.2　镜像对象——MIRROR 命令 ················· 91

6.5.3　偏移对象——OFFSET 命令 ················· 92

6.5.4　阵列对象——ARRAY 命令 ·················· 94

6.6 移动对象——MOVE 命令 ……………………………………………………… 97
6.7 旋转对象——ROTATE 命令 …………………………………………………… 97
6.8 倒圆角——FILLET 命令 ………………………………………………………… 98
6.9 倒角——CHAMFER 命令 ……………………………………………………… 100
6.10 修剪对象——TRIM 命令 ……………………………………………………… 101
6.11 打断——BREAK 命令 ………………………………………………………… 103
6.12 延伸——EXTEND 命令 ……………………………………………………… 104
6.13 拉长——LENGTHEN 命令 …………………………………………………… 106
6.14 拉伸——STRETCH 命令 ……………………………………………………… 107
6.15 合并——JOIN 命令 …………………………………………………………… 108
6.16 缩放对象——SCALE 命令 …………………………………………………… 109
6.17 编辑线段 ………………………………………………………………………… 110
   6.17.1 编辑多线段——PEDIT 命令 ………………………………………… 110
   6.17.2 编辑多线——MLEDIT 命令 ………………………………………… 112
   6.17.3 编辑样条曲线——SPLINEDIT 命令 ………………………………… 115
6.18 利用夹点功能进行编辑 ………………………………………………………… 118
6.19 图形填充命令 …………………………………………………………………… 120
   6.19.1 图形填充——BHATCH 命令 ………………………………………… 120
   6.19.2 编辑图形填充——HATCHEDIT 命令 ……………………………… 126
6.20 填充设置——FILL 命令和 FILLMODE 变量 ………………………………… 128
6.21 思考练习 ………………………………………………………………………… 128
第 7 章 块和块属性 ……………………………………………………………………… 132
7.1 块的基本知识 …………………………………………………………………… 132
7.2 块的基本操作 …………………………………………………………………… 133
   7.2.1 块定义 …………………………………………………………………… 133
   7.2.2 块及文件的插入 ………………………………………………………… 135
   7.2.3 块的存储 ………………………………………………………………… 137
7.3 块的属性 ………………………………………………………………………… 138
   7.3.1 块属性定义及修改 ……………………………………………………… 139
   7.3.2 块属性的编辑 …………………………………………………………… 141
   7.3.3 块属性管理器 …………………………………………………………… 143
   7.3.4 块属性显示控制 ………………………………………………………… 144
   7.3.5 动态块 …………………………………………………………………… 144
7.4 应用实例 ………………………………………………………………………… 150
7.5 思考练习 ………………………………………………………………………… 153
第 8 章 文本标注及其编辑 ……………………………………………………………… 154
8.1 定义文字样式 …………………………………………………………………… 154
8.2 标注文字 ………………………………………………………………………… 157
   8.2.1 动态标注文字 …………………………………………………………… 157
   8.2.2 标注多行文字 …………………………………………………………… 161

8.3　编辑文字 ……………………………………………………………………… 165
　　8.3.1　修改文字内容 ……………………………………………………… 166
　　8.3.2　改变字体及高度 …………………………………………………… 166
　　8.3.3　调整文字边界宽度 ………………………………………………… 167
8.4　创建表格样式和表格 ………………………………………………………… 167
　　8.4.1　新建表格样式 ……………………………………………………… 167
　　8.4.2　设置表格的数据、列标题和标题样式 …………………………… 168
　　8.4.3　创建表格 …………………………………………………………… 169
　　8.4.4　编辑表格和表格单元 ……………………………………………… 171
8.5　文字的显示控制方式 ………………………………………………………… 172
8.6　思考练习 ……………………………………………………………………… 172

第9章　尺寸标注 …………………………………………………………………… 174
9.1　尺寸标注菜单和工具栏 ……………………………………………………… 174
9.2　尺寸标注命令 ………………………………………………………………… 175
　　9.2.1　线性尺寸标注 ……………………………………………………… 175
　　9.2.2　对齐尺寸标注 ……………………………………………………… 176
　　9.2.3　弧长尺寸标注 ……………………………………………………… 176
　　9.2.4　坐标尺寸标注 ……………………………………………………… 176
　　9.2.5　半径尺寸标注 ……………………………………………………… 177
　　9.2.6　直径尺寸标注 ……………………………………………………… 177
　　9.2.7　圆心标记和中心线 ………………………………………………… 178
　　9.2.8　折弯标注 …………………………………………………………… 178
　　9.2.9　角度尺寸标注 ……………………………………………………… 178
　　9.2.10　基线标注 …………………………………………………………… 179
　　9.2.11　连续标注 …………………………………………………………… 179
　　9.2.12　快速引线标注 ……………………………………………………… 180
　　9.2.13　多重引线标注 ……………………………………………………… 181
　　9.2.14　快速标注 …………………………………………………………… 181
9.3　尺寸标注样式 ………………………………………………………………… 182
　　9.3.1　标注样式管理器 …………………………………………………… 182
　　9.3.2　创建新的尺寸样式 ………………………………………………… 183
9.4　标注公差 ……………………………………………………………………… 191
　　9.4.1　尺寸公差 …………………………………………………………… 191
　　9.4.2　形位公差 …………………………………………………………… 192
9.5　标注编辑命令 ………………………………………………………………… 194
　　9.5.1　DIMEDIT 命令 ……………………………………………………… 194
　　9.5.2　DIMTEDIT 命令 ……………………………………………………… 195
　　9.5.3　修改尺寸标注样式 ………………………………………………… 196
　　9.5.4　更新尺寸标注 ……………………………………………………… 197
　　9.5.5　使用"对象特性管理器"编辑尺寸标注 ………………………… 197

9.6　约束的应用 ·· 197

　　9.6.1　约束的设置 ·· 198

　　9.6.2　创建几何约束 ·· 198

　　9.6.3　创建标注约束关系 ···································· 199

　　9.6.4　编辑受约束的几何图形 ································ 200

9.7　思考练习 ·· 200

第 10 章　AutoCAD 图形输入与输出 ···························· 201

10.1　图形的导入与打印 ·· 201

10.2　思考练习 ·· 204

第 11 章　AutoCAD 的三维绘图简述 ···························· 205

11.1　三维模型分类 ·· 205

11.2　坐标系 ·· 206

　　11.2.1　UCS 概念及特点 ······································ 206

　　11.2.2　定义 UCS ·· 206

11.3　观察三维模型 ·· 208

11.4　创建三维实体 ·· 209

　　11.4.1　绘制基本实体 ·· 209

　　11.4.2　由二维对象生成三维实体 ······························ 212

11.5　编辑三维实体 ·· 214

11.6　综合实例 ·· 216

11.7　思考练习 ·· 218

第 12 章　平面绘图综合示例 ·································· 219

12.1　AutoCAD 平面绘图流程 ······································ 219

12.2　AutoCAD 平面绘图示例 ······································ 220

　　12.2.1　绘制机械图样 ·· 220

　　12.2.2　绘制水工图样 ·· 226

　　12.2.3　绘制建筑工程图样 ···································· 230

12.3　思考练习 ·· 234

参考文献 ·· 237

第1章 概　　述

1.1　AutoCAD 2012 的新增功能

图形是一种工程设计语言，是表达和交流技术思想的工具。随着计算机技术的不断普及和发展，CAD（计算机辅助设计）技术也得到广泛运用，计算机绘图取代手工绘图将成为必然的趋势。在选择计算机设计软件的过程中，用户应该优先选择和使用通用的计算机软件，目前在全世界范围内，Autodesk 公司的 AutoCAD 已成为计算机设计领域中运用最为广泛的通用计算机绘图软件。

AutoCAD 2012 在保留原有风格的基础上增加了许多新功能，其界面与 Windows 保持一致，功能也更加人性化。下面介绍一些 AutoCAD 2012 新增的功能，还可以在该软件的帮助信息中获得更多新增功能的介绍。

1. 命令行自动完成指令功能

在命令行中输入命令是 AutoCAD 的一大特色，但要记住如此数量庞大的命令，对初学者来说并不是一件容易的事情。在 AutoCAD 2012 中，系统会在用户键入命令行命令时自动完成命令名或系统变量；此外，还会显示一个有效选择列表，用户可以按 TAB 键或使用鼠标从中进行选择，从而为用户快速使用命令提供了极大的方便，如图 1-1 所示。

2. UCS 坐标夹点功能

UCS 坐标图标新增夹点功能，使坐标调整更为直观和快捷。单击窗口中的 UCS 图标，可将其选中，此时会出现相应的原点夹点和轴夹点，单击原点夹点并拖动，可以调整坐标原点的位置，选择轴夹点并拖动，可以调整轴的方向，如图 1-2 所示。

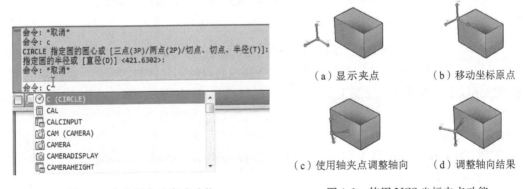

（a）显示夹点　　　　（b）移动坐标原点

（c）使用轴夹点调整轴向　　（d）调整轴向结果

图 1-1　命令行自动完成功能　　　　　图 1-2　使用 UCS 坐标夹点功能

3. 圆角及倒角预览功能

AutoCAD 2012 新增了倒角和圆角预览功能，在分别选择了倒角或圆角边后，倒角位置会出现相应的最终倒角或圆角效果预览，以方便用户查看操作结果。

4. 增强的阵列功能

AutoCAD 2012 对阵列进行了较大的改进，操作方式发生了较大的变化，取消了阵列对话框，同时增加了路径阵列功能，可以沿某一路径进行复制。路径可以是直线、多段线、三维多段线、样条曲线、螺旋、圆弧、圆或椭圆等。

5. 阵列特性编辑功能

在 AutoCAD 2012 中，阵列后的所有图形将作为一个整体对象，并设置了对象特性、夹点等编辑功能，可以使用 ARRAYEDIT、"特性"选项或夹点等方式编辑阵列的数量、间距、源对象等。还可以在按住 Ctrl 键的同时单击阵列中的项目来删除、移动、旋转或缩放选定的项目，而不会影响其余的阵列，或者使用其他对象替换选定的项目。

6. 增强的夹点功能

在 AutoCAD 中，夹点是一种集成的编辑模式，利用夹点可以编辑图形的大小、位置、方向以及对图形进行镜像复制操作等。AutoCAD 2012 大大增强了夹点的编辑功能，二维对象、注释对象和三维对象具有多功能夹点功能，在"夹点编辑"快捷菜单中提供了更多的编辑命令，以便对图形快速进行编辑和操作。

7. 创建混合曲线功能

该功能在两条选定直线或曲线之间的间隙中创建样条曲线。选定对象的位置不同，将产生不同的混合曲线效果。

8. 组（Group）功能

组（Group）命令的交互功能大大增强，可以快速对组进行编辑和操作。

9. 内容查找器功能

添加了内容查找器 Autodesk Content Explorer，可以针对指定文件夹中的 DWG 文件作内容索引。

新增的菜单和工具栏文件格式不仅可以读取现有的自定义文件，还可以进行移植文件的操作。使用新的格式可以跟踪 AutoCAD 2012 与 AutoCAD 早期版本之间的区别以及用户对菜单和工具栏所做的修改，这样可以确保将文件无缝移植到后继版本中。

1.2　AutoCAD 2012 的系统配置要求

AutoCAD 2012 不仅具有强大的图形编辑功能，而且可以以 AutoCAD 2012 为平台，进行二次开发。要运行 AutoCAD 2012 软件，需要相应的硬件和软件与之匹配，也就是说计算机必须达到以下配置要求，才能正常运行 AutoCAD 2012。当然，计算机的配置越高，软件的运行就更加流畅。

1. 硬件要求

①CPU 为 Intel Pentium 4、Intel Xeon、AMD Athlon、AMD Opteron 系列；

②2GB RAM 或更大；

③CD-ROM 驱动器或 DVD 驱动器；

④2GB 的硬盘空间；

⑤1024×768、16M 色显示器；

⑥输入设备（包括键盘和鼠标）。

2. 软件要求

①Microsoft Windows XP SP3 或以上;

②Microsoft Internet Explorer 7.0 或以上;

③TCP/IP 协议。

1.3 AutoCAD 2012 的安装与启动

1. AutoCAD 2012 的安装

(1) 在 Windows 界面上双击"我的电脑"图标,选择光盘驱动器,再从光盘驱动器中双击安装程序 setup.exe,AutoCAD 2012 开始进入安装过程。

(2) 随后系统首先执行设置程序,接下来将弹出如图 1-3 所示 AutoCAD 2012 安装界面,单击"安装"选项即可。

图 1-3 AutoCAD 2012 安装界面

(3) 系统接下来显示安装协议窗口(图 1-4),单击"我接受"按钮,此时的"下一步"按钮由灰色变成深色("下一步"按钮由不可选变成可选),单击"下一步"按钮,继续软件安装。

(4) 在如图 1-5 所示窗口中,将购买软件所获得的授权码填入到"产品信息"的窗口中,否则选择安装 30 天期限的试用版。

图 1-4　AutoCAD 2012 许可协议

图 1-5　AutoCAD 2012 产品授权

（5）在"安装配置"中根据自己的需求选择安装相应的模块。

（6）在"安装路径"中选择用户指定的文件夹，例如安装在本地计算机 C：\Program Files\Autodesk 的目录下。

（7）最后，全部设置完毕后，单击"完成"按钮以完成 AutoCAD 2012 的安装。

2. AutoCAD 2012 的启动

在 Windows 操作系统中，AutoCAD 2012 安装完毕后在桌面上会自动生成一个快捷方式（图 1-6），并在"开始"菜单的"程序"里添加一个子菜单 Autodesk。

图 1-6　快捷方式

AutoCAD 2012 的启动有两种方法：一种是在桌面上双击如图 1-6 所示的快捷图标，即可启动 AutoCAD 2012，这种方法最为普通；另一种方法是打开"开始"菜单，接下来打开"程序"菜单，选择"程序"中的 Autodesk→AutoCAD 2012-Simplified Chinese，单击 Auto-CAD 2012-Simplified Chinese，就可启动 AutoCAD 2012 了。

1.4　思考练习

(1) 在 AutoCAD 2012 中，新增功能有哪几种?

(2) 安装和使用 AutoCAD 2012，对硬件和软件的要求是什么?

(3) 如何安装 AutoCAD 2012?

第 2 章　AutoCAD 2012 基础知识和操作

2.1　AutoCAD 2012 的窗口介绍

1. 标题栏

如图 2-1 所示，标题栏在绘图界面的最上方，显示软件的名称、版本（AutoCAD 2012）和正在使用的图形文件。第一次启动 AutoCAD 时，在 AutoCAD 2012 的标题栏中，将显示 AutoCAD 2012 在启动时创建并打开的图形文件的名字 Drawing1.dwg。绘图界面的右上角有"最小化"、"最大化"和"关闭"三个按钮。"最小化"就是使 AutoCAD 2012 的整个绘图界面隐藏起来，同时在 Windows 的状态栏上出现图标 ，当要激活 AutoCAD 2012 时，单击该图标就可以打开绘图界面；"最大化"使 AutoCAD 2012 的绘图界面占满整个屏幕；"关闭"就是退出AutoCAD 2012，与"文件"菜单中的"退出"功能一样。

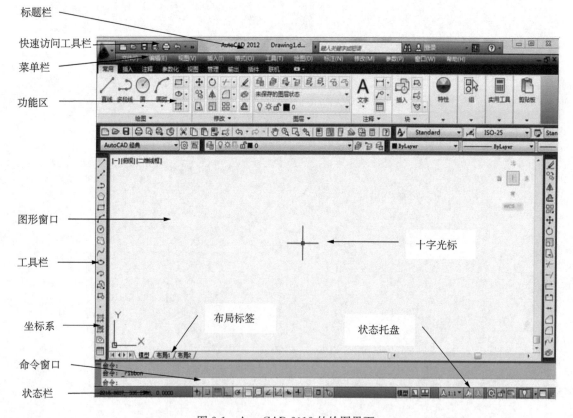

图 2-1　AutoCAD 2012 的绘图界面

2. 下拉菜单

单击菜单栏时，将出现如图 2-2 所示的下拉菜单。下拉菜单中菜单项右边有一黑色三角符号时，表明该菜单项有下一级子菜单，也就是单击该菜单项将会出现一个子菜单。菜单栏的菜单项后面有 "…" 符号时，表示单击该菜单项将弹出一个对话框。有时，菜单栏的菜单项呈灰色，说明该菜单项此时无法使用。

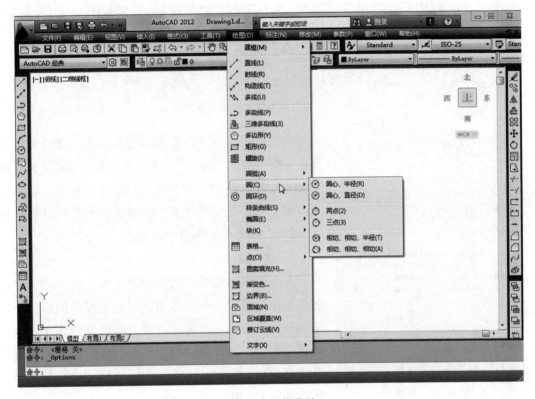

图 2-2　下拉菜单

3. 图形窗口

图形窗口就是图 2-1 所示的中央部分，它是进行绘图及编辑的区域，通俗地讲它就相当于手工绘图的图纸。在图形窗口中，有两条相交的十字线，称为十字光标，AutoCAD 通过光标显示当前点的位置。

4. 工具栏

利用工具栏可更加快捷而简便地执行命令，它由一些形象生动的图形按钮组合而成。如图 2-3 所示，默认情况下，可以见到图形窗口顶部的 "标准" 工具栏、"样式" 工具栏、"特性" 工具栏、"图层" 工具栏以及 "工作空间" 工具栏和位于图形窗口左侧的 "绘图" 工具栏以及右侧的 "修改" 工具栏和 "绘图次序" 工具栏。工具栏可以拖动到图形窗口的任意位置。

（a）"标准"、"样式"、"特性"、"图层"、"工作空间"工具栏

（b）"绘图"、"修改"、"绘图次序"工具栏

图 2-3 默认情况下出现的工具栏

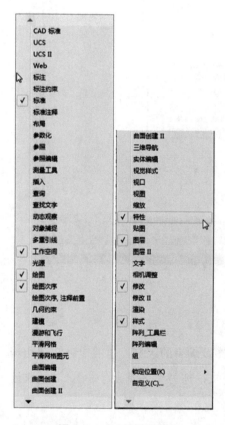

图 2-4 "工具栏"菜单

将鼠标箭头放在任意工具栏上右击，就会弹出如图 2-4 所示的"工具栏"菜单。"工具栏"菜单包含有标准、绘图、修改、标注等 40 多项，选中所需的项目，就会弹出相应的工具栏。要关闭某个工具栏，在"工具栏"菜单中取消选中即可。

5. 命令窗口

命令窗口就是通常所说的命令行（图 2-5）。命令窗口是用键盘输入命令以及进行信息提示的窗口，是进行精确绘图的一种非常有效的手段。命令窗口是一个浮动窗口，可以移动到屏幕上的任何地方。在执行一个命令的过程中，需退出或终止该命令时，可按 Esc 键，使其回到初始命令状态。

命令窗口由两部分组成：一部分是通过命令窗口左边的命令来实现，它主要是进行命令输入和信息提示；另一部分是由命令窗口右边的滚动条来执行，通过单击向上或向下的滚动条来浏览以前执行过的命令。当然，也可以用鼠标左键拖动命令窗口的边界，使命令窗口的区域放大，以便浏览命令窗口内的命令及信息提示。

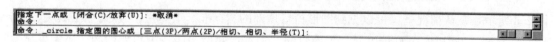

图 2-5 命令窗口

6. 状态栏

状态栏位于屏幕的下端，其左边显示绘图区光标的当前坐标（x，y，z），右边依次为"推断约束"、"捕捉模式"、"栅格显示"、"正交模式"、"极轴追踪"、"对象捕捉"、"三维对

象捕捉"、"对象捕捉追踪"、"允许/禁止动态 UCS"、"动态输入"、"显示/隐藏线宽"、"显示/隐藏透明度"、"快捷特性"和"选择循环"14 个功能按钮（图 2-6），当按钮凹下去时，表明该功能已被启用。

图 2-6　状态栏

7. 布局标签

AutoCAD 系统默认设定一个模型空间布局标签和"布局 1"、"布局 2"两个图样空间布局标签，系统默认打开模型空间，可通过鼠标左键单击选择需要的布局。

布局是系统为绘图设置的一种环境，包括设置图样大小、尺寸单位、角度、数值精确度等，在系统预设的三个标签中，这些环境变量都按默认设置。用户可根据实际需要改变这些变量的值，也可根据需要设置符合自己要求的新标签。

模型空间和图样空间是放置 AutoCAD 对象的两个主要空间。模型空间用于创建图形，是通常使用的绘图环境。而包含模型特定视图和注释的最终布局则位于图样空间。图样空间用于创建最终的打印布局，而不用于绘图或设计工作。可以使用布局选项卡创建图样空间视口，以不同视图显示所绘图形。

8. 状态托盘

状态托盘包括一些常见的显示工具和注释工具，通过按钮可以控制图形或绘图区的状态（图 2-7）。

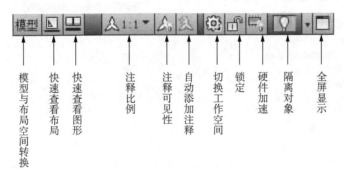

图 2-7　"状态托盘"工具栏

9. 功能区

AutoCAD 2012 包括"常用"、"插入"、"注释"、"参数化"、"视图"、"管理"和"输出"七个功能区，每个功能区集成了相关的操作工具，AutoCAD 2012 默认界面直接显示此功能区。可以通过以下两种方法打开或关闭功能区。

菜单：工具→选项板→功能区

命令行：RIBBON（或 RIBBONCLOSE）

注意：在命令行中输入命令后，要按 Enter 键才能执行命令。

10. 快速访问工具栏和交互信息工具栏

快速访问工具栏包括"新建"、"打开"、"保存"、"放弃"、"重做"和"打印"等几个最常用的工具，也可以单击本工具栏后面的下拉按钮设置所需的常用工具。

交互信息工具栏包括"搜索"、"登录"、"帮助"等几个常用的数据交换访问工具。

2.2 AutoCAD 2012 窗口设置的修改

通过下拉菜单"工具（T）"中的"选项"对话框（图 2-8），可以对 AutoCAD 2012 的光标、颜色、显示屏幕菜单等许多选项进行设置。

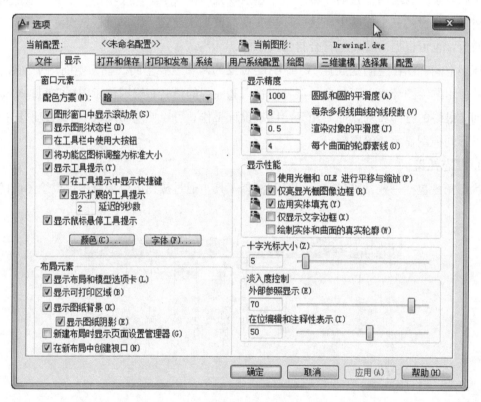

图 2-8 "选项"对话框的"显示"选项卡

1. 改变窗口颜色

在"显示"选项卡中，单击"窗口元素"区域中的"颜色（C）"按钮，则会弹出图 2-9 所示的"图形窗口颜色"对话框。在该对话框"上下文（X）"和"界面元素（E）"列表中，首先选择需修改颜色的窗口元素，如二维模型空间、图纸/布局、命令行等；其次，在"颜色"下拉列表框中选择一种颜色，从而改变图形窗口颜色、图纸/布局窗口颜色以及命令行背景、文字颜色等的效果。

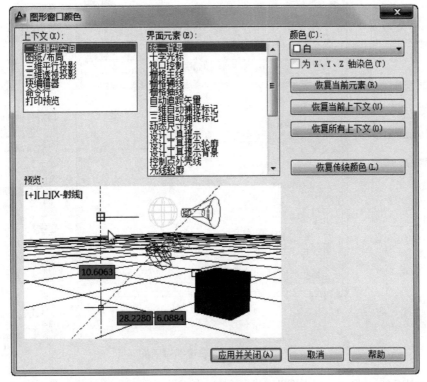

图 2-9　"图形窗口颜色"对话框

2. 改变图形窗口十字光标

在图 2-8 所示的"显示"标签中，位于右下角的"十字光标大小（Z）"区域用于调整光标大小（图 2-10）。文本框内的数值越大，光标的两条十字线将变得越长，数值为 100 时，十字线将满屏显示。一般设置数值为 5 时，十字光标较为理想。

图 2-10　十字光标的调整

2.3　AutoCAD 2012 绘图环境的设置

开始绘图前，应先对所绘图形的图形单位、图形边界以及工作空间进行设置。

2.3.1　设置图形单位

下拉菜单：格式→单位

命令行：DDUNITS（或 UNITS）

执行上述命令后，系统打开"图形单位"对话框，如图 2-11 所示。

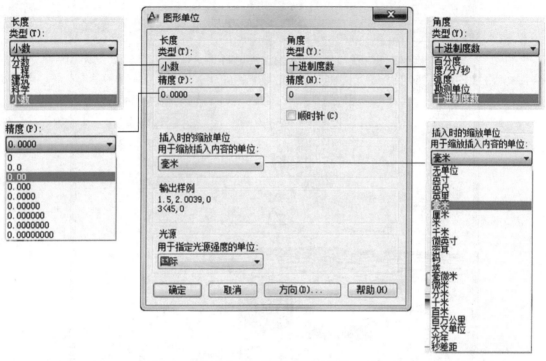

图 2-11 "图形单位"对话框

(1) 长度设置：在"图形单位"对话框的"长度"项目下，"类型"选项有小数、工程、建筑、科学和分数五种单位，一般选用"小数"单位（即使所用单位为毫米）；"精度"选项可根据自己的需要确定绘图单位保留到小数点后几位或为整数。

(2) 角度设置：在"角度"项目下，"类型"一般选择"十进制度数"；此外，也有一个"精度"选项，其方法与长度的精度设置一致。

(3) 角度方向：系统默认"逆时针"方向旋转，即逆时针方向为正角度方向，顺时针方向为负角度方向。如果勾选"顺时针"复选框，将以顺时针方向计算正角度值。

图 2-12 "方向控制"对话框

(4) "插入时的缩放单位"项目下的下拉列表中选择"毫米"，可控制使用工具选项板拖入当前图形的块的测量单位。如果块或图形创建时使用的单位与该选项指定的单位不同，则在插入这些块或图形时，将对其按比例缩放。插入比例是源块或图形使用的单位与目标图形使用的单位之比。

(5) 单击"图形单位"对话框中的"方向（D）"按钮，打开"方向控制"对话框（图2-12），可以选择基准角度的起始点。系统默认的"基准角度"是"东（E）"，即东为 0 角度的方向。

(6) "图形单位"对话框中还有"光源"项目，包括"国际"、"美国"、"常规"三种光学单位，是当前图形中控制光源强度的测量单位，只有在三维模型场景中创建灯光并渲染图像时才需要设置。

(7) 单击"确定"按钮，完成图形单位格式及其精度的设置。

2.3.2　图形界限设置

下拉菜单：格式→图形界限

命令行：LIMITS

执行上述命令后，AutoCAD 提示如下。

重新设置模型空间界限：

指定左下角点或 [开（ON）/关（OFF)] <0.0000，0.0000>：（输入图形边界左下角点的坐标后按 Enter 键或直接按 Enter 键接受其默认值。）

指定右上角点 <420.0000，297.0000>：（输入图形边界右上角点的坐标后按 Enter 键，角括号内是默认位置，为 A3 图纸大小。）

命令行中还有提示信息 "[开（ON）/关（OFF)]"，如果在其后输入 on，则打开界限检查；输入 off，则关闭界限检查。当界限检查打开时，将无法在界限以外创建图形。

2.3.3　工作空间设置

下拉菜单：工具→工作空间

命令行：WSCURRENT

执行上述命令后，命令行提示如下。

输入 WSCURRENT 的新值 <AutoCAD 经典>：（输入需要的工作空间）

可以根据需要选择初始工作空间。"工作空间"菜单如图 2-13 所示。无论选择何种工作空间，都可在日后对其进行更改。也可以自定义并保存自己的自定义工作空间。

"三维建模"工作空间包括新面板，可方便地访问新的三维功能。

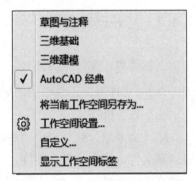

图 2-13　"工作空间"菜单

2.4　AutoCAD 2012 的文件命令及在线帮助

2.4.1　新建图形文件

下拉菜单：文件→新建

图标："标准"工具栏中的

命令行：NEW

执行上述命令后，系统弹出如图 2-14 所示的"选择样板"对话框，其中在"文件类型"下拉列表框中有后缀分别是 .dwt、.dwg、.dws 三种格式的图形样板。一般情况下 .dwt 文件是标准的样板文件，通常将一些规定的标准性的样板文件设成 .dwt 文件；.dwg 文件是普通的样板文件；而 .dws 文件是包含标准图层、标注样式、线型和文字样式的样板文件。

单击"打开"按钮右边的下拉按钮可以设置单位制式（英制或公制）。

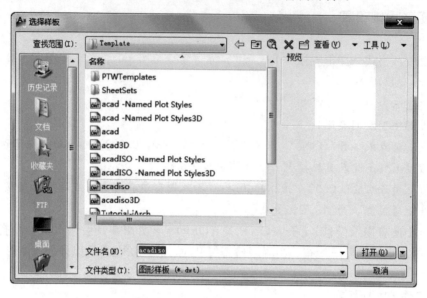

图 2-14 "选择样板"对话框

2.4.2 打开已有文件

下拉菜单：文件→打开

图标："标准"工具栏中的

命令行：OPEN

输入命令后，就会弹出"选择文件"对话框，如图 2-15 所示。该对话框的左边列举了目录和文件，根据目录和文件，可以打开自己所需要的图形文件，在 AutoCAD 中可以打开四种格式的文件：.dwg、.dwt 、.dws 和 .dxf。在右边的"预览"框中显示图形的形状。

图 2-15 "选择文件"对话框

　　当无法确定文件的确切位置时，可以通过该对话框中"工具"下拉按钮中的"查找"功能进行搜寻，此时将弹出图 2-16 所示的"查找"对话框。

　　在图 2-16 所示的"查找"对话框中，在"名称（N）"后面键入所要查找的文件名或文件名中的部分内容，文件名的后缀默认为 .dwg，在"查找范围（L）"下拉列表框中选择"本地硬盘驱动器（C:，D:，E:）"，最后单击右上角的"开始查找（I）"按钮进行查找。

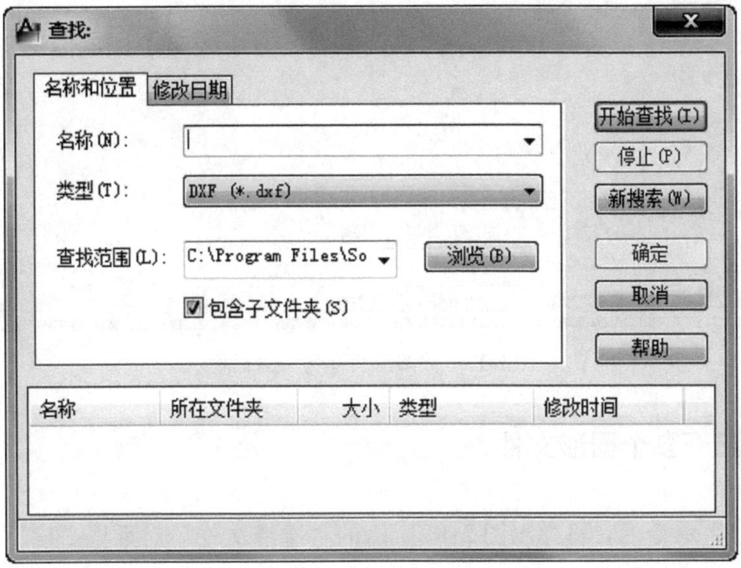

图 2-16　"查找"对话框

2. 4. 3　快速保存图形文件

　　下拉菜单：文件→保存

　　图标："标准"工具栏的"快速保存"图标 🖫

　　命令行：QSAVE

　　若文件已有图名，则 AutoCAD 将默认使用已有图名，自动存盘；若文件为新图形（还未命名），就弹出与"另存为"命令一样的对话框。

2. 4. 4　另存图形文件

　　下拉菜单：文件→另存为

　　命令行：SAVEAS

　　"另存为"命令适用于需将图形重新命名或更改图形文件路径的情形，也可以对新图形文件进行命名。选择"另存为"命令，会弹出图 2-17 所示的"图形另存为"对话框，在该对话框的"工具"下拉按钮中可以进行口令保护设置，在"保存于（I）"中选择文件夹，在"文件名（N）"中键入所需的图名，在"文件类型（T）"中指定保存文件的类型，最后再单击"保存（S）"按钮。注意，使用"另存为"命令和第一次使用"保存"命令的效果是一样的。

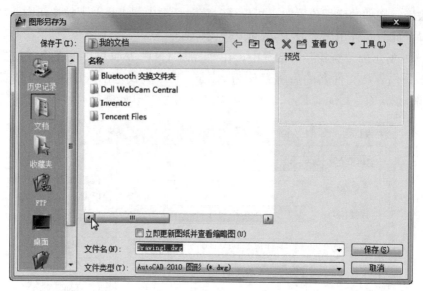

图 2-17 "图形另存为"对话框

2.4.5 同时打开多个图形文件

选择"打开"命令后，将弹出图 2-15 所示的"选择文件"对话框，按下 Ctrl 键，同时单击所需的图形文件，再单击"打开（O）"按钮，即可同时打开选中的多个图形文件（图 2-18）；选中一个文件后按下 Shift 键，单击另一个文件，即可选中两者之间的全部文件，再单击"打开（O）"按钮，可将这些文件全部打开。在"窗口"菜单中，可以选择按照层叠、水平平铺或垂直平铺的方式对多个图形文件进行排列，同时在"窗口"菜单中显示打开的图形文件名称。单击某个图形文件，这个文件就处于当前状态。

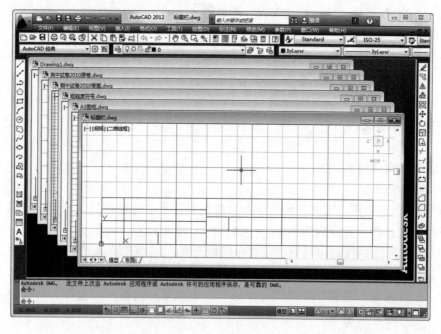

图 2-18 打开多个图形文件

2.4.6　局部打开图形文件

在处理一些复杂图形文件时，为了提高效率，往往可以采用局部打开功能。在"选择文件"对话框中，在"打开"按钮旁选择"局部打开"，弹出"局部打开"对话框（图 2-19），可以根据视图或图层有选择地打开图形中某些图层，以便进行相应的图形处理。

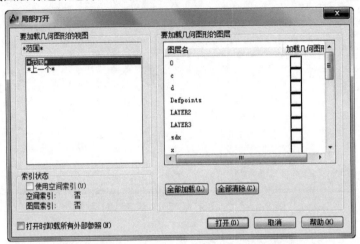

图 2-19　"局部打开"对话框

2.4.7　退出 AutoCAD

下拉菜单：文件→退出

图标："标题栏"上的"退出"图标 **×**

命令行：QUIT

当尚未对图形文件进行存盘（或者图形已存盘，但图形发生过变动），此时退出或关闭该图形文件，AutoCAD 将提醒是否对（修改后的）图形进行存盘（图2-20），以避免漏存的危险。

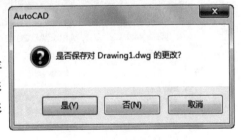

图 2-20　"退出提醒"对话框

2.4.8　在线帮助

下拉菜单：文件→帮助

图标："标准"工具栏中的 **?**

命令行：HELP

通过"帮助"命令可以了解 AutoCAD 2012 的命令参数、用户手册等有关内容。注意，"帮助"命令也是一个透明命令。

可以通过 Autodesk.com 在线（图 2-21、图 2-22）得到 Autodesk 公司对产品介绍、技术培训、服务支持等一系列服务的技术保证。

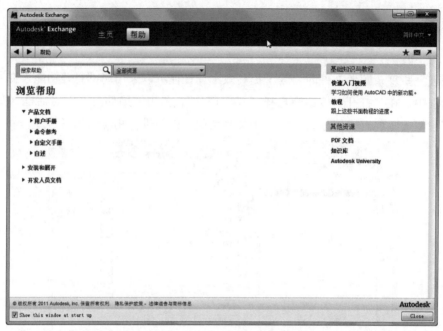

图 2-21 "AutoCAD 2012 帮助"对话框

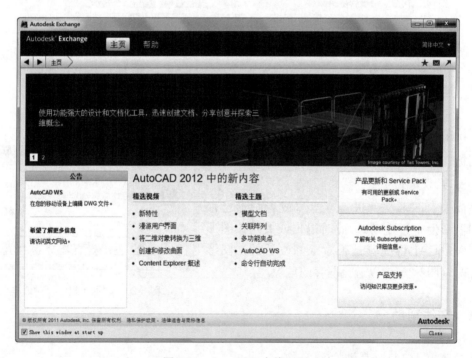

图 2-22 AutoCAD 在线网页

2.5 图纸幅面格式及线型颜色

在工程绘图中，对不同图纸类型的格式以及不同线型的颜色的设置都要按照国家标准进行规范设置。

2.5.1　图纸幅面及格式

1. 图纸幅面尺寸

绘制图样时，应选用国家标准（GB/T 14689—1993）中规定的图纸及尺寸（表2-1）。

表 2-1　图纸基本尺寸及图框尺寸

幅面代号		A0	A1	A2	A3	A4
幅面尺寸 B×L		841×1189	594×841	420×594	297×420	210×297
周边尺寸	e	20			10	
	c	10			5	
	a	25				

2. 图框格式

图样上必须带有粗实线绘制的图框和标题栏。图框的格式分为留装订边（图2-23（a））和不留装订边（图2-23（b））的形式。

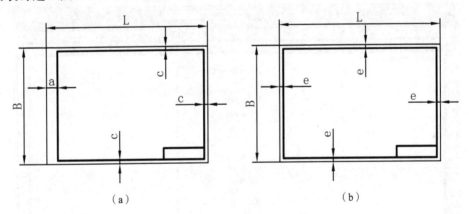

（a）　　　　　　　　　　　（b）

图 2-23　图框格式

2.5.2　线型颜色

绘制图样时，国家标准（GB/T 17450）规定了 CAD 线型的颜色：

①粗实线——绿色；

②细实线——白色；

③波浪线——白色；

④双折线——白色；

⑤虚线——黄色；

⑥点画线（中心线）——红色；

⑦双点画线——粉红色。

2.6 其他辅助说明

2.6.1 鼠标的使用

AutoCAD 光标在绘图窗口通常为"十"字形式。而把光标移至菜单栏、工具栏和对话框时，光标变为箭头。在不同的状态下，单击鼠标按键时，将会执行相应的命令。鼠标按键一般定义为：

（1）Pick button 为拾取钮，通常指鼠标左键。用于选择 AutoCAD 对象、工具栏、菜单项及定位点。

（2）Enter button 为鼠标右键，根据光标的不同位置右击，系统将弹出相应的快捷菜单。

（3）Pop-up button 为弹出按钮，是指同时按下 Ctrl 键和鼠标右键，此时将弹出一个光标菜单（图 2-24），用于设置捕捉方法（对三键鼠标，中间键即为该功能）。

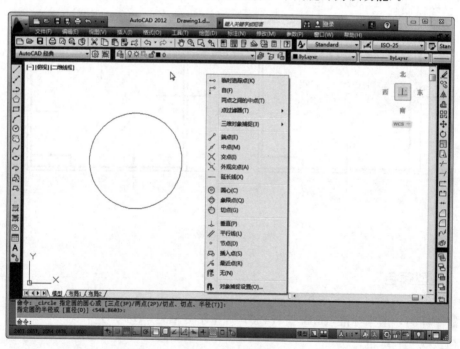

图 2-24　光标菜单

2.6.2 键盘输入命令与参数

AutoCAD 的大部分功能既可以用鼠标输入，也可以用键盘输入。但在绘图命令输入过程中，只有通过键盘输入才可以进行精确绘图。而且键盘输入是输入文本对象、数值参数或进行参数选择的唯一方法。键盘输入是通过命令行来实现的，但要注意一点，在键盘输入时 AutoCAD 只认可英文，无法识别中文。另外，在输入数值时，语言状态应为英文状态，否则，AutoCAD 认为输入的数值无效。

2.6.3　功能键

为了更方便快捷地进行绘图，AutoCAD 2012 还提供了一组功能键，分别为：

F1 键——打开 AutoCAD 2012 帮助对话框。

F2 键——图形窗口和文本窗口切换。

F3 键——对象捕捉开关。

F4 键——数字化仪开关。

F5 键——不同方向正等轴测图平面之间的切换。

F6 键——坐标显示模式的切换开关。

F7 键——栅格模式开关。

F8 键——正交模式开关。

F9 键——捕捉模式开关。

2.6.4　透明命令

在执行某个命令时，可以插入其他命令，执行完插入的命令后，继续执行前面的命令，我们把插入的命令称为透明命令。在输入透明命令时，需在命令前加前缀单引号"'"，或直接单击工具栏上的图标。

例如执行以下绘图命令。

命令：line

LINE 指定第一点：

指定下一点或 [放弃 (U)]：@100<0

指定下一点或 [放弃 (U)]：@50<90

指定下一点或 [闭合 (C) /放弃 (U)]：' _ zoom

≫指定窗口角点，输入比例因子 (nX 或 nXP)，或

[全部 (A) /中心点 (C) /动态 (D) /范围 (E) /上一个 (P) /比例 (S) /窗口 (W)] <实时>：_ w

≫指定第一个角点：≫指定对角点：

正在恢复执行 LINE 命令。

指定下一点或 [闭合 (C) /放弃 (U)]：

从以上命令的操作过程可以看出，当执行完 ZOOM 命令后，又重新恢复执行直线绘图命令。当然并不是所有的命令都可以作为透明命令，常用的透明命令有 ZOOM 和 PAN 等。

2.6.5　命令的对话框形式与命令行形式

在 AutoCAD 的某些命令中同时提供了对话框和命令行两种使用方式。直接输入命令则以对话框方式出现，如在命令的前面加上减号"—"，就以命令行形式显示。例如，键入 LAYER 命令，就弹出 LAYER 命令的对话框；如在键入 LAYER 命令前加上减号"—"，那么该命令就以命令行方式出现。当然，绝大多数命令没有对话框形式。

2.7 思考练习

(1) AutoCAD 2012 的工作界面包含哪几部分，它们的功能如何？

(2) 在 AutoCAD 2012 中，如何打开所需的工具栏？

(3) 如何对一张 A3 图纸进行设置（包含单位、小数点、区域、角度及方向的设置）？

(4) 如何设置十字光标？如何设置屏幕菜单？

(5) 在 AutoCAD 2012 中，设置图形窗口背景为白色，"命令行"文字颜色为红色。

(6) 创建一个新图形文件，保存时令图形文件名为"制图 . dwg"。

第 3 章　绘图辅助设置与辅助工具

本章主要介绍与绘图有关的一些辅助设置和辅助工具，如图层设置、栅格设置、对象捕捉设置等，目的是更加方便地绘图和更加精确地定位。另外还将介绍一些常用的快捷功能键、控制键和 AutoCAD 的设计中心。

3.1　图层概念及设置

在 AutoCAD 中，图层好比是一层层透明的薄膜，在不同的图层之上存放着各种不同的绘图信息。在不同的图层上可绘制不同的对象。当绘制了各种对象的层叠加在一起时，即可构成所绘的图形。如图 3-1 所示，绘制的是一个圆的结构图，分别在层 1、层 2、层 3 上绘制了圆的中心线、轮廓线及尺寸，所有层叠加在一起，就形成了圆的结构图。可根据需要添加或删除层并设置该层的相关信息（如颜色、线型、线宽等）。

图形对象的公用性质包括颜色、线型和线宽等。

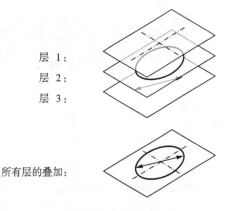

图 3-1　圆结构图的图层组成

可通过层向对象赋予这些公用特性，也可使用层将各种对象分组来管理，同时定义不同的颜色、线型和线宽来区分不同的图形对象，这样可以提高绘图质量和增加易读性。若能组织好层和层上的对象，管理绘图信息将变得非常容易。比如可将图形的尺寸标注和图形的轮廓绘制在不同的层上，并设置不同的颜色、线宽，这样可方便尺寸与图形的编辑和阅读。

3.1.1　新建图层

AutoCAD 在创建一个新图时，会自动创建一个 0 层为当前图层。若要创建新图层，需打开"图层特性管理器"。在 AutoCAD 2012 中，与图层相关的一些功能设置都集中在"图层特性管理器"中进行统一管理，从而使图层设置更简洁易用。用户可以通过"图层特性管理器"创建新层、给层赋予颜色、设置线型或进行其他所包含的各种操作，也可直接在"图层"工具栏中设置图层的开/关、冻结/解冻、锁定/解锁等功能，如图 3-2 所示。

打开"图层特性管理器"的方法有以下三种。

下拉菜单：格式→图层

快捷图标：单击"图层"工具栏上的

命令行：LAYER（或 DDLMODES）

图层特性管理器 ⟶

图层控制 ⟶

图 3-2 "图层"工具栏

在"图层特性管理器"中选择"新建"命令按钮可以为模板创建一个新层。这时一个名为"图层 1"的新图层被创建并显示在图层列表框中，如图 3-3 所示，且新图层处于选中状态（高亮显示），表示层的特性设置操作都是针对该层而言的。然后输入所需的名称即可，如可将图层名设为"尺寸"，用于放置尺寸标注。图层的特性分列显示在"图层"列表框中，如第一列为"状态"，最后一列为"说明"。

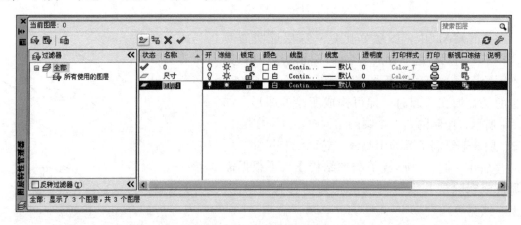

图 3-3 图层特性管理器

3.1.2 设置图层颜色、线型和线宽

1. 颜色

在图 3-3 所示"图层特性管理器"中选中要设置颜色的图层，单击图层中的颜色图标，AutoCAD 弹出一个"颜色选择"对话框。在该对话框中选择所需的颜色，单击"确定"按钮即可。这样选中的颜色就分配给选中的图层。系统通常提供 7 种标准色：红、黄、绿、青、蓝、洋红、白，分别对应颜色值 1~7。若不满意，还可选择值为 0~255 的颜色中的一种分配给图层。

2. 线型

在图 3-3 所示"图层特性管理器"中选中要设置线型的图层，单击图层中的"线型"图标，AutoCAD 弹出一个"线型选择"对话框。

在该对话框的"线型"列表框中选择所需的线型，单击"确定"按钮即可。若列表框中没有所需的线型，可选择"加载（L）…"按钮装载线型，弹出"加载或重载线型"对话框（图 3-4）。该对话框中显示的是 ACADISO.LIN 线型文件中的所有线型，可选择其中一种或按住 Ctrl 或 Shift 键，再选择所需的多种线型，然后单击"确定"按钮，线型即被载入。

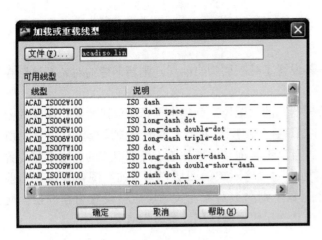

图 3-4　"加载或重载线型"对话框　　　　　图 3-5　"线宽"对话框

3. 线宽

在图 3-3 所示"图层特性管理器"中选中要设置线宽的图层，选择图层中的线宽，AutoCAD 弹出一个"线宽"对话框（图 3-5）。该对话框中列出了系统默认和 0.00~2.11mm 各种宽度的线型。选择其中一种后，单击"确定"按钮即可。

3.1.3　图层的显示控制

在图 3-3 所示"图层特性管理器"中选中要设置的图层，然后可选择"开/关"、"冻结/解冻"、"锁定/解锁"切换图标来控制图层的各种显示。

1. 开/关

在"图层特性管理器"中单击该图标可设置图层的打开和关闭。当图层打开时，图层上的对象可显示和打印，如果关闭图层则不能显示和打印。如果关闭当前层，AutoCAD 会弹出"警告"对话框，提示关闭了当前正在工作的图层。

2. 冻结/解冻

在"图层特性管理器"中单击"在所有视口冻结"图标，可冻结/解冻所选中的图层。AutoCAD 不会显示、打印或重新生成被冻结的图层上的对象，从而加快了 ZOOM、PAN、VPOINT 命令的执行速度，有利于对象的选择，节省了复杂图形重新生成的时间。直到图层被解冻，AutoCAD 才能重新生成图形并显示解冻图层上的对象。

3. 锁定/解锁

若要编辑某些图层上的对象而不想让其他图层上的对象受到影响，可将这些不需编辑的对象所在的图层锁住。这样只能编辑未锁住图层上的对象，而不能选择和编辑锁住层上的对象，但锁住层上的对象仍可见，并可进行对象捕捉。用户可将当前层设置为锁定状态并且在该层绘制对象。与冻结不同的是，锁住的图层可以被打印。

3.1.4　图层的打印设置

在默认情况下，新创建的图层都是可打印的。单击位于"打印"列下对应于所选图层名的图标，可设置该图层是否打印。

3.1.5 设置当前层

将要绘制的对象都放在当前层上，若设置了某一层为当前层，则新创建的对象都绘制在该层上。系统默认的当前层是 0 层。

要设置当前层，可在"图层特性管理器"的"图层"列表中选择所要设置为当前层的图层，然后单击"置为当前"按钮，AutoCAD 在"图层"列表上方的当前层提示栏上显示所选择的图层名称。只能设置一个当前层，且已设置冻结的层和基于外部引用的图层不能设置为当前层。另外，可通过"图层"工具栏中的"将对象的图层置为当前"图标来设置当前层。选中该图标后，系统提示选择一个对象，则与该对象相关的层就被设置为当前层。此外，在"图层特性管理器"中用鼠标双击某一层也可将该层设置为当前层。

3.1.6 删除图层

可删除一些不必要的空白图层。其方法是选择要删除的图层，然后单击"删除"按钮即可。但要注意的是，不能删除 0 层、定义点层、当前层、外部引用所在层以及包含有对象的图层。

3.2 线型设置

下拉菜单：格式→线型

命令行：LINETYPE

在绘制图形时，都要使用一定的线型，如可见轮廓线用实线，不可见的轮廓线用虚线等。可使用"线型管理器"来设置当前新绘制图形所使用的的线型。打开的"线型管理器"如图 3-6 所示。

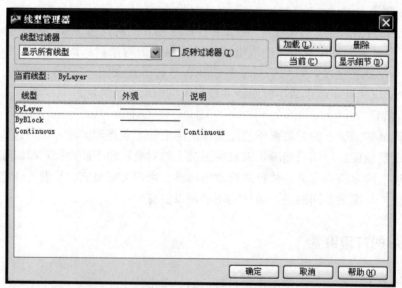

图 3-6 "线型管理器"对话框

3.2.1　设置当前线型

在"线型管理器"对话框的"线型"列表框中显示有"随层"、"随块"和其他一些线型，如"连续"等。可选择其中一种线型，然后选择"当前"按钮，即可设置该线型为当前绘图线型。

选择"随层"表示当前绘图线型与图层的线型一致。通常绘图线型都设置为随层线型，这样在哪个图层上绘图就使用该层的线型。

选择"随块"表示绘制的对象是随块的线型。如果选择的是其他线型而非"随层"和"随块"，则以后绘制的对象都使用该种线型，而不受绘制对象所在层线型的影响。

3.2.2　载入线型

当"线型管理器"中的"线型"列表框内没有所需的线型时，可选择"加载（L）…"按钮，从弹出的"加载或重载线型"对话框（图 3-4）中选择一种或多种线型，然后选择"确定"按钮即可（见 3.1.2 节）。

3.2.3　线型的可选择显示

当载入的线型太多时，为方便浏览线型，AutoCAD 提供了通过"线型过滤器"来设置线型列表的方式。从"线型管理器"中"线型过滤器"栏的下拉列表中选择一种方式。系统提供了三个选项：

（1）显示所有线型。

（2）显示所有使用的线型。

（3）显示所有依赖于外部参照的线型。

"线型过滤器"栏的下拉列表右边的复选框"反转过滤器"表示过滤方式与所选项相反。比如，若过滤方式为"显示所有线型"，又选中"反转过滤器"复选框，则在"线型"列表框里不显示任何线型。

在"线型管理器"中选中"显示细节"按钮，会显示"详细信息"栏，通过此栏可对某种线型的特征进行详细设置。

3.3　栅格及栅格捕捉设置

3.3.1　栅格设置

栅格如同坐标纸中格子线的意义，它是在屏幕上预定义一定间隔的点阵，如图 3-7 所示。这些点阵可以为绘图提供参考，为绘图的精确定位提供方便。栅格的显示及间隔距离可自行设置。

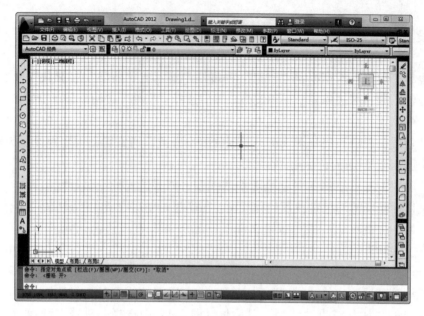

图 3-7 栅格显示

下拉菜单：工具→绘图设置

图标：状态栏中的 ▦ （仅可打开或关闭栅格显示）

快捷键：F7 键（仅可打开或关闭栅格显示）

按上述操作或右击状态栏"栅格显示"按钮，在快捷菜单中选择"设置"，打开"草图设置"对话框，选择"捕捉和栅格"选项卡，可以激活栅格设置命令，如图 3-8 所示。其中的"启用栅格"复选框控制是否显示栅格。"栅格间距"选项组设置栅格在水平和垂直两个方向上的间距。

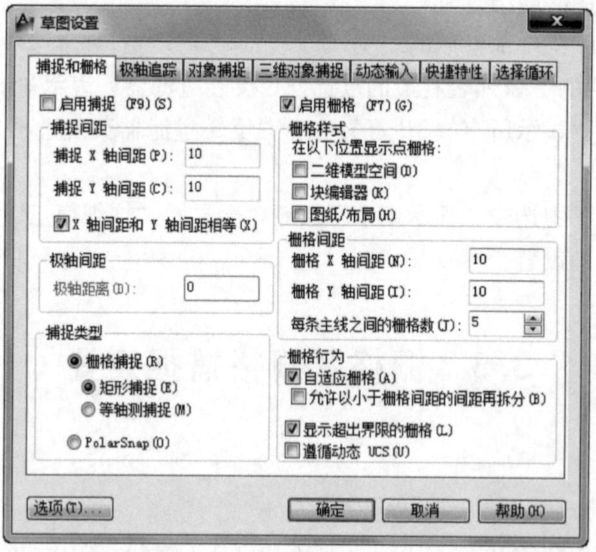

图 3-8 栅格设置

也可以在命令行输入 GRID 命令进行设置。

3.3.2　栅格捕捉设置

鼠标移动时，有时很难精确定位到绘图区的某个点上，"栅格捕捉"用于设置鼠标移动时每次移动的增量，这样鼠标从一个捕捉点到另一个捕捉点时，只能按设置的增量移动。它类似于栅格的设置，只是捕捉栅格是不可见的。"栅格捕捉"间距可以与栅格间距相同，也可不同，通常设置为前者的倍数。

下拉菜单：工具→绘图设置

图标：状态栏中的 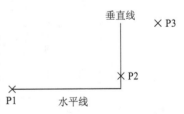（仅可打开或关闭捕捉方式）

快捷键：F9 键（仅可打开或关闭捕捉方式）

"栅格捕捉"设置和栅格设置位于同一个选项卡内，如图 3-8 所示，二者激活的方法相同。

（1）"启用捕捉"复选框：是控制捕捉功能的开关。

（2）"捕捉间距"选项组：设置捕捉栅格在水平和垂直两个方向上的间距。

（3）"捕捉类型"选项组：确定捕捉类型和样式。类型有"栅格捕捉"和"极轴捕捉"两种。"栅格捕捉"是指按正交位置捕捉位置点，而"极轴捕捉"指按追踪角度捕捉位置点。

其中，"栅格捕捉"模式有两种选项："矩形捕捉"和"等轴测捕捉"。"矩形捕捉"方式下捕捉栅格是标准的矩形。"等轴测捕捉"模式通常用来绘制等轴测图，栅格线是与水平轴成 30°、90°和 150°的直线。

（4）"极轴间距"选项组：只有在选择"极轴捕捉"类型时才可用。

也可以在命令行输入 SNAP 命令设置捕捉相关参数。

3.4　正交模式设置

命令行：ORTHO

图标：状态栏中的 ⌐

快捷键：F8 键

执行以上操作可打开或关闭正交模式。正交模式允许绘制相互垂直的直线而不必使用目标（垂点）捕捉。当绘制直线时，指定第一个点后，连接光标和起点的直线总是平行于 X 轴或 Y 轴，若不使用对象捕捉（见下节）或直接输入点坐标值，而单纯用鼠标在绘图区指定点，给出的线往往是水平线或垂直线（由光标移动的方向来决定），且指定的第二点不一定就是直线的另一端点（图 3-9）。

图 3-9　在正交模式下绘制直线

3.5　对象捕捉设置

前几节所讲的方法对于创建一个新的图形来说是很有用的，但如果根据已绘制图形的几何点来精确定位新的点就不那么方便了。"对象捕捉"是 AutoCAD 提供的一个十分有效的方法，若想要选择某些目标对象上的几何点，如直线的端点和中点、圆的圆心和圆的四分点（象限点），我们就要利用"对象捕捉"的方式。

AutoCAD 提供了智能化程度很高的"对象捕捉"功能。"对象捕捉"实际上是 Auto-CAD 提供的一个用于选择图形几何点的过滤器，它使光标能够精确地定位在对象上的一个几何点上。在绘图命令执行过程中，可利用"对象捕捉"准确抓住对象上的特殊点。例如使用"对象捕捉"可以准确快速地绘制一条直线到一个圆的圆心、某线段的中点或两条直线的交点处，只要分别使用"捕捉圆心"、"捕捉中点"和"捕捉可视交点"三种捕捉模式，然后将光标移动到对象目标的附近，AutoCAD 就会自动地捕捉到对象上所需的点。

3.5.1　打开对象捕捉

1. AutoCAD 提供两种使用对象捕捉的方式

（1）单点对象捕捉：也叫覆盖捕捉。这种捕捉方式是指针对不同类型的几何点分别打开该类型点临时对象捕捉模式。在执行命令过程中它只能使用一次，下次使用时必须再次打开该种对象捕捉模式，即只能一次性使用。

（2）运行对象捕捉：这种捕捉方式可设置多种对象捕捉模式并同时打开它们，各种模式在整个绘图过程中都有效，直到通过设置来关闭它们为止。如可同时设置并打开端点和交点捕捉模式，这时当光标移动到不同位置时会自动捕捉到各种端点或交点。与单点捕捉最大的区别就是"在运行过程中"可连续使用而不必每次打开该捕捉模式。

2. 单点对象捕捉的激活

激活单点对象捕捉有下面三种方法。

（1）右击任意工具栏，弹出工具栏显示控制快捷菜单。在该菜单中选择"对象捕捉"，打开"对象捕捉"工具栏（图 3-10），然后通过单击该工具栏上的图标来激活所需的单点对象捕捉模式。

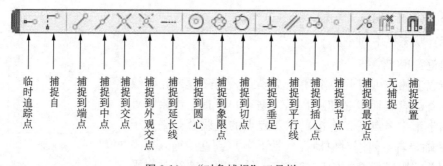

图 3-10　"对象捕捉"工具栏

（2）按住 Shift 键或 Ctrl 键的同时，在绘图区域右击，然后从弹出的对象捕捉快捷菜单中选择所需的对象捕捉模式（图 3-11）。

（3）在命令运行中提示定义点时，直接从命令行输入某种对象捕捉模式的缩略字母，如中点捕捉的缩略字母为"MID"。系统会在命令行显示一"of"标记。如要一次设置多种对象捕捉模式，输入的各种模式之间用","隔开。例如，要想捕捉直线的中点或端点，且拾取点距哪点近则捕捉哪一点，则可在命令提示行输入"MID，END"。

表 3-1 列出了 AutoCAD 2012 所具有的对象捕捉模式的关键词。

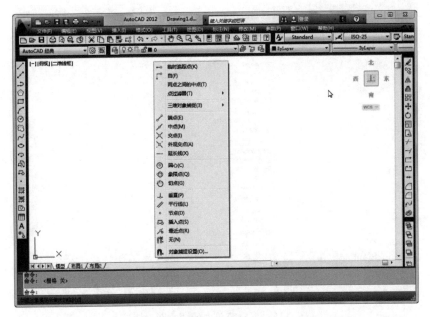

图 3-11　从弹出的对象捕捉快捷菜单中选择对象捕捉模式

表 3-1　对象捕捉模式

模　式	关 键 词	模　式	关 键 词
外观交点/捕捉到外观交点	APP	最近点/捕捉到最近点	NEA
圆心/捕捉到圆心	CEN	节点/捕捉到节点	NOD
端点/捕捉到端点	END	无/无捕捉	NON
延伸/捕捉到延长线	EXT	平行/捕捉到平行线	PAR
自/捕捉自	FROM	垂足/捕捉到垂足	PER
插入点/捕捉到插入点	INS	象限点/捕捉到象限点	QUA
交点/捕捉到交点	INT	切点/捕捉到切点	TAN
中点/捕捉到中点	MID	临时追踪点	TT

3. 运行对象捕捉的激活

通过"草图设置"对话框可激活运行对象捕捉方式。

（1）打开"草图设置"对话框。选择下拉菜单"工具→绘图设置"（图 3-12），或选择对象捕捉工具栏的"对象捕捉设置"图标按钮，或右击状态栏上的"对象捕捉"按钮，在快捷菜单中选择"设置…"，或输入命令 DSETTINGS。"草图设置"对话框（对象捕捉）如图 3-13 所示。

（2）在图 3-13 所示的"草图设置"对话框中选中"启用对象捕捉"复选框，或按 F3 键开启对象捕捉功能。

（3）在"对象捕捉模式"栏中选择想要的捕捉模式，然后选择"确定"按钮退出设置。

只要处于对象捕捉模式中，将光标移动到一个捕捉点时，AutoCAD 就将显示出一个几何图形（称为"捕捉标记"）和捕捉提示。AutoCAD 将根据所选择的捕捉模式来显示几何图形。不同的捕捉模式会显示出不同形状的几何图形，如端点是"□"，交点是"×"。各种捕捉标记样式如图 3-13 中所示。单击"选项…"按钮可设置捕捉标记的颜色和大小。

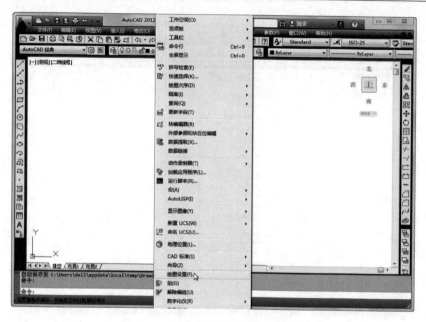

图 3-12　下拉菜单中的"绘图设置"

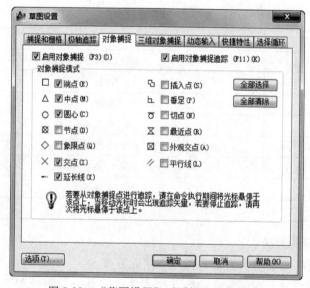

图 3-13　"草图设置"对话框（对象捕捉）

3.5.2　对象捕捉模式

AutoCAD 提供了多种对象捕捉模式以供使用。下面就各种模式作简单说明。

1. 端点

"端点"对象捕捉模式用于捕捉直线、圆弧、椭圆弧、多段线等对象最近的端点。选择"对象捕捉"工具栏中的"捕捉到端点"或在命令提示行键入 END 选择该模式，然后移动十字光标靠近目标对象的端点位置，AutoCAD 在端点处就会显示捕捉标志和提示，单击鼠标左键确定，AutoCAD 将自动选择端点。如果在光标附近有多个对象的端点，则 AutoCAD 会捕捉最靠近十字光标的那个端点。

注意：在运行各种对象捕捉模式之前，应先运行其他绘图、编辑等相关命令，这样才会起作用。

2. 中点

"中点"对象捕捉模式用于捕捉直线、圆弧、椭圆弧、多段线等对象的中点。使用该模式时若光标在中点附近，AutoCAD 即可捕捉到对象的中点。

3. 交点

"交点"对象捕捉模式用于捕捉两条或多条直线、圆（弧）、椭圆（弧）、样条曲线、多段线等对象之间的交点。

4. 外观交点

这种对象捕捉模式基本上与"交点"捕捉模式相同，只是它还能捕捉到投影交点和可视交点。所谓投影交点就是在屏幕上未显示，但经过延伸后两对象可以想象相交的交点；可视交点是在视图中看上去相交，但在 3D 空间中对象没有实际相交的重影点。使用该模式时首先用光标选择第一个目标对象，然后选择第二个目标对象，AutoCAD 就会选中两对象的外观交点。

5. 延伸

捕捉直线或圆弧延长线上的点可用此模式。如果和"交点"或"外观交点"模式一起使用，可捕捉到延长线与其他对象的交点。

使用"延伸"模式时，先将光标移动到要延长的对象上，在直线或圆弧的端点处停留一会儿后，该对象上会出现一个加号（＋），表明要延长的直线或圆弧已被选中。沿着要延长的方向移动光标，会显示一条临时辅助线（虚线），这时随光标移动，在光标右下方动态地显示出当前光标的极坐标位置，显示的是从被选择对象的端点到捕捉点的长度和角度，即"延伸：长度＜角度"。圆弧的延伸是沿该圆弧所在圆的方向，显示的是"延伸：长度＜圆弧"。在一定位置上单击鼠标左键就能捕捉到所选对象延长线上的一点。

6. 圆心

使用该对象捕捉模式可以捕捉圆、圆弧或椭圆的中心点。使用该模式时，只需移动鼠标到圆、圆弧或椭圆上，单击目标对象，即可选中对象的圆心点。

7. 象限点

使用该对象捕捉模式可以捕捉圆、圆弧或椭圆的 1/4 圆弧点。使用该模式时，应移动鼠标靠近圆弧上所要捕捉的圆弧象限点。

8. 切点

使用该对象捕捉模式可以绘制与已知圆、圆弧或椭圆相切的直线。使用该模式时，移动鼠标到目标对象上，单击对象任意位置即可选择对象上的切点。切点位置与直线的另一端点位置相匹配。

9. 垂足

使用该对象捕捉模式可以绘制通过某点且与已知直线、圆、圆弧或椭圆相垂直的直线。使用该模式时，用鼠标选择目标对象后，AutoCAD 会自动计算出垂足点位置。

10. 平行

使用"平行"模式时，鼠标在用来画平行对象的直线上停顿一会，该直线必须是鼠标捕获框内唯一的一个对象，然后该对象上将会出现一个平行线符号，表明已获取了该直线。如果创建的对象路径与已获取的直线方向平行，AutoCAD 会显示出一条辅助线（虚线），可沿此辅助线的方向绘制出与原来直线平行的对象。

11. 插入点

该模式用于捕捉所插入的块、文字、图形或特性的插入点。比如，文字的对齐方式有左对齐，文字的对齐点就是文字的插入点（至于块的插入点则是由用户定义的）。要捕捉这些点，就用此模式。

12. 节点

"节点"对象捕捉模式用于捕捉已经存在的点对象，如事先用 POINT 命令绘制好的点标识。

13. 最近点

该对象捕捉模式用于捕捉目标对象上离光标选择位置最近的点。首先移动光标到目标对象上，在对象上会显示最近点的标志符号标明捕捉点位置，单击选择对象，AutoCAD 则获取对象上标记处的点。

14. 无捕捉

该模式允许在命令执行当中提示选择点时关闭所有运行中的对象捕捉模式。如在运行捕捉中设置了 CEN 和 INT 对象捕捉模式，在"对象捕捉"工具栏中选择"无捕捉"选项或在命令提示行输入 NON 选择该模式，则 CEN 和 INT 捕捉无效。

注意：如果在选择了一种对象捕捉模式后，立即改用其他模式，则命令提示两种目标捕捉模式都无效，必须再次选择所需捕捉模式。

3.5.3 自动捕捉和自动追踪

1. 自动捕捉

AutoCAD 的对象捕捉中包含一种可视化的帮助，称为自动捕捉，用于更有效地观看和使用对象捕捉模式。图 3-14 为自动捕捉图例。自动捕捉设置可通过"选项"对话框的"绘图"选项卡来改变，方法如下。

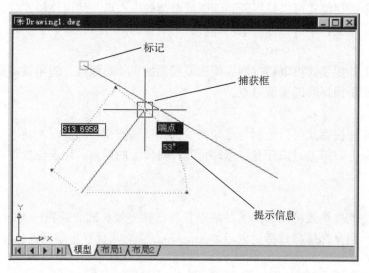

图 3-14 "自动捕捉"样式

（1）从下拉菜单中选择"工具→选项"或在非命令状态下右击绘图区域弹出的快捷菜单中选择"选项"，也可从命令行键入 OPTIONS 命令，打开"选项"对话框。

（2）在"选项"对话框中，选择"绘图"选项卡（图 3-15）。

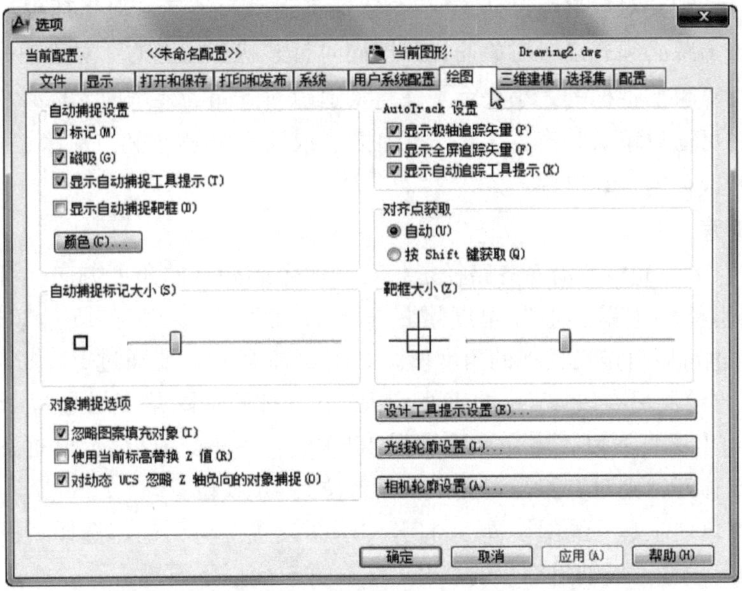

图 3-15　"选项"对话框中的"绘图"选项卡

（3）在"绘图"选项卡上，选择或清除自动捕捉设置。AutoCAD 默认"自动捕捉设置"栏中的"标记"、"磁吸"和"显示自动捕捉工具提示"三要素是选中的，从中可改变自动捕捉标记的颜色、大小及调整捕捉框的大小等。

（4）选择"确定"按钮退出。

"自动捕捉设置"栏中各项说明如下。

①标记。通过在对象捕捉位置上显示一个标记符号来指明当前的捕捉模式，如端点标记是一个方框"□"，可通过设置改变标记的大小和颜色。

②磁吸。这是一个形象化的概念。指当光标靠近捕捉点时，自动地将光标移动并锁定到捕捉点上。

③显示自动捕捉工具提示。在对象捕捉位置的光标下面用来标识当前对象捕捉模式的文字提示。通常用一个黑色方框来显示提示文字。

④显示自动捕捉靶框。自动捕捉靶框是指围绕十字光标线的一个四边形方框，移动光标时 AutoCAD 只对该方框内的目标对象进行捕捉。是否显示捕捉框以及捕捉框的大小是可以设置的。

⑤颜色。通过"颜色"按钮可以选择自动捕捉标记的颜色。

注意：当设置了多种运行捕捉模式时，按 Tab 键可在目标对象上的各种捕捉点之间循环切换。例如，当运行捕捉设置了"象限点"和"圆心"两种模式时，把捕捉框移到目标对象圆上，按下 Tab 键可循环选择圆的四个四分之一点和圆心点。

2. 自动追踪

自动追踪用于按特定角度或与其他图形对象的相互关系绘制图形。如果打开自动追踪，通过一条临时的对齐路径便可以精确的位置和角度绘制图形。自动追踪有两种方式："极轴追踪"和"对象捕捉追踪"。

"极轴追踪"必须配合"极轴"功能和"对象追踪"功能一起使用，即同时打开状态栏上的"极轴"开关和"对象追踪"开关；"对象捕捉追踪"连同"对象捕捉"一起使用，要对一目标对象点追踪必须先设置对象捕捉，即同时打开状态栏上的"对象捕捉"开关和"对象追踪"开关。对象捕捉框的大小决定了在自动追踪对齐路径显示前光标必须靠近对齐路径的程度。使用时可通过单击状态栏上的"极轴"（或按 F10 键）和"对象追踪"（或按 F11 键）按钮来打开或关闭自动追踪。

（1）极轴追踪。

"极轴追踪"追踪光标所沿对齐路径是相对于命令起始点的角度方向。可按设定的追踪角度增量来使用极轴追踪。追踪角度增量一般设置为 90°、60°、45°、30°、22.5°、18°、15°、10°和 5°，也可以自定义其他的角度值。如图 3-16 所示，要通过 P1、P2 点绘制一段直线，然后从 P2 点绘制另一段 45°角的直线到 P3 点，打开追踪角度增量为 45°的极轴追踪，可很方便地绘制出该直线段。当光标移动到 45°角时，AutoCAD 显示出对齐路径和极轴角提示；如果光标移开，则对齐路径消失，从而定位到 45°线位置。

选择下拉菜单"工具→绘图设置"，打开"草图设置"对话框，选择"极轴追踪"选项卡（图 3-17），可设置"极轴追踪"的"开/关"，并改变以下设置。

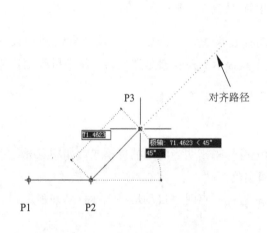

图 3-16 用"极轴追踪"绘制直线

图 3-17 "草图设置"对话框——极轴追踪

①极轴角设置。目的是追踪角度增量设置。除系统提供的可选的角度外可自定义其他角度。

②对象捕捉追踪设置。设置对象捕捉追踪为正交方式还是按所有的极轴角追踪。

③极轴角测量方法。设置极角的测量方法，是绝对角度还是相对最后绘制线段的角度。

（2）对象捕捉追踪。

使用"对象捕捉追踪"可追踪以对象捕捉点为基础的对齐路径。比如，可以沿着基于对象的端点、中点或两对象交点的路径选取点。使用"对象捕捉追踪"时，将光标移动到目标对象捕捉点上，不要单击，停留一会儿可临时

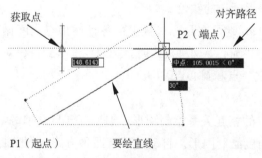

P1（起点）　　　要绘直线

图 3-18 用"对象捕捉追踪"绘制直线

获取该点。用此方法可获取多个点。然后移动鼠标到基于该点的水平、垂直或追踪极角增量方向的对齐路径时，这些路径就会显示出来（虚线显示）。沿路径移动鼠标可定位到所需点上，鼠标旁会显示离获取点的距离长度和追踪极角值等（图 3-18）。

使用前，首先打开对象捕捉（单击对象捕捉按钮或运行对象捕捉命令），然后按 F11 键或单击状态栏上的"对象追踪"按钮。也可在"草图设置"对话框的"对象捕捉"选项卡中选择"启用对象捕捉追踪"复选框，如图 3-19 所示。

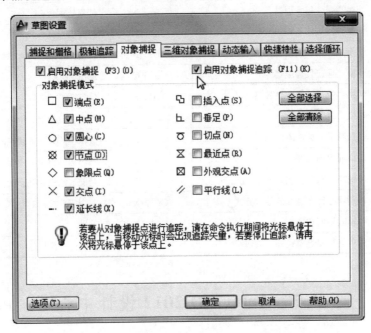

图 3-19　"草图设置"对话框——对象捕捉

3.6　AutoCAD 2012 功能键和常用控制键

本章主要介绍了 AutoCAD 2012 中快速及精确定位的方法、图层以及线型等绘图辅助设置。除此之外，还可以使用 AutoCAD 中的功能键和快捷键来快速改变坐标显示、栅格捕捉、正交、对象捕捉、状态栏、等轴测平面、运行中的对象捕捉和栅格状态等。表 3-2 和表 3-3 分别集中给出了各种功能键、控制键以及这些键的功能说明。

表 3-2　功能键及其功能

键	功　能	键	功　能
F1	帮助	F7	栅格显示模式控制（Ctrl＋G）
F2	图形/文字窗口切换	F8	正交模式控制（Ctrl＋L）
F3	对象捕捉模式控制（Ctrl＋F）	F9	栅格捕捉模式控制（Ctrl＋B）
F4	图形输入板模式控制（Ctrl＋T）	F10	极轴模式控制
F5	等轴测平面切换（Ctrl＋E）	F11	对象追踪模式控制
F6	坐标显示控制（Ctrl＋D）	F12	切换"动态输入"

表 3-3 常用控制键及其功能

键	功　　能	键	功　　能
Ctrl＋0	切换"清除屏幕"	Ctrl＋G	栅格显示模式开、关切换
Ctrl＋1	切换"特性"选项板	Ctrl＋J	重复执行前一个命令
Ctrl＋2	切换设计中心	Ctrl＋K	超级链接
Ctrl＋3	切换"工具选项板"窗口	Ctrl＋L	正交模式开、关切换
Ctrl＋4	切换"图纸集管理器"	Ctrl＋N	创建新图形
Ctrl＋5	切换"信息选项板"	Ctrl＋O	打开图形文件
Ctrl＋6	切换"数据库连接管理器"	Ctrl＋P	打印图形
Ctrl＋7	切换"标记集管理器"	Ctrl＋Q	退出
Ctrl＋8	切换"快速计算"计算器	Ctrl＋S	保存图形
Ctrl＋9	切换"命令窗口"	Ctrl＋T	数字化仪控制
Ctrl＋A	选择图形中的对象	Ctrl＋U	极轴模式开、关切换
Ctrl＋B	栅格捕捉模式开、关切换	Ctrl＋V	粘贴剪贴板上的内容
Ctrl＋C	将选择的对象复制到剪贴板上	Ctrl＋W	对象追踪模式开、关控制
Ctrl＋D	控制状态行上坐标的显示方式	Ctrl＋X	剪切所选择的对象
Ctrl＋E	等轴测平面切换	Ctrl＋Y	重做
Ctrl＋F	对象自动捕捉模式开、关切换	Ctrl＋Z	取消前一次操作

3.7 AutoCAD 2012 设计中心

AutoCAD 2000 以后的版本新增的 AutoCAD 设计中心是一个设计管理系统,有着类似于 Windows 资源管理器的界面。利用设计中心,不仅可以浏览到自己的设计,还可以借鉴别人的设计思想和设计图形。使用设计中心,可以方便地定位和组织图形数据或加载其他文档内容,如块、图层、外部参照和已命名自定义对象到自己的图形当中。只需要从自己的文件、网络驱动器或 Internet 上将这些对象拖入图形文件当中即可,从而使设计更省时、更轻松,减少重复工作。

3.7.1 启动 AutoCAD 2012 设计中心

下拉菜单:工具→选项板→设计中心

图标:"标准"工具栏中的 ▦

快捷键:Ctrl＋2

命令行:ADC

调用 ADC 命令后即可启动 AutoCAD 设计中心,如图 3-20 所示。用户可以通过拖动其标题栏、选项板与树状视图窗口之间的分隔条或右下角的大小控制点来改变设计中心窗口的位置和大小。

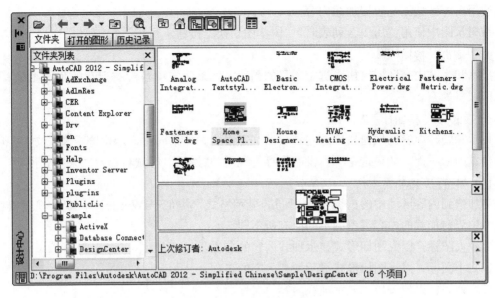

图 3-20　AutoCAD 2012 设计中心

3.7.2　AutoCAD 2012 设计中心窗口说明

AutoCAD 设计中心窗口是由工具栏和若干窗口组成的。下面分别介绍各部分的功能。

1. "加载"按钮

使用"加载"可以浏览本地和网络驱动器、Web 上的文件，然后选择内容加载到内容区域。

2. "上一页"按钮

返回到历史记录列表中最近一次的位置。

3. "下一页"按钮

返回到历史记录列表中下一次的位置。

4. "上一级"按钮

显示当前容器的上一级容器的内容。

5. "搜索"按钮

从中可以指定搜索条件以便在文件中查找图形、块和非图形对象，类似于 Windows。

6. "收藏夹"按钮

"收藏夹"文件夹包含经常访问的项目的链接。要为"收藏夹"添加项目，可以在内容区域或树状图中的项目上右击，然后单击"添加到收藏夹"命令。要删除"收藏夹"中的项目，可以使用快捷菜单中的"组织收藏夹"选项，然后使用右键快捷菜单中的"删除"选项。

7. "主页"按钮

将设计中心返回到默认文件夹。安装时，默认文件夹被设置为 …\Sample\Design-Center。可以使用树状图中的快捷菜单更改默认文件夹。

8. "树状图切换"按钮

显示和隐藏树状图。如果绘图区域需要更多的空间，则需隐藏树状图。树状图隐藏后，可以使用内容区域浏览容器加载内容。

在树状图中使用"历史"列表时，"树状图切换"按钮不可用。

9. "预览"按钮

显示和隐藏内容区域窗格中选定项目的预览。如果选定项目没有保存的预览图像，"预览"区域将为空。

10. "说明"按钮

显示和隐藏内容区域窗格中选定项目的文字说明。如果同时显示预览图像，文字说明将位于预览图像下面。如果选定项目没有保存的说明，"说明"区域将显示"未找到说明"。

11. "视图"按钮

为加载到内容区域中的内容提供不同的显示格式，类似于 Windows。默认视图根据内容区域中当前加载的内容类型的不同而有所不同。

（1）大图标：以大图标形式显示加载内容的名称。

（2）小图标：以小图标形式显示加载内容的名称。

（3）列表：以列表形式显示加载内容的名称。

（4）详细信息：显示加载内容的详细信息。根据内容区域中加载的内容类型，可以将项目按名称、文件大小、类型和修改时间进行排序。

12. 文件夹

显示计算机或网络驱动器（包括"我的电脑"和"网上邻居"）中文件和文件夹的层次结构。

13. 打开的图形

显示 AutoCAD 任务中当前打开的所有图形，包括最小化的图形。

14. 历史记录

显示最近在设计中心打开的文件列表。显示历史记录后，在一个文件上右击可显示此文件信息或从"历史记录"列表中删除此文件。

15. 树状视图窗口

树状视图窗口类似于 Windows 的资源管理器，用于显示某个计算机和网络驱动器上的文件与文件夹的层次结构、打开图形的列表、自定义内容以及上次访问过的位置的历史记录。选择树状图中的项目以便在内容区域中显示其内容。可以通过"树状图切换"按钮来控制是否显示该窗口。

注意：…Sample \ DesignCenter 文件夹包含具有可以插入在图形中的特定组织块的图形，这些图形称为符号库图形。

16. 内容显示框

显示树状图中当前选定"容器"的内容。容器包含设计中心可以访问的各种信息，包括网络、计算机、磁盘、文件夹、文件或网址（URL）。根据树状图中选定的不同容器，内容区域的典型显示如下。

（1）含有图形或其他文件的文件夹。

（2）图形。

（3）图形中包含的命名对象。命名对象包括块、外部参照、布局、图层、标注样式和文字样式等。

（4）图像或图标表示的块、填充图案。

（5）基于 Web 的内容。

（6）由第三方开发的自定义内容。

在内容区域中通过拖动、双击或右击并选择"插入为块"、"附着为外部参照"或"复制"，可以在图形中插入块、填充图案或附着外部参照。可以通过拖动或右击向图形中添加其他内容（例如图层、标注样式和布局）。可以从设计中心将块和填充图案拖动到工具选项板中。

注意：在树状图或内容区域中右击，可以访问快捷菜单上的相关内容或树状图选项。

3.7.3 使用 AutoCAD 2012 设计中心打开图形文件

使用 AutoCAD 设计中心打开图形文件的常用方法有两种。

（1）在 AutoCAD 设计中心的选项板中选中目标后右击，从快捷菜单中选择"在应用程序窗口中打开"项，如图 3-21 所示。

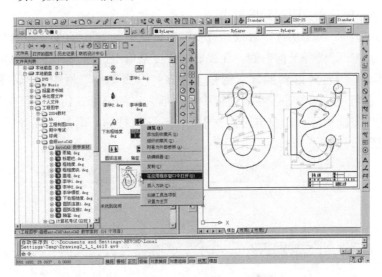

图 3-21 在选项板中选中目标后右击

（2）从 AutoCAD 设计中心的选项板中拖动图形文件的图标到 AutoCAD 的绘图区域，松开鼠标后按照系统提示即可将所选图形文件插入绘图区。

3.7.4 使用 AutoCAD 2012 设计中心向图形添加内容

通过 AutoCAD 设计中心，可以从选项板或查找结果列表中将内容直接添加到打开的图形文件中，或者将内容复制到剪贴板上，然后将内容粘贴到图形中。在添加内容时采用哪种方法取决于所要添加内容的类型。

1. 插入块

块定义可以插入到图形当中。当用户将块插入到图形当中时，块定义同时也复制到图形数据库中。AutoCAD 设计中心提供了两种将块插入到图形中的方法：

（1）按实时缩放比例和旋转角度插入。

具体操作方法如下：①从选项板或"查找"对话框中选择要插入的块，并把它拖动到打开的图形文件中。②在所需的位置松开定点设备，然后按照系统提示完成。

（2）按指定坐标、缩放比例和旋转角度插入。

这种方法就是事先使用"插入块"对话框来定义要插入块的各种参数。

具体操作方法如下：①从选项板或"查找"对话框中选择要插入的块，然后右击。②从快捷菜单中选择"插入为块"项，打开"插入"对话框，设置完后单击确定。

2. 附加光栅图像

利用 AutoCAD 设计中心，可以将光栅图像，如照片附加到图形当中。

具体操作方法如下：①将想要附加到图形当中的光栅图像文件的图标从选项板拖动并放入 AutoCAD 的绘图区。②输入插入点位置、比例因子和旋转角度。

另外，还可右击图像文件，从快捷菜单中选择"附着图像"菜单项，然后在"图像"对话框中设置插入点位置、比例因子和旋转角度，则图像以设定的参数插入到图形中。

3. 附加外部参照

与块参照类似，外部参照在 AutoCAD 中作为单个的对象显示，也可根据指定的坐标、比例因子和旋转角度等参数附加到图形中。

具体操作方法如下：①从选项板或"查找"对话框中，用鼠标的右键选择并拖动外部参照到打开的图形中。②松开鼠标右键，在弹出的快捷菜单中选择"附着为外部参照"项，打开图 3-22 所示的"附着外部参照"对话框。③在"参照类型"栏中选择参照的类型，有"附着型"和"覆盖型"两种。④在对话框中输入插入点的坐标、比例以及旋转角度或选择"在屏幕上指定"复选框等。⑤单击对话框中的"确定"按钮，附加外部参照并关闭"附着外部参照"对话框。

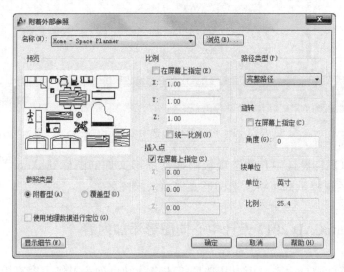

图 3-22　"附着外部参照"对话框

4. 在图形之间复制块

使用 AutoCAD 设计中心浏览和加载想要复制的块时，应先将块复制到 Windows 的剪贴板上，然后再粘贴到打开的图形文件中。

具体操作方法为：在选项板或"查找"对话框中选择要复制的块，然后右击块的图标，从快捷菜单中选择"复制"菜单项，然后激活"绘图"窗口，从"编辑"菜单中选择"粘贴"将复制的块粘贴到图形中。

5. 插入自定义内容

与块、图形、线型、标注样式、文字样式以及布局一样，可使用 AutoCAD 设计中心将自定义的内容插入到打开的图形中。操作时只需要选择要插入的自定义内容的类型，然后将它拖入 AutoCAD 的图形区域即可，AutoCAD 会根据创建该类型内容的应用程序作相应的提示。

6. 在图形之间复制图层

通过 AutoCAD 设计中心可以将图层从任何图形当中复制到另外一个图形当中。

（1）直接将图层拖移到图形中。

具体操作如下：①确认想要将图层复制的图形文件打开并处于当前状态。②在选项板或"查找"对话框中选择一个或多个想要复制的图层。③将所选中的图层拖移到打开的图形当中，然后松开鼠标。

（2）使用复制和粘贴方法。

具体操作如下：①确认想要将图层复制的图形文件打开并处于当前状态。②在选项板或"查找"对话框中选择一个或多个想要复制的图层。③右击选择的图层，从弹出的快捷菜单中选择"复制"项。④在要粘贴的图形区右击，从快捷菜单中选择"粘贴"，即可将图层粘贴到图形中。

3.7.5　管理常使用的内容

对于一些经常要使用的内容，AutoCAD 解决了多次查找的问题，使用 AutoCAD 提供的收藏夹（Favorites \ Autodesk）可方便快捷地查找要用的内容，这样可以使文件和块等内容的查找更加方便容易。

1. 在收藏夹中添加内容

选择一个图形文件、文件夹或其他类型的内容，从右击弹出的快捷菜单中选择"添加至收藏夹"，则一个连接到该项目的快捷方式被添加到"收藏夹"中，而原文件并没有被移动。

2. 显示收藏夹列表

在 AutoCAD 设计中心选择"收藏夹"按钮即可显示其中的内容。

3.8　思考练习

（1）如何新建、修改、删除图层？

（2）对象捕捉的方法有几种？它们的用法有何不同？

（3）设置图层，该图层包含四层，它们分别是：细实线，颜色为白色，线宽为默认；粗实线，颜色为绿色，线宽为 0.8；虚线，颜色为黄色，线宽为默认；中心线，颜色为红色，线宽为默认。

（4）如何设置"运行对象捕捉"？如何激活和关闭"运行对象捕捉"？

（5）在绘图过程中，如何使用捕捉功能进行精确绘图？

（6）如何运用自动追踪进行绘图？

第4章　图形显示控制

利用 AutoCAD 可以在显示屏上画出任意大小、高精度、较复杂的图形。这是因为它提供了一种类似于照相机的显示控制功能，可以随时用任何比例来显示图形的任何部位和范围，还可以同时显示图形的全部和某些局部，使绘图与读图非常方便。

4.1　图形的缩放

通过图形的缩放，仅放大或缩小图形的屏幕显示尺寸，而图形的真实尺寸保持不变。

可通过如下六种方式使用"缩放"命令（以"实时缩放"为例）。

功能区："视图"选项卡→"二维导航"面板→"缩放"下拉按钮→ 实时（图 4-1）。

导航栏："缩放"下拉按钮→"实时缩放"（图 4-2）。

菜单：视图（V）→缩放（Z）→ 实时（R）（图 4-3）。

快捷菜单：在没有选定对象时，在绘图区域右击，并选择" 缩放（Z）"（图 4-4）。

工具栏：直接单击"标准"工具栏图标 。其余缩放模式可直接单击"缩放"工具栏上相应的图标（图 4-5）。

命令行：输入 ZOOM（缩写名：Z，透明命令'_zoom），再按 Enter 键（可根据需要转换成其他模式）。

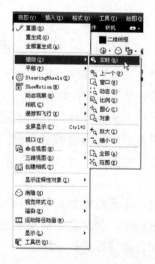

图 4-1　功能区"缩放"选项　　图 4-2　导航栏　　图 4-3　菜单"缩放"选项　　图4-4　快捷菜单
　　　　　　　　　　　　　　　"缩放"选项　　　　　　　　　　　　　　　　　　　"缩放"选项

注意：

①选择"实时缩放"选项后，绘图区中光标将变成 ，此时按住鼠标左键不放，并向上移动鼠标，图形将被放大；向下移动鼠标，则图形被缩小。

②要结束缩放模式，可按 Esc 键或 Enter 键退出，也可通过右击选择快捷菜单中的"退出"选项实现，如图 4-6 所示。

③滚动鼠标滚轮时，还可直接对图形进行放大或缩小。向前滚动滚轮时，图形被放大；向后滚动滚轮时，图形则被缩小。滚动结束时，缩放随即结束。

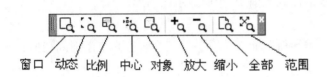

图 4-5　"缩放"工具栏图标　　　　图 4-6　退出"缩放"快捷菜单

下面分别对各个缩放选项及其操作方法进行说明。

1. 窗口缩放

指定矩形两对角点，AutoCAD 将把该矩形范围内的图形放大到全屏幕。可在退出"缩放"快捷菜单中转换成窗口缩放模式，如图 4-6 所示。

2. 动态缩放

使用该选项可以在显示全图范围的基础上确定新视图的位置和大小，从而很方便地改变显示的区域。

执行该选项后，屏幕上出现两个方框：绿色的虚线框表示当前视图范围；实线矩形框是"视图框"，它有两种状态。当方框内有一个"×"符号时，只能移动鼠标来实现"平移"，不能改变大小。"×"处是下一个视图中心点位置。另一状态是"缩放"，此时框内符号变为指向该框右边线的箭头，移动光标可以调节框的大小。这两种状态可通过单击鼠标进行切换。取得满意结果后，按 Enter 键。

3. 比例缩放

按所设定的比例因子实现缩放。执行该选项后，命令窗口会提示用户输入比例值，AutoCAD 将按该比例值缩放图形对象。

4. 中心缩放

重设图形的显示中心和缩放倍数。执行该选项后，命令窗口会提示要确定新的中心点和比例值，AutoCAD 将以新指定的中心位置把图形显示在绘图窗口，并对图形按指定的比例值缩放。如果在"输入比例或高度〈当前值〉"提示下给出的是高度值，AutoCAD 将以"当前高度/输入高度"的比值作为比例值对图形进行缩放。

5. 缩放对象

"缩放对象"将使所选中的对象充满整个屏幕。可在 Zoom 命令前或后选择对象。

6. 放大

选择"放大"选项，图形将被放大一倍。

7. 缩小

选择"缩小"选项，图形将被缩小一半。

8. 全部缩放

按照图形界限命令 LIMITS 所设定的范围显示所有图形；当有些图形对象超出界限时则显示全图。

9. 范围缩放

可以在屏幕上尽可能大地显示所有图形对象。与"全部"选项不同的是，"范围"的显示边界是图形范围而不是图形界限。可在退出"缩放"快捷菜单中转换成"范围缩放"模式，如图 4-6 所示。

10. 缩放上一个

恢复上一次显示的图形。可逐步退回到先前 10 个所显示的图形。

11. 向后、向前查看视图

通过单击"视图"选项卡→"二维导航"面板→，可实现在多个图形间切换显示。

4.2　图形的平移

通过平移图形，可以在不改变图形中的对象位置和缩放比例的条件下，平移当前显示区域中的图形对象，以观察图形对象的不同部分。

1. 实时平移

可通过如下几种方式实时地对显示区域中的图形对象进行平移。

功能区："视图"选项卡→"二维导航"面板→ 平移（图 4-7）。

导航栏： 图标（图 4-8）。

菜　单：视图（V）→ 平移（P）→ 实时（图 4-9）。

快捷菜单：光标置于绘图区，右击，从弹出的快捷菜单中选择"平移"选项（图 4-4）。

工具栏：直接单击"标准"工具栏中的 图标。

命令行：PAN（缩写名：P 或透明命令'_pan）。

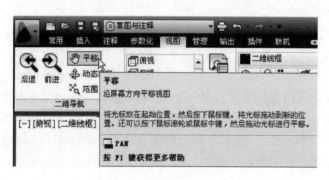

图 4-7　功能区"实时平移"

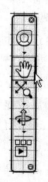

图 4-8　导航栏"实时平移"

进入"实时平移"后，绘图区的光标变成 ，按住鼠标左键并拖动鼠标，窗口中的图形将沿光标移动的方向移动。放开左键，则平移停止。不断调整鼠标位置，便可继续平移图形，直到显示出所需的部位。结束实时平移时，只需按 Enter 键或按 Esc 键，或右击，在弹出的快捷菜单中选择"退出"选项即可。

注意：

①在 AutoCAD 绘图区的右侧、下侧边缘都有滚动条，用户也可以通过拖动滚动条来平移视图。

②光标在绘图区域时，任何时候，按下鼠标中键或滚轮，光标即变为 ，拖动鼠标即可实现平移。松开鼠标中键或滚轮，平移随即结束。

2. 定点平移

该选项可通过指定基点和位移值来平移图形。

定点平移的操作步骤：

（1）在命令行输入"_ PAN"或者在 AutoCAD 经典空间中依次单击"视图"菜单→平移→ （图 4-9）；

（2）指定要平移的点（基点）；

（3）指定要平移到的目标点（第二点）。

指定点时，可以用鼠标在屏幕上直接指定，也可用键盘输入点的坐标实现。

3. 向左（右、上或下）平移

该选项可将图形窗口相对的部分向中间平移。

例如，单击"视图"菜单→平移→"左"后（图 4-9），可将图形窗口的右边部分向中间平移一段距离，即图形向左边平移。当选择"右"（"上"或"下"）选项时，则相应的将图形向右（上或下）边平移一段距离。

图 4-9　"视图"菜单中的"平移"选项

4.3　SteeringWheels 控制盘导航

SteeringWheels 是追踪菜单，使用户可以通过单一工具访问各种二维和三维导航工具。它将多种图形显示导航工具集中到一个单一控制盘中，跟随光标实现实时交互操作，从而为用户节省了时间。

1. SteeringWheels 控制盘的开启及关闭

开启控制盘有以下几种方式：

导航栏：图标（图 4-8）。

菜单：视图（V）→ SteeringWheels（S）。

快捷菜单：在绘图区右击，从弹出的快捷菜单中选择 Steering Wheels 选项（图 4-4）。

命令行：输入 NAVSWHEEL，按 Enter 键后就可打开控制盘。

要关闭控制盘，可直接单击控制盘右上角⊗按钮或者按 Esc 或 Enter 键。也可在控制盘上单击按钮或右击，再在打开的控制盘菜单中选择"关闭控制盘"实现。

2. 控制盘类型选择及切换

单击导航栏上按钮下方的下拉按钮（图 4-10），打开所需的导航控制盘。可用的七种控制盘显示方式如图 4-11 所示。切换时，按下控制盘右下角按钮（或右击），即可打开

控制盘菜单，选择所需控制盘类型。

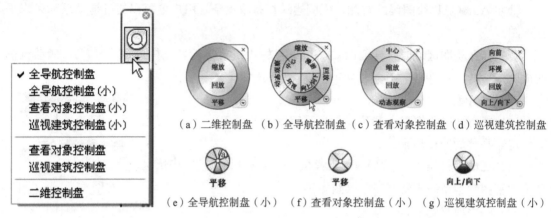

（a）二维控制盘 （b）全导航控制盘 （c）查看对象控制盘 （d）巡视建筑控制盘

（e）全导航控制盘（小） （f）查看对象控制盘（小） （g）巡视建筑控制盘（小）

图 4-10　SteeringWheels 控制盘　　　图 4-11　七种可用控制盘显示方式

注意：在图纸空间只有二维控制盘可用。

3. 导航工具的使用

SteeringWheels 控制盘提供了九种导航工具：缩放、回放、动态观察、中心、环视、向前、漫游、平移、向上/向下。使用导航工具，须按住控制盘按钮并拖动，在绘图区和控制盘间进行交互操作。以全导航控制盘"平移"工具为例。

使用时，将光标移到控制盘"平移"按钮上（图 4-11（b）），单击并按住鼠标左键，光标变为 ✥。随后拖动鼠标向上、下、左、右四个方向移动，就可实现向相应方向的视图移动。松开鼠标，返回控制盘，并切换导航工具。

其他导航工具的作用如下。

① "中心"工具：用于在模型上指定一个点作为当前视图的中心。该工具也可以更改用于某些导航工具的目标点。

② "向前"工具：用于调整视图的当前点与定义的模型轴心点之间的距离。

③ "环视"工具：用于绕固定点水平和垂直旋转视图。

④ "动态观察"工具：用于基于固定的轴心点绕模型旋转当前视图。

⑤ "回放"工具：用于恢复上一视图。用户也可以在先前视图中向后或向前查看。

⑥ "向上/向下"工具：用于沿模型的 Z 轴滑动模型的当前视图。

⑦ "漫游"工具：用于模拟在模型中漫游。

⑧ "缩放"工具：用于改变当前视图的显示大小。

4. SteeringWheels 设置

在控制盘菜单中选择"SteeringWheels 设置…"，弹出相应的对话框。在该对话框中，可对控制盘的大小、透明度进行设置；可显示或隐藏工具提示及工具信息。

4.4　图形的重画和重生成

在绘图时，常在图上留下一些修改的痕迹，利用重画命令能刷新屏幕或当前视图，擦除残留的痕迹。

1. "重画"命令格式及操作

菜单：视图（V）→重画（R）。

命令行：输入'REDRAW 或'REDRAWALL 作为透明命令。

如果利用"重画"命令刷新屏幕后仍不能正确显示图形，则可调用"重生成"命令。"重生成"命令不仅刷新当前视口的全部显示，而且更新图形数据库所有图形对象的屏幕坐标，因此，使用该命令通常可以准确地显示图形数据。

2. "重生成"命令格式及操作

菜单：视图（V）→重生成（G）。

命令行：输入 REGEN，并按 Enter 键。

例如，在绘图过程中，有的圆或圆弧的半径过小，用"缩放"命令放大后，圆或圆弧呈多边形，如图 4-12 所示，影响绘图效果和质量，通过使用"重生成"命令，可以使圆或圆弧恢复正常的形状，如图 4-13 所示。由于要把原有的数据全部重新计算一遍形成显示文件后，再在屏幕上显示全部图形，故该命令执行速度较慢。

要重新生成所有视口的全部图形，并重新计算所有视口中的所有坐标，可使用"全部重生成"命令 REGENALL，操作方法同"重生成"命令。

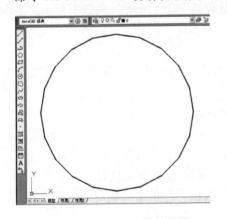
图 4-12　"重生成"前的效果

图 4-13　"重生成"后的效果

4.5　命 名 视 图

在大型图形中，经常需要将图形的某些局部进行平移和缩放，以得到便于观察的视图。命名视图可以将调整好的视图保存，并在需要时恢复视图显示，大大提高了绘图效率。

"命名视图"命令格式及操作：

功能区："视图"选项卡→"视图"面板→ 视图管理器（图 4-14）

菜单：视图（V）→ 命名视图（N）…（图 4-9）。

工具栏：单击"视图"工具栏中的 图标。

命令行：输入 VIEW，并按 Enter 键。

随后打开"视图管理器"对话框（图 4-15），可对视图进行新建、置为当前、删除等操作。具体操作说明如下。

（1）新建：该选项可以将需要重复显示的视图进行保存。

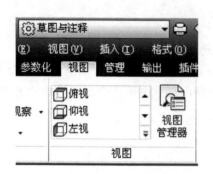

图 4-14 功能区"命名视图"

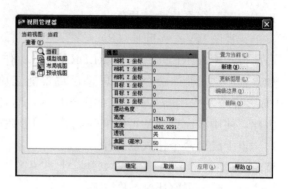

图 4-15 视图管理器

单击"视图管理器"中"新建（N）…"按钮后，可在"新建视图"对话框中为视图输入名称，并在边界部分选择"当前显示"，单击两次"确定"按钮后就可以将当前显示的视图以输入的视图名称保存。下次打开"视图管理器"时，已保存的视图名可在"查看"列表里显示。

（2）置为当前：该选项可以将已经保存的视图重新调出，作为当前视图显示。

要将保存好的视图调出使用，可以在"视图管理器"中"查看"列表下单击所需调用的视图名称，再单击"置为当前（C）"后按钮，单击"确定"按钮。

（3）删除：该选项可将不需要的视图删除。

在"视图管理器"中"查看"列表下单击要删除的视图名称，再单击"删除（D）"按钮后，单击"确定"按钮。

（4）编辑边界：该选项用来重新调整已保存好的视图显示边界。

选择视图名称，单击"编辑边界（B）"按钮，随后出现十字光标，用鼠标拖动出矩形框，右击，再单击"确定"按钮。矩形框内的视图就成为该视图新的显示内容。

（5）更新图层：该选项用来更新与选定的视图一起保存的图层信息。

选定视图名称后，直接单击"更新图层（L）"按钮，再单击"确定"按钮。

4.6 图 形 视 口

在模型空间中，将绘图区域分割成多个单独的查看区域，可实现同时查看图形不同部分的功能，这些区域就是视口。在大型或复杂图形中，使用视口可缩短在单一视图中缩放或平移的时间。而且，当一个视口的图形更新时，其他视口的图形也随之更新，这样就更容易发现绘图错误，大大的提高绘图的效率，减少绘图出错率。

1. 使用视口可以完成的相关操作

（1）平移、缩放、设定捕捉栅格和 UCS 图标模式以及恢复命名视图；

（2）用单独的视口保存用户坐标系方向；

（3）执行命令时，从一个视口绘制到另一个视口，从而使得在大型图形中远距离绘制或编辑图形更为方便；

（4）保存视口排列，以便在模型空间中重复使用或将其插入命名（图形空间）布局。

2. 模型空间视口的相关操作

（1）创建或拆分视口。

在模型空间中，常用的有 1～4 个视口。要创建多个视口（以两个垂直排列视口为例），有几种方法。

①功能区（有两种方式）：

依次单击"视图"选项卡→"视口"面板 下拉按钮→"视口配置列表"项→"两个：垂直"命令（图 4-16）。

或者单击"视图"选项卡→"视口"面板→"[图标] 命名"图标，随即打开"视口"对话框，在"新建视口"选项卡中选择"两个：垂直"命令（图 4-17），单击"确定"按钮，就可以将图形视口变为两个，且垂直排列。

②菜单：依次单击菜单栏"视图（V）"→"视口（V）"项→"两个视口（2）"命令（图 4-18），然后在命令行"输入配置选项"栏，输入视口的排列形式为 V 即可；也可选择"新建视口（E）…"和"命名视口（N）…"，打开"视口"对话框进行相应操作。

③工具栏：单击"视口"工具栏中 [图标] 图标，可打开"视口"对话框进行操作。

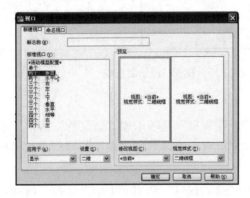

图 4-16　功能区 　　　　图 4-17　"视口"对话框 　　　　图 4-18　通过菜单创建视口
"视口配置列表"

④命令行：

输入"_VPORTS"（注意：若输入 VPORTS，则直接进入"视口"对话框，如图 4-17 所示），再按 Enter 键，命令行提示如下。

输入选项 [保存（S）/恢复（R）/删除（D）/合并（J）/单一（SI）/?/2/3/4/切换（T）/模式（MO）] <3>：2（根据提示，输入创建视口的个数 2 后，按 Enter 键）

输入配置选项 [水平（H）/垂直（V）] <垂直>：V（根据提示，输入视口的排列类型 V 后，按 Enter 键）

这样就可以将 1 个视口创建成为 2 个垂直排列的视口。用此方法可以将每个视口创建为 2～4 个视口，使总的视口数增至 4 个以上。

（2）合并视口。

单击"视图"选项卡→"视口"面板→"[图标] 合并"图标，先单击要保留的视口，再单击相邻视口，可将两个视口变为第一次单击的视口显示。

（3）恢复成单一视口。

要恢复成单一视口显示，只需重复"创建或拆分视口"四种方法中的一种，将视口个数选定为"单个"即可。

3. 当前视口的选择和使用

用鼠标在某个视口区域单击，该视口变为当前视口。当前视口的边框为高亮显示，且光标显示为十字而非箭头。可以在当前视口执行绘图及其他视图命令。

可先将一个视口变为当前视口，在该视口中执行"直线"命令确定起点；再用鼠标单击第二个视口，将其置为当前状态，然后在第二个视口中选定直线的终点（图 4-19）。通过此方式，可以在大型图形中从一个局部到较远处的另一个局部间绘制直线。

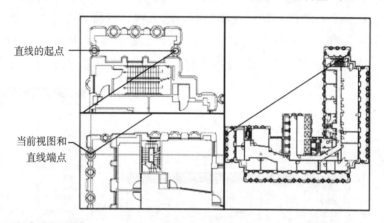

图 4-19　在视口间绘制直线

4. 保存和调用视口排列

打开"视口"对话框，可在"新建视口"选项卡中"新名称"后输入要保存的视口排列名称，然后单击"确定"按钮。这样就可以将调整好的视图的视口排列保存，以便多次重复调用。

调用时，可在"视口"对话框"命名视口"选项卡中单击已保存的视口排列名称，再单击确定。这样，就可以将已保存的视口列表调出使用。也可以通过右击视口排列的名称，进行重命名和删除操作。

4.7　ViewCube 工具的使用

利用 ViewCube 工具，可以便捷地在二维视图和三维视图之间进行切换，以便随时检查所绘图形的效果。通过 ViewCube 工具还可以把经常使用或较为熟悉的视图定义为主视图，方便在绘制图形的过程中随时显示。

图 4-20　ViewCube 工具

1. 显示或隐藏 ViewCube 工具

单击菜单"工具（T）→选项（N）…"，打开"选项"对话框，单击"三维建模"选项卡，在"显示 ViewCube（D）"项目中，选中或取消复选框可以显示或隐藏 ViewCube 工具。打开 ViewCube 工具后，将以半透明状的非活动形式在工作区域显示图标，如图

4-20 所示。当光标放置到 ViewCube 工具上时，ViewCube 变为不透明的活动状态。

2. ViewCube 快捷菜单

在 ViewCube 工具图标上右击，可打开 ViewCube 快捷菜单，菜单功能如下。

（1）主视图：恢复已保存的主视图。该功能与 SteeringWheels 菜单中"转至主视图"选项相同；

（2）平行：以平行投影方式显示当前视图；

（3）透视模式：以透视投影方式显示当前视图；

（4）使用正交面的透视：以平行投影方式显示俯视图、仰视图、前视图、后视图、左视图和右视图，其他视图则以透视投影方式显示；

（5）将当前视图设定为主视图：将当前视图设定为模型的主视图，以便经常调用；

（6）ViewCube 设置：显示"ViewCube 设置"对话框（图 4-21），以便调整 ViewCube 工具的摆放位置、大小、透明度以及拖动或单击 ViewCube 工具时的相关设置；

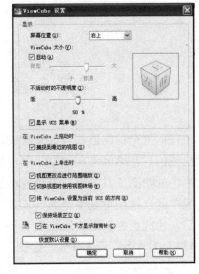

图 4-21　"ViewCube 设置"对话框

（7）帮助：启动联机帮助，显示 ViewCube 工具的相关信息。

3. ViewCube 工具的使用

拖动或单击 ViewCube 工具上的顶点、交线、面，可以将模型分别以三个视图、两个视图和一个平行视图来显示，如图 4-22 所示。

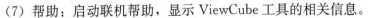

顶点　　　　交线　　　　面

图 4-22　ViewCube 工具的三种显示方式

单击图标，可将当前视图切换至主视图方向。单击"弯箭头图标"可以将视图绕中心顺时针或逆时针旋转 90°。单击面视图周围的三角形，可以将视图切换到该方向相邻的面视图。

拖动鼠标可以实时、直观地对当前视图的方向进行重新定位。

4.8　思 考 练 习

（1）如何使用缩放功能来提高绘图效率？

（2）如何缩放、移动一幅图形，并使其充满整个屏幕？

（3）缩放命令使图形的大小发生变化，如果缩放比例为 2，那么一张 A3 图纸能否变成 A2 图纸？

（4）重画和重生成命令的区别是什么？

（5）如何保存和调用一个常用的视图？

（6）如何使用 SteeringWheels 控制盘导航工具对视图进行显示控制？

（7）如何创建多个视口，并在两个视口间绘制直线？

第 5 章　绘制二维图形对象

任何复杂的图形都可以分解成若干简单的形体，而这些形体都是由点、线、面等基本元素组成的。在 AutoCAD 2012 中，使用"绘图"下拉菜单中的各种绘图命令，或"绘图"工具栏中的绘图工具，可以方便地绘制出点、直线、圆、圆弧、多边形等简单的二维图形。这些简单的二维图形是整个 AutoCAD 的绘图基础。因此，只有熟练地掌握它们的绘制方法和技巧，才能更好、更快地绘制出各种复杂的二维图形。图 5-1 所示为"绘图"工具栏中的"绘图"工具条。图 5-2 为"绘图"下拉菜单。

图 5-1　绘图工具条

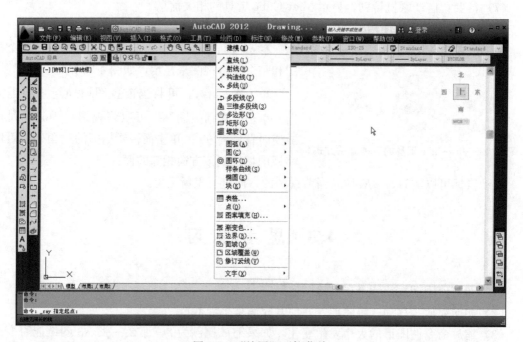

图 5-2　"绘图"下拉菜单

5.1　AutoCAD 2012 中的坐标系

坐标系是 AutoCAD 中确定对象位置的基本手段。在 AutoCAD 中，有两种坐标系：一种是称为世界坐标系（WCS）的固定坐标系；另一种是称为用户坐标系（UCS）的可移动坐标系。WCS 与传统的笛卡儿坐标系相一致，在绘图区左下角有图标显示。其 X 轴为水平轴，向右方向为正；Y 轴为垂直轴，向上方向为正；Z 轴垂直于 XY 平面，指向用户方向为正向（用于三维造型）。原点为 X 轴和 Y 轴的交点（0，0）。可以依据 WCS 定义 UCS，本节不作讲解。

在绘图过程中，当 AutoCAD 提示输入点时，可以使用定点设备指定点（比如鼠标），也可以在命令行中输入点的坐标值。输入点的坐标可以采用以下四种形式：绝对直角坐标、相对直角坐标、绝对极坐标、相对极坐标。

5.1.1　绝对直角坐标

绝对直角坐标是相对于当前坐标系原点（0，0）的坐标。在 AutoCAD 中，默认原点在图形左下角。要使用绝对坐标值指定点，其输入形式为用逗号隔开的 X 值和 Y 值，即"X，Y"。其中 X、Y 数值始终是相对于原点的增量，可正可负，可以使用科学、小数、工程、建筑或分数格式来表示。绝对直角坐标多用于已知点的 X，Y 绝对直角坐标增量的情况。

例如，用绝对直角坐标（10，5）指定一点，此点在 X 轴正方向距离原点 10 个单位、Y 轴正方向距离原点 5 个单位的位置。

例如，要绘制一条起点 X 值为 10，Y 值为 5，终点为（30，30）的直线，则命令行提示和操作如下。

命令：L

LINE 指定第一点：10，5

指定下一点或 [放弃（U）]：30，30

指定下一点或 [放弃（U）]：（按 Enter 键）

操作结果如图 5-3 所示。

注意：对第二点进行绝对直角坐标输入时，必须关闭"动态输入"（按 F12 键）。

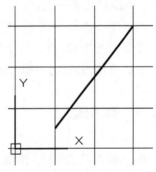

图 5-3　使用直角坐标输入点

5.1.2　相对直角坐标

相对直角坐标是指相对于上一输入点的直角坐标，而不是相对于原点，即以上一输入点为坐标原点，用相对于该点的 X、Y 偏移量来确定点。用相对直角坐标输入点时，其输入形式为"@X，Y"。例如，用相对直角坐标"@20，25"指定的一点，此点在 X 轴正方向距离上一指定点 20 个单位、在 Y 轴正方向距离上一指定点 25 个单位的位置。相对直角坐标常用于知道两点相对位置关系的情况。

例如，绘制一条直线，该直线起点的绝对坐标为（10，5），端点在 X 轴正方向距离起点 20 个单位、Y 轴正方向距离起点 25 个单位的位置，则命令行提示和操作如下。

命令：L

LINE 指定第一点：10，5

指定下一点或 [放弃（U）]：@20，25

操作结果如图 5-3 所示（与绝对坐标的结果一样）。

5.1.3 极坐标

极坐标使用相对一固定点的距离和角度来定位点。与直角坐标一样，极坐标表示点时，也有两种形式：相对于原点（0，0）的绝对极坐标；相对于上一指定点的相对极坐标。AutoCAD 中默认的角度正方向为逆时针方向，距离与角度之间用"＜"符号隔开。

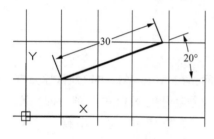

图 5-4 使用相对极坐标输入点

相对极坐标是相对于上一输入点的极坐标。表示形式为"@ 距离＜角度"。"距离"指当前点与上一点间的距离；"角度"指这两点的连线与 X 轴正向的夹角。

例如，在图 5-4 中，输入点 1 坐标后，在提示输入下一点时输入"@30＜20"，则画出图 5-4 中的线段。其中，"@30＜20"是第 2 点相对于第 1 点的相对极坐标形式，表示两点间的距离是 30，两点的连线与 X 轴正向的夹角是 20°。其操作如下。

命令：L

LINE 指定第一点：10，10

指定下一点或［放弃（U）］：@30＜20

绘图过程中输入点时，图形的定位点或起点一般用绝对坐标形式输入或捕捉已有图形的关键点，其他点的输入则以相对坐标形式更为方便。

5.1.4 动态输入

按下状态栏上的 ⊞ 按钮（或 F12 键），系统打开动态输入功能，就能在屏幕上动态地输入有关参数数据。例如，绘制图 5-6 中的直线，其操作如下。

命令：line

指定第一点：10，15（图 5-5）

指定下一点：25，15

操作结果如图 5-6 所示。

注意：动态输入时，绝对直角坐标默认为相对直角坐标，所以第二点（25，15）实际上就相当于（@25，15）。

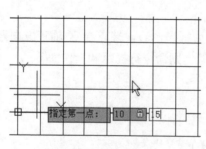

图 5-5 动态输入第一点

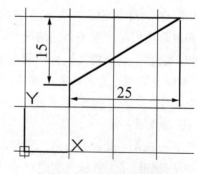

图 5-6 动态输入结果

5.2　点——POINT 命令

点是组成图形元素的最基本对象，可用于标记位置和作为节点。在绘制图形时，通常绘制一些点作为对象捕捉的参考点，图形绘制完成后，再将这些点擦除或冻结它们所在的图层。绘制点时，点的位置可由输入的坐标值或通过单击鼠标来确定。在 AutoCAD 中，可以方便地绘制单点、多点和等分点等。但应注意，绘制点之前，一般要先设置点的样式。

5.2.1　设置点样式

1. 功能

显示当前点样式和大小。通过选择图标来设置点样式。

2. 命令格式及操作

下拉菜单：格式→点样式

命令行：DDPTYPE

运行 DDPTYPE 命令后，弹出如图 5-7 所示对话框，显示当前点样式和大小。通过选择图标可以修改点样式。

在"点大小"设置处设置所显示的点的大小。可以相对于屏幕设置点的大小，也可以用绝对单位设置点的大小。

"相对于屏幕设置大小"是指按屏幕尺寸的百分比设置点的显示大小。当进行缩放时，点的显示大小并不改变。

"按绝对单位设置大小"是指按"点大小"下指定的实际单位设置点显示的大小。当进行缩放时，AutoCAD 显示的点的大小随之改变。

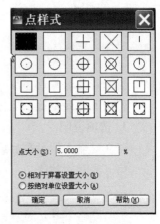

图 5-7　"点样式"对话框

5.2.2　绘制点

下拉菜单：绘图→点

图标："绘图"工具栏中的

命令行：POINT（缩写名：PO）

运行 POINT 命令后，命令行提示如下。

命令：_point

当前点模式：　PDMODE＝0　PDSIZE＝0.0000

指定点：（输入坐标或用鼠标指定点）

在"指定点"提示下，可用前面介绍的不同形式的坐标定义点的位置，也可用其他方法，如目标捕捉、鼠标拾取键等来确定点。当通过以上方式之一指定一点后，命令立刻结束，即启动一次命令只能绘制一个点。

注意：命令执行过程中，按提示指定一点，按 Enter 键就完成"单点"命令。若继续命令行仍提示"指定点："，该命令就执行"多点"命令。若要结束命令，可按 Esc 键。

5.2.3　定数等分点

1. 功能

在指定的对象上绘制等分点或在等分点处插入块。

2. 命令格式及操作

下拉菜单：绘图→点→

命令行：DIVIDE（缩写名：DIV）

DIVIDE 命令是将对象沿其长度或周长等分为几段，并在等分点上放置点对象或块。可定数等分的对象包括直线、圆弧、圆、椭圆、椭圆弧、多段线和样条曲线等。命令运行后，AutoCAD 提示如下。

图 5-8　定数等分点的绘制

命令：_divide

选择要定数等分的对象：（选择一个对象，例如图 5-8 中的线段）

输入线段数目或 ［块（B）］：5

若按上述命令提示操作，则绘图结果如图 5-8 所示（将直线等分成 5 份）。

3. 选项说明

若在"输入线段数目或 ［块（B）］："提示下输入 B，则命令行提示如下。

输入要插入的块名：（输入自定义的块名）

是否对齐块和对象？［是（Y）/否（N）］＜Y＞：

输入线段数目：（输入等分段数）

此命令选项的执行结果是，以自定义的块来作为等分点的标记，即在等分点位置插入自定义的块。

5.2.4　定距等分点

1. 功能

在图形对象上按指定间隔距离绘制点对象或插入图块。

2. 命令格式及操作

下拉菜单：绘图→点→

命令行：MEASURE（缩写名：ME）

运行命令后，AutoCAD 提示如下。

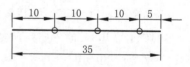

图 5-9　定距等分点的绘制

命令：_measure

选择要定距等分的对象：（如选择图 5-9 中的线段）

指定线段长度或 ［块（B）］：10

命令操作结果如图 5-9 所示。应注意的是，MEASURE 命令沿选定对象按指定间隔距离绘制点对象时，是从距离鼠标拾取点最近的一端开始绘制点对象。如图 5-9 中，直线长为

35，指定定距等分距离为 10，若选择对象时用鼠标单击直线的左端，则 AutoCAD 在直线上将从左到右绘制点对象，即从左到右绘制出间距为 10 的 3 个点，最后一点距右端距离为 5。

3. 选项说明

当在"指定线段长度或［块（B）］："提示下输入 B 时，则命令行提示和操作与定数等分一样。

5.3　直线——LINE 命令

1. 功能

绘制直线段。

2. 命令格式及操作

下拉菜单：绘图→／直线（L）

图标："绘图"工具栏中的／

命令行：LINE（缩写名：L）

运行 LINE 命令后，AutoCAD 提示如下。

命令：_line

指定第一点：（指定直线起点，如图 5-10（a）中的第 1 点）

指定下一点或［放弃（U）］：（如图 5-10（a）中的第 2 点）

指定下一点或［放弃（U）］：（如图 5-10（a）中的第 3 点）

指定下一点或［闭合（C）/放弃（U）］：（继续指定点绘制直线，也可按 Enter 键结束命令）

3. 选项说明

（1）在 AutoCAD 的命令行提示中如果有多个选项，第一项内容是默认优先回答的选项，若要执行方括号"［　］"内的其他选项，须输入其后相应的字母（大小写均可），如上面的 C 或 U，并按 Enter 键。

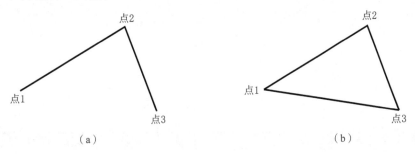

（a）　　　　　　　　　　　　　　　　（b）

图 5-10　直线的绘制

（2）闭合（C）：从当前点画直线段到第一指定点，使直线段首尾相连，并结束命令（图 5-10（b））。

（3）放弃（U）：放弃刚画出的线，回退到上一点，并继续提示输入点。

（4）在"指定第一点"提示下，若直接按 Enter 键，则可从上次画完的线段的终点继续画直线；如果上一次绘制的是一条圆弧，则将圆弧的端点定义为新直线的起点，且新直线与该圆弧相切。

5.4 射线和构造线

5.4.1 射线——RAY 命令

1. 功能

绘制以指定点为起始点，指定通过点为方向，单方向无限延长的直线。

2. 命令格式及操作

下拉菜单：绘图→ ↗ 射线（R）

命令行：RAY

运行 RAY 命令后，AutoCAD 提示如下。

命令： _ray

指定起点：（指定射线的起始点，如图 5-11 中点 1）

指定通过点：（指定射线通过的点，如图 5-11 中点 2）

指定通过点：（指定射线通过的点继续绘制射线，如图 5-11 中点 3）

指定通过点：（继续指定通过点绘制射线，或按 Enter 键、Esc 键，右击鼠标结束命令）

以上操作过程，其结果如图 5-11 所示，将绘制出两条射线。该命令在实际绘图过程中，一般用以绘制视图间的定位线或辅助线，如视图间的对正线。

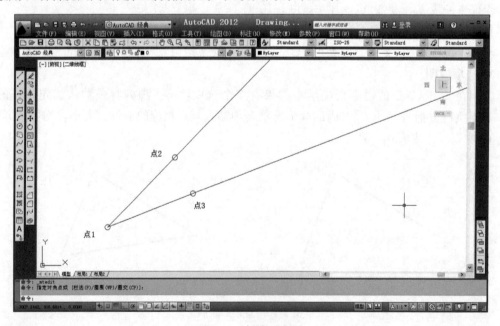

图 5-11　射线示意图

5.4.2 构造线——XLINE 命令

1. 功能

绘制通过指定点的双向无限延长的直线。一般用作绘图过程中的辅助线，以便精确绘图。

2. 命令格式及操作

下拉菜单：绘图→ 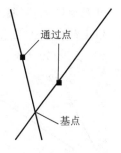 构造线（T）

图标："绘图"工具栏中的

命令行：XLINE

运行 XLINE 命令后，AutoCAD 提示如下。

命令：_xline

指定点或［水平（H）/垂直（V）/角度（A）/二等分

（B）/偏移（O）］：（指定一点作为构造线的基点，如图 5-12 所示）

图 5-12　过两点构造

指定通过点：（指定构造线通过点，绘制由两点（基点和通过点）确定的构造线，如图 5-12 所示）

指定通过点：（继续指定通过点，将连续通过基点绘制不同位置的构造线，如图 5-12 所示；或按 Enter 键结束命令）

3. 选项说明

（1）水平（H）。

图 5-13　水平构造线

绘制通过指定点的水平构造线。执行该选项（即输入 H 后按 Enter 键），则 AutoCAD 提示如下。

指定通过点：（指定水平构造线通过的点以确定其位置）

在此提示下确定一点后，AutoCAD 将绘制出通过该点的水平构造线，同时继续提示"指定通过点"，图 5-13 为指定两个不同通过点后的结果。

（2）垂直（V）。

绘制通过指定点的垂直构造线（图 5-14）。其方法与绘制水平构造线相同。

（3）角度（A）。

绘制以输入角度为方向，通过指定点的定角构造线。执行该选项，AutoCAD 提示如下。

输入构造线的角度（0）或［参照（R）］：

在此提示下，若直接输入角度值，AutoCAD 提示如下。

图 5-14　垂直构造线

指定通过点：（指定构造线通过的点）

指定通过点：（指定构造线通过的点或按 Enter 键结束命令）

在此提示下可指定构造线通过的点，系统将绘制出与 X 轴正方向成指定角度的构造线。而后系统将继续提示"指定通过点"。若连续指定不同的通过点，即可绘制出不同位置的定角构造线。

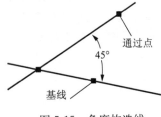

图 5-15　角度构造线

若在"输入构造线的角度（0）或［参照（R）］："提示下执行"参照（R）"子选项，表示将绘制与某一选定直线成定角的构造线，AutoCAD 提示如下。

输入构造线的角度（0）或［参照（R）］：R

选择直线对象：（选择参照对象，如图 5-15 中的基线）

输入构造线的角度＜0＞：（指定构造线与参照对象间的角度值，如 45°）

指定通过点：（指定构造线通过的一点，如图 5-15 中的通过点并按 Enter 键）

以上命令执行结果如图 5-15 所示，且可继续指定通过点连续绘制不同的定角构造线。

（4）二等分（B）。

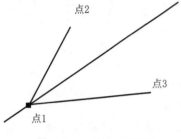

图 5-16 二等分构造线

绘制平分一角的构造线。执行该选项，则 AutoCAD 提示如下。

指定角的顶点：（指定一角的顶点，如图 5-16 中的点 1）

指定角的起点：（指定该角的起始点，如图 5-16 中的点 2）

指定角的端点：（指定该角的端点，如图 5-16 中的点 3）

指定角的端点：（继续指定另一角度值对应的端点，或按 Enter 键结束命令）

按以上提示操作后其结果如图 5-16 所示，绘制出角 ∠312 的平分构造线。

（5）偏移（O）。

绘制与指定直线平行的构造线。

执行该选项，AutoCAD 提示如下。

指定偏移距离或 ［通过（T）］ <10.0000>：10

在此提示下，可用两种方式绘制构造线。若直接在上述提示中输入偏移距离 10，则绘制与选定直线成定距的平行线，AutoCAD 提示如下。

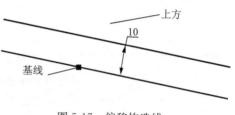

图 5-17 偏移构造线

选择直线对象：（选择用以偏移的参照对象，如图 5-17 中的基线）

指定向哪侧偏移：（指定要偏移的一侧，如图 5-17 中单击基线上方）

按以上提示操作，AutoCAD 将在指定一侧绘制出符合给定距离的平行线，如图 5-17 所示。

若在"指定偏移距离或 ［通过（T）］ <通过>："提示下执行"通过（T）"子选项，则 AutoCAD 提示如下。

选择直线对象：（选择用以偏移的参照对象）

指定通过点：（指定一点以定位偏移构造线的位置）

执行该子选项，并按以上提示操作后，AutoCAD 将绘制出经过指定的点且与选定直线平行的构造线。

5.5 多 线 命 令

多线命令可用于绘制由多条平行线组成的复合线，它由 1 到 16 条平行线构成，其中每条直线称为多线的元素。多线命令所绘制的图形对象，不管包括多少元素，系统都将其视为一个对象。在绘制多线对象前，应首先设置多线的样式，然后再用该命令绘制多线对象。

5.5.1 定义多线样式——MLSTYLE 命令

1. 功能

创建、保存多线样式和指定当前多线样式。

2. 命令格式及操作

下拉菜单：格式→ 多线样式（M）

命令行：MLSTYLE

执行 MLSTYLE 命令后，AutoCAD 将弹出如图 5-18 所示的"多线样式"对话框。

3. 对话框操作说明

（1）"样式"列表框：显示当前图形中可使用的多线样式名，系统默认名为 STAND-ARD。

（2）"预览"选项区：预览选定样式的效果。

（3）"说明"选项区：列出选定样式的注释说明。

（4）"新建"按钮：用于新建多线样式。单击该按钮，则 AutoCAD 将弹出如图 5-19 所示的对话框。在对话框中输入新建样式名称后（如输入样式名为 SS），即可打开如图 5-20 所示的"新建多线样式"对话框。在该对话框中可设置多线样式的元素特性，对话框具体操作如下。

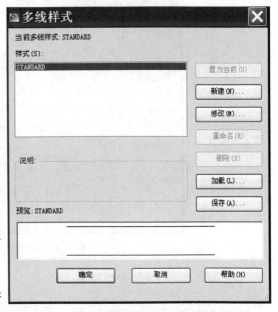

图 5-18　"多线样式"对话框

①"说明"文本框：用于输入新建多线样式的注释说明文字。

②"图元"选项区：用于为多线样式添加或删除多线元素，并为其设置偏移量、线型和颜色等。具体操作如下：单击"添加"按钮，可为当前设置的多线样式添加一条多线元素，即多线所包含的直线。在多线"元素"列表框中，若选择了已有的多线元素，则可进行以下操作：单击"删除"按钮可删除该多线元素。在"偏移"文本框中修改所选元素偏移多线中心的距离，但应注意所输入的数值并非实际偏移量。实际偏移量为所输入的数值乘以特定的比例而得。比例的设置参见下一节内容。在"颜色"下拉列表框中可设置该元素的颜色特性。单击"线型"按钮可打开"加载线型"对话框，通过该对话框可为所选元素设置所需的线型。如图 5-21 所示的设置结果，包含三个多线元素，并分别设置了线型和偏移量。

图 5-19　"创建新的多线样式"对话框

③"封口"选项区：用于设置多线起始端部的封口样式和封口角度，通过选择各封口样式后的复选框和输入具体角度进行设置。如图 5-22 所示，设置多线的起点为 45°直线封口，端点为 90°外弧封口，满足该设置的具体多线样式如图 5-23 所示。

④"填充"选项区：用于设置多线的填充颜色。

⑤"显示连接"复选框：用于设置是否在多线转角处显示连接线。图 5-24 所示为显示连接线的样式。

在图 5-20 所示的"新建多线样式"对话框中设置完毕后，单击"确定"按钮，则返回图 5-18 所示的"多线样式"对话框（"样式"列表框中出现新建样式 SS）。

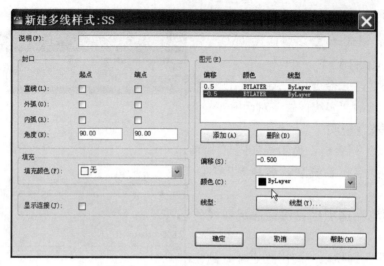

图 5-20 "新建多线样式"对话框

图 5-21 "元素"选项区设置

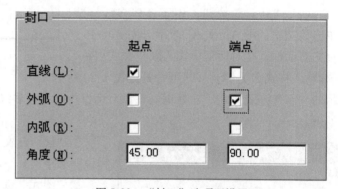

图 5-22 "封口"选项区设置

（5）"修改"按钮：修改选定的多线样式设置。选择一已有多线样式后单击该按钮，则系统将弹出图 5-20 所示的"新建多线样式"对话框，在对话框中即可修改所选定的多线样式的设置。

图 5-23 封口样式　　　　　　　图 5-24 显示连接

（6）"重命名"按钮：对选定的多线样式重新命名。

（7）"删除"按钮：删除选定的多线样式。

（8）"加载"按钮：从多线库文件（.MLN）中加载已定义的多线样式。单击该按钮，系统会弹出"加载多线样式"对话框，供选择和加载已定义的多线样式。

（9）"置为当前"按钮：将选定样式设置为当前多线样式。

在定义好自己的多线样式后，选择该样式名称，单击"置为当前"按钮即可用 MLINE 命令来绘制多线。

5.5.2　绘制多线——MLINE 命令

1. 功能

按当前多线样式绘制多线线段。

2. 格式及操作

下拉菜单：绘图→ 📐多线（U）

命令行：MLINE

运行命令后，AutoCAD 提示如下。

命令：_mline

当前设置：对正＝上，比例＝20.00，样式＝STANDARD

指定起点或［对正（J）/比例（S）/样式（ST）］：（指定多线起点或选择一选项）

指定下一点：（指定多线线段端点）

指定下一点或［放弃（U）］：（指定多线线段端点或选择放弃上一绘制的多线）

指定下一点或［闭合（C）/放弃（U）］：（指定多线线段端点或选择一选项）

从以上命令提示可以看出，用 MLINE 命令绘制多线线段时，操作与 LINE 命令基本相似。但应注意，与 LINE 命令不同的是，MLINE 命令所绘制的多线线段，系统将其全部视为一个图形对象。

3. 选项说明

（1）对正（J）。

指定多线的对正方式，即多线上的光标随哪条线移动。执行该选项时，AutoCAD 提示如下。

输入对正类型［上（T）/无（Z）/下（B）］＜上＞：

①上（T）：当从左向右绘制多线时，多线上最顶端的线随光标移动，如图 5-25（a）所示。

②无（Z）：绘制多线时，多线的中心线随光标移动，如图 5-25（b）所示。

③下（B）：当从左向右绘制多线时，多线上最底端的线随光标移动，如图 5-25（c）所示。

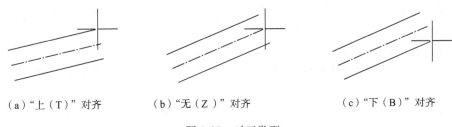

（a）"上（T）"对齐　　（b）"无（Z）"对齐　　（c）"下（B）"对齐

图 5-25　对正类型

（2）比例（S）。

确定多线宽度相对于多线定义宽度的比例因子。执行该选项时，AutoCAD 提示如下。

输入多线比例＜20.00＞：

在该提示下，输入比例因子值即可。

（3）样式（ST）。

用于确定绘制多线时所需要的线型样式。默认线型样式为 STANDARD。执行该选项时，AutoCAD 提示：

输入多线样式名或［?］：

此提示下，可以输入已有的多线样式名，也可以输入 "?"，则显示已有的多线样式名称及说明。

5.6 圆——CIRCLE 命令

1. 功能

以不同方式绘制圆。

2. 命令格式及操作

下拉菜单：绘图→圆

图标："绘图"工具栏中的 ⊘

命令行：CIRCLE（缩写名：C）

运行 CIRCLE 命令后，AutoCAD 提示如下。

命令：_circle

指定圆的圆心或［三点（3P）/两点（2P）/相切、相切、半径（T）］：

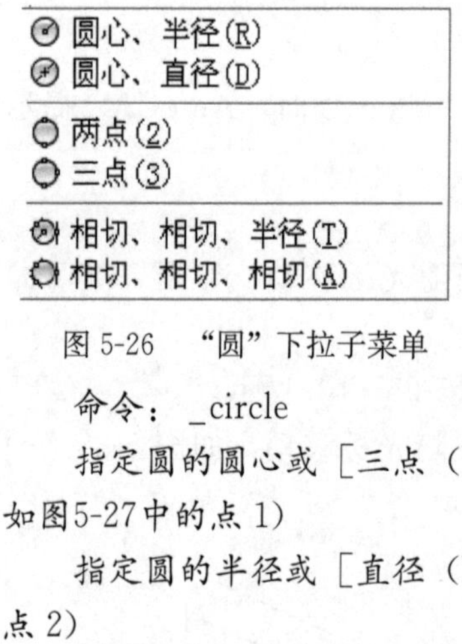

图 5-26 "圆"下拉子菜单

3. 选项说明

绘制圆时，上述三种命令格式均可输入"圆"命令，而 AutoCAD 提供了六种绘制圆的方法，如图 5-26 所示的下拉子菜单。实际操作中以使用下拉菜单最为直观。

（1）"圆心、半径"方式。

通过指定圆心位置和圆的半径绘制圆。该项是 CIRCLE 命令的默认选项，选择该选项后，AutoCAD 提示如下。

命令：_circle

指定圆的圆心或［三点（3P）/两点（2P）/相切、相切、半径（T）］：（指定圆的圆心，如图5-27中的点1）

指定圆的半径或［直径（D）］：（输入圆的半径值或用鼠标指定圆上一点，如图 5-27 中点 2）

（2）"圆心、直径"方式。

通过指定圆心位置和圆的直径绘制圆。选择该选项后，AutoCAD 提示如下。

命令：_circle

指定圆的圆心或［三点（3P）/两点（2P）/切点、切点、半径（T）］：

指定圆的半径或［直径（D）］<10.0604>：d

指定圆的直径<20.1208>：（输入圆的直径值或用鼠标指定直径长的另一点，如图5-28中点2）

（3）"两点"方式。

通过指定圆直径线上的两端点位置绘制圆。选择该选项后，AutoCAD 提示如下。

命令：_circle

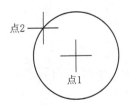
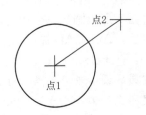

图 5-27　"圆心、半径"方式绘圆　　　　　图 5-28　"圆心、直径"方式绘圆

指定圆的圆心或［三点（3P）/两点（2P）/相切、相切、半径（T）］：2p

指定圆直径的第一个端点：（如图 5-29 中的点 1）

指定圆直径的第二个端点：（如图 5-29 中圆上的点 2，直线 12 为圆的直径）

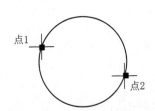
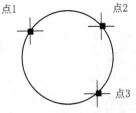

图 5-29　"两点"方式绘圆　　　　　　　图 5-30　"三点"方式绘圆

（4）"三点"方式。

通过指定圆上的三个点绘制圆。选择该选项后，AutoCAD 提示如下。

命令：_circle

指定圆的圆心或［三点（3P）/两点（2P）/相切、相切、半径（T）］：3p

指定圆上的第一个点：（如图 5-30 中的点 1）

指定圆上的第二个点：（如图 5-30 中圆上的点 2）

指定圆上的第三个点：（如图 5-30 中圆上的点 3）

（5）"相切、相切、半径"方式。

通过指定所绘圆的两个相切对象和圆的半径绘制圆。选择该选项后，AutoCAD 提示如下。

命令：_circle

指定圆的圆心或［三点（3P）/两点（2P）/切点、切点、半径（T）］：t

指定对象与圆的第一个切点：（指定对象 1）

指定对象与圆的第二个切点：（指定对象 2）

指定圆的半径<30.0639>：（输入半径，如图 5-31 所示）

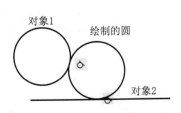
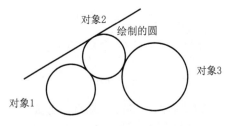

图 5-31　"相切、相切、半径"方式绘圆　　　图 5-32　"相切、相切、相切"方式绘圆

（6）"相切、相切、相切"方式。

通过指定所绘圆的三个相切对象绘制圆。选择该选项（此选项只能以下拉菜单的方式输入命令）后，AutoCAD 提示如下。

命令：_circle

指定圆的圆心或 [三点（3P）/两点（2P）/相切、相切、半径（T）]：3p

指定圆上的第一个点：_tan 到（指定相切对象 1）

指定圆上的第二个点：_tan 到（指定相切对象 2）

指定圆上的第三个点：_tan 到（指定相切对象 3，如图 5-32 所示）

5.7 圆弧——ARC 命令

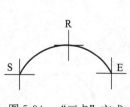

图 5-33 "圆弧"下拉子菜单

1. 功能

以不同方式绘制圆弧。

2. 命令格式及操作

下拉菜单：绘图→圆弧

图标："绘图"工具栏中的

命令行：ARC（缩写名：A）

运行 ARC 命令后，AutoCAD 提示如下。

命令：CIRCLE 指定圆的圆心或 [圆心（C）]：

3. 选项说明

AutoCAD 提供了 11 种绘制圆弧的方式，如图 5-33 的下拉子菜单所示。与绘制圆对象一样，实际操作中仍以使用下拉菜单输入命令最为直观。

（1）"三点"方式。

通过指定圆弧上的三个点绘制圆弧。该项是 ARC 命令的默认选项，选择该选项后，AutoCAD 提示如下。

命令：_arc

指定圆弧的起点或 [圆心（C）]：（指定圆弧的起点，如图 5-34 中的点 S）

指定圆弧的第二个点或 [圆心（C）/端点（E）]：（指定圆弧上一点，如图 5-34 中的点 R）

指定圆弧的端点：（指定圆弧的端点，如图 5-34 中的点 E）

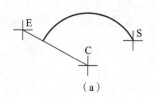

图 5-34 "三点"方式

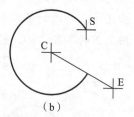

图 5-35 "起点、圆心、端点"方式

（2）"起点、圆心、端点"方式。

通过指定圆弧的起点、圆心位置和圆弧端点画逆时针圆弧。选择该选项后，AutoCAD 提示如下。

命令：_arc

指定圆弧的起点或 [圆心 (C)]：(指定圆弧的起点，如图 5-35 中的 S 点)

指定圆弧的第二个点或 [圆心 (C) /端点 (E)]：_c

指定圆弧的圆心：(指定圆弧的圆心，如图 5-35 中的 C 点，SC 线段长为圆弧半径)

指定圆弧的端点或 [角度 (A) /弦长 (L)]：(指定圆弧的端点，如图 5-35 中的 E 点)

（3）"起点、圆心、角度"方式。

通过指定圆弧的起点、圆心位置和包含角绘制圆弧。当输入角度为正时沿逆时针方向画圆弧，为负时沿顺时针方向画圆弧。选择该选项后，AutoCAD 提示如下。

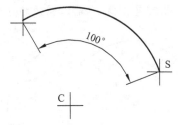

图 5-36　"起点、圆心、角度"方式

命令：_arc

指定圆弧的起点或 [圆心 (C)]：(指定圆弧的起点，如图 5-36 中的 S 点)

指定圆弧的第二个点或 [圆心 (C) /端点 (E)]：_c

指定圆弧的圆心：(指定圆弧的圆心)

指定圆弧的端点或 [角度 (A) /弦长 (L)]：_a

指定包含角：100 (输入圆弧的包含角，如图 5-36 所示)

（4）"起点、圆心、长度"方式。

通过指定圆弧的起点、圆心位置和弦长绘制圆弧。输入弦长值为正时，该项绘制的圆弧从起点开始，画一段逆时针圆弧，如图 5-37（a）所示；为负时，画一段减去该弦长所对应圆弧的逆时针圆弧，如图 5-37（b）所示。选择该项后，AutoCAD 提示如下。

命令：_arc

指定圆弧的起点或 [圆心 (C)]：(指定圆弧的起点，如图 5-37 中的 S 点)

指定圆弧的第二个点或 [圆心 (C) /端点 (E)]：_c

指定圆弧的圆心：(指定圆弧的圆心)

指定圆弧的端点或 [角度 (A) /弦长 (L)]：_l

指定弦长：50 (或－50) (输入圆弧的弦长)

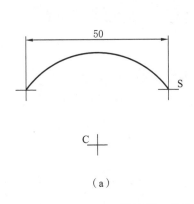

（a）

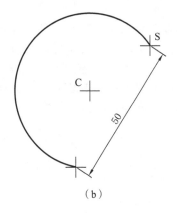

（b）

图 5-37　"起点、圆心、长度"方式

（5）"起点、端点、角度"方式。

通过指定圆弧的起点、端点位置和包含角绘制圆弧，如图 5-38 所示。选择该选项后，AutoCAD 提示如下。

命令：_arc

指定圆弧的起点或 ［圆心（C）］：（指定圆弧的起点，如图 5-38 中的 S 点）

指定圆弧的第二个点或 ［圆心（C）/端点（E）］：_e

指定圆弧的端点：（指定圆弧的端点）

指定圆弧的圆心或 ［角度（A）/方向（D）/半径（R）］：_a

指定包含角：（输入圆弧的包含角）

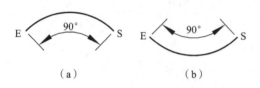

| （a） | （b） |

图 5-38 "起点、端点、角度"方式　　　　图 5-39 "起点、端点、方向"方式

（6）"起点、端点、方向"方式。

通过指定圆弧的起点、端点位置和起点的切线方向绘制圆弧。选择该选项后，Auto-CAD 提示如下。

命令：_arc

指定圆弧的起点或 ［圆心（C）］：（指定圆弧的起点，如图 5-39 中的 S 点）

指定圆弧的第二个点或 ［圆心（C）/端点（E）］：_e

指定圆弧的端点：（指定圆弧的端点）

指定圆弧的圆心或 ［角度（A）/方向（D）/半径（R）］：_d

指定圆弧的起点切向：（输入圆弧起点的切线方向角度，或以鼠标指定切线方向，如图 5-39 所示）

（7）"起点、端点、半径"方式。

通过指定圆弧的起点、端点位置和半径绘制圆弧。该选项绘制的圆弧从起点开始，按逆时针绘制，半径不能小于起点到端点距离的二分之一。输入的半径为正时，画一段逆时针圆弧，如图 5-40（a）所示；为负时，画一段减去该弦长所对应圆弧的逆时针圆弧，如图 5-40（b）所示。选择该选项后，AutoCAD 提示如下。

命令：_arc

指定圆弧的起点或 ［圆心（C）］：（指定圆弧的起点，如图 5-40 中的 S 点）

指定圆弧的第二个点或 ［圆心（C）/端点（E）］：_e

指定圆弧的端点：（指定圆弧的端点）

指定圆弧的圆心或 ［角度（A）/方向（D）/半径（R）］：_r

指定圆弧的半径：（输入半径）

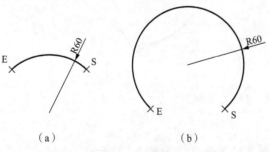

| （a） | （b） |

图 5-40 "起点、端点、半径"方式

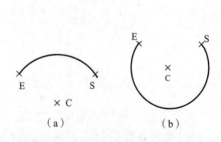

| （a） | （b） |

图 5-41 "圆心、起点、端点"方式

（8）"圆心、起点、端点"方式。

通过指定圆弧的圆心、起点和端点位置按逆时针画圆弧，如图 5-41 所示。选择该选项后，AutoCAD 提示如下。

命令：_arc

指定圆弧的起点或 [圆心（C）]：_c

指定圆弧的圆心：（指定圆弧的圆心）

指定圆弧的起点：（指定圆弧的起点，如图 5-41 中的 S 点）

指定圆弧的端点或 [角度（A）/弦长（L）]：（指定圆弧的端点）

（9）"圆心、起点、角度"方式。

通过指定圆弧的圆心、起点位置和包含角绘制圆弧。当角度为正时按逆时针画圆弧，如图 5-42（a）所示；为负时按顺时针画圆弧，如图 5-42（b）所示。选择该选项后，AutoCAD 提示如下。

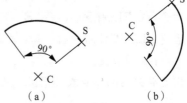

命令：_arc 指定圆弧的起点或 [圆心（C）]：_c

指定圆弧的圆心：（指定圆弧的圆心）

指定圆弧的起点：（指定圆弧的起点，如图 5-42

图 5-42　"圆心、起点、角度"方式

中的 S 点）

指定圆弧的端点或 [角度（A）/弦长（L）]：_a 指定包含角：（指定圆弧的角度）

（10）"圆心、起点、长度"方式。

通过指定圆弧的圆心、起点位置和弦长绘制圆弧。弦长不能大于圆弧的直径值。该项绘制的圆弧与"起点、圆心、长度"方式相似。选择该选项后，AutoCAD 提示如下。

命令：_arc

指定圆弧的起点或 [圆心（C）]：_c

指定圆弧的圆心：（指定圆弧的圆心）

指定圆弧的起点：（指定圆弧的起点）

指定圆弧的端点或 [角度（A）/弦长（L）]：_l 指定弦长：（输入圆弧的弦长）

（11）"继续"方式。

该项为绘制一段圆弧。该圆弧以最后画出的圆弧或直线的端点为起点，并且与对应图素在接点处相切，然后指定圆弧端点的位置，即可画出一段圆弧，如图 5-43 所示。选择该选项后，AutoCAD 提示如下。

命令：_arc

指定圆弧的起点或 [圆心（C）]：（系统自动确定绘制圆弧的起点）

指定圆弧的端点：（指定圆弧的端点）

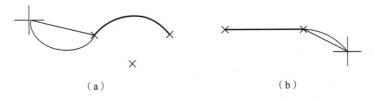

（a）　　　　　　　　　　　（b）

图 5-43　"继续"方式

5.8 椭圆与椭圆弧——ELLIPSE 命令

1. 功能

画椭圆和椭圆弧。

2. 命令格式及操作

下拉菜单：绘图→椭圆

图标："绘图"工具栏中的

命令行：ELLIPSE（缩写名：EL）

运行 ELLIPSE 命令后，AutoCAD 提示如下。

命令：_ellipse

指定椭圆的轴端点或［圆弧（A）/中心点（C）］：

图 5-44 "椭圆"下拉子菜单

3. 选项说明

AutoCAD 提供了三种绘制椭圆的方法，如图 5-44 所示的下拉子菜单。

（1）使用两端点和长度绘制椭圆。

这是 AutoCAD 默认的绘制椭圆的方法，通过确定一根轴的两端点（此轴可为椭圆的长轴或短轴）和另一半轴的一个端点（或直接输入其半轴长度）绘制椭圆，如图 5-45 所示。选择该选项后，AutoCAD 提示如下。

命令：_ellipse

指定椭圆的轴端点或［圆弧（A）/中心点（C）］：（指定点 1）

指定轴的另一个端点：（指定点 2）

指定另一条半轴长度或［旋转（R）］：（拖动鼠标定义长度指定点 3 或直接输入半轴长度，结束命令）

在以上提示中，用户可拖动鼠标定义半轴长度，也可以直接输入一个长度数值，或者选择"旋转（R）"选项，输入一个角度来给定长度。角度值大于 0°小于 90°，第一根轴的长度乘以角度的余弦即为另一根轴的半轴长度。该选项绘制的椭圆第一根轴只能是长轴。

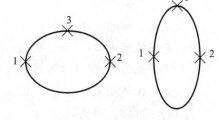

图 5-45 使用两端点和长度绘制椭圆

（2）使用中心点和两端点绘制椭圆。

通过指定椭圆的中心点以及长轴和短轴的一个端点绘制椭圆，如图 5-46 所示。选择该选项后，AutoCAD 提示如下。

命令：_ellipse

指定椭圆轴端点或［圆弧（A）/中心点（C）］：_c

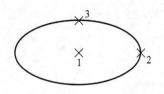

图 5-46 使用中心点和两端点绘制椭圆

指定椭圆的中心点：（指定点 1）

指定轴的端点：（指定点 2）

指定另一条半轴长度或［旋转（R）］：（指定点 3）

（3）绘制椭圆弧。

椭圆弧是椭圆的一部分，操作中先使用前面的方法创建一个椭圆，然后根据命令行的提示，确定椭圆弧的起始点和终止点，即确定起始角和终止角截取一段椭圆弧，角度度量从第一点和中心的连线算起，如图 5-47 所示。选择该选项后，AutoCAD 提示如下。

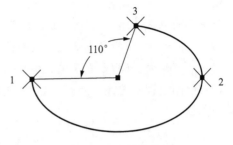

图 5-47　绘制椭圆弧

命令：_ellipse

指定椭圆的轴端点或［圆弧（A）/中心点（C）］：_a

指定椭圆弧的轴端点或［中心点（C）］：（指定点 1）

指定轴的另一个端点：（指定点 2）

指定另一条半轴长度或［旋转（R）］：（指定点 3）

指定起点角度或［参数（P）］：（输入起始角度，例如"0"）

指定端点角度或［参数（P）/包含角度（I）］：（输入终止角度，例如"－110"或"250"）

5.9　样条曲线——SPLINE 命令

1. 功能

样条曲线是通过一组给定的点形成的一条光滑曲线。AutoCAD 绘制的样条曲线是一种非一致有理 B 样条曲线（NURBS）。NURBS 曲线在控制点之间生成光滑曲线。样条曲线常用来绘制一些不规则的曲线，例如设计汽车时绘制的轮廓线，地理信息系统（GIS）中的海岸线等，在工程制图中主要用于绘制波浪线。

2. 命令格式及操作

下拉菜单：绘图→样条曲线

图标："绘图"工具栏中的 ～

命令行：SPLINE（缩写名：SPL）

运行 SPLINE 命令后，AutoCAD 提示如下。

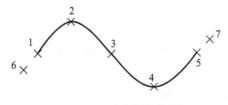

图 5-48　绘制样条曲线

命令：_spline

指定第一个点或［对象（O）］：（输入第一个点）

3. 选项说明

SPLINE 命令的默认选项是输入一个点作样条曲线的起始点，如图 5-48 所示。选择该选项后，AutoCAD 提示如下。

命令：_spline

指定第一个点或［对象（O）］：（指定点 1）

指定下一点：（指定 2 点）

指定下一点或［闭合（C）/拟合公差（F）］＜起点切向＞：（指定点 3）

指定下一点或［闭合（C）/拟合公差（F）］＜起点切向＞：（指定点 4）

指定下一点或［闭合（C）/拟合公差（F）］＜起点切向＞：（指定点 5）

指定下一点或［闭合（C）/拟合公差（F）］＜起点切向＞：（直接按 Enter 键）

指定起点切向：（指定点 6 定义起始点切线方向）

指定端点切向：（指定点 7 定义终止点切线方向）

若在绘制过程中选择"闭合（C）"选项，则将最后一点定义成与第一点一致，形成闭合样条曲线。

5.10 多段线——PLINE 命令

1. 功能

绘制多段线时，与 LINE 命令相似，可连续绘制，所不同的是多段线连续绘制的所有线段形成一个整体，且可在绘制过程中改为绘制圆弧段，还可绘制不同宽度的折线、弧线、渐尖的直线以及填充的圆，可用于画粗实线、箭头等。编辑时，多线段可作为一个整体来编辑，也可对单段进行编辑。利用 PEDIT 编辑命令还可以将多段线拟合成曲线。

2. 命令格式及操作

下拉菜单：绘图→ 多段线（P）

图标："绘图"工具栏中的

命令行：PLINE（缩写名：PL）

运行 PLINE 命令后，AutoCAD 提示如下。

命令：_ pline

指定起点：（给出起点）

当前线宽为 0.0000

指定下一点或［圆弧（A）/闭合（C）/半宽（H）/长度（L）/放弃（U）/宽度（W）］：

3. 选项说明

该命令提供多个选项，可按需选择相应的选项。

（1）以下为画直线段的提示。

①指定下一点：是默认选项，一直给定下一点，可连续绘制一条多段的多段线，类似连续绘制直线，按 Enter 键结束命令。

②选 C 使直线段闭合。

③选 H 或 W 定义线宽，可改变当前多段线的线宽，AutoCAD 提示输入起始半宽和终止半宽或起始宽度和终止宽度。

注意：有一定宽度的多段线，其起点和端点定位在多段线线宽的中心点。

④选 L 确定直线段长度，绘制方向按前一多段线方向的切线方向。

⑤选 U 放弃上一步操作。

⑥选 A 转换为画圆弧段提示。

（2）以下为画圆弧段的提示。

指定圆弧的端点或［角度（A）/圆心（CE）/闭合（CL）/方向（D）/半宽（H）/直线（L）/半径（R）/第二点（S）/放弃（U）/宽度（W）］：

直接给出圆弧端点，则此圆弧段与上一段相切连接。选 A、CE、D、R、S 等均为给出圆弧段的第二个参数，相应会提示第三个参数。选 L 转换成画直线段的提示，最后用 Enter 键结束命令。

例如，绘制如图 5-49 所示的图形。

运行 PLINE 命令后，AutoCAD 提示如下。

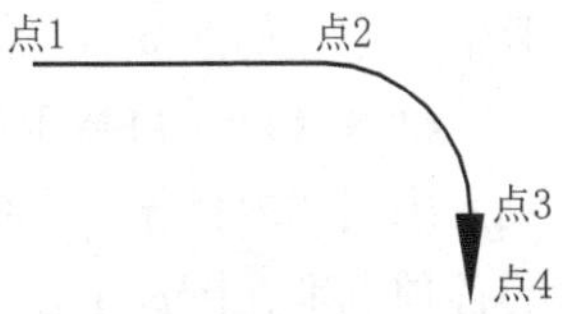

点1　点2

点3
点4

图 5-49　多段线图例

命令：_pline

指定起点：（如图 5-49 中的点 1）

当前线宽为 0.0000

指定下一个点或 [圆弧（A）/半宽（H）/长度（L）/放弃（U）/宽度（W）]：@20，0（如图 5-49 中的点 2）

指定下一点或 [圆弧（A）/闭合（C）/半宽（H）/长度（L）/放弃（U）/宽度（W）]：a（选择圆弧）

指定圆弧的端点或 [角度（A）/圆心（CE）/闭合（CL）/方向（D）/半宽（H）/直线（L）/半径（R）/第二个点（S）/放弃（U）/宽度（W）]：@10，−10（如图 5-49 中的点 3）

指定圆弧的端点或 [角度（A）/圆心（CE）/闭合（CL）/方向（D）/半宽（H）/直线（L）/半径（R）/第二个点（S）/放弃（U）/宽度（W）]：l（选择直线）

指定下一点或 [圆弧（A）/闭合（C）/半宽（H）/长度（L）/放弃（U）/宽度（W）]：w（确定直线宽度）

指定起点宽度<0.0000>：2（指定箭头的宽度）

指定端点宽度<2.0000>：0

指定下一点或 [圆弧（A）/闭合（C）/半宽（H）/长度（L）/放弃（U）/宽度（W）]：@0，−6（如图 5-49 中的点 4）

指定下一点或 [圆弧（A）/闭合（C）/半宽（H）/长度（L）/放弃（U）/宽度（W）]：（按 Enter 键结束命令）

5.11　正多边形——POLYGON 命令

1. 功能

绘制正多边形。AutoCAD 绘制的多边形是可包含 3～1024 条相等长度的边的正多边形。

2. 命令格式及操作

下拉菜单：绘图→⬠ 多边形（Y）

图标："绘图"工具栏中的 ⬠

命令行：POLYGON（缩写名：POL）

运行 POLYGON 命令后，AutoCAD 提示如下。

命令：_polygon 输入边的数目<4>：（输入所绘正多边形的边数）

指定多边形的中心点或 [边（E）]：

3. 选项说明

（1）指定多边形的中心点：这是默认选项，可输入点坐标或用鼠标拾取一点来指定多边形中心点，如图 5-50 所示，当在绘图区指定多边形中心点后，AutoCAD 提示如下。

输入选项［内接于圆（I）/外切于圆（C）］＜I＞：

采用"内接于圆"的方式绘制正多边形，所绘制的多边形在一个假想圆里面，且多边形的各顶点都在圆周上。如图 5-50 所示，绘制一个正五边形，内接圆半径为 60。在"输入选项［内接于圆（I）/外切于圆（C）］＜I＞："提示下选择"内接于圆"方式后，AutoCAD 提示如下。

命令：_polygon

输入侧面数＜4＞：5

指定正多边形的中心点或［边（E）］：（确定圆心）

输入选项［内接于圆（I）/外切于圆（C）］＜I＞：（选内接圆直接按 Enter 键）

指定圆的半径：60（输入半径值，结束命令）

采用"外切于圆"方式绘制正多边形，所绘制的多边形在一个假想圆外面，且多边形的各边与该假想圆相切。如图 5-51 所示，绘制一个正五边形，内切圆半径为 60。在"输入选项［内接于圆（I）/外切于圆（C）］＜I＞："提示下选择"外切于圆"方式后，AutoCAD 提示如下。

输入选项［内接于圆（I）/外切于圆（C）］＜I＞：c（输入 c 后按 Enter 键）

指定圆的半径：60（输入半径值，结束命令）

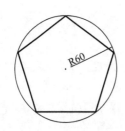

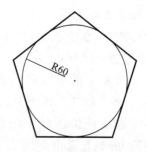

图 5-50　用"内接于圆"绘制正多边形　　　　图 5-51　用"外切于圆"绘制正多边形

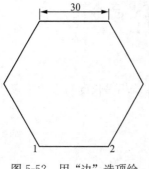

图 5-52　用"边"选项绘
制正多边形

比较以上两图可以看出，输入同样的半径值绘制的正六边形的边长不同，采用外切圆法的边长要长。

（2）边：该选项以确定正多边形一条边的方式来绘制正多边形。操作中需指定一条边的两个端点以确定正多边形的边长和图形的绘制位置，AutoCAD 按逆时针方向以该边为第一条边绘制正多边形。如图 5-52 所示，绘制边长为 30 的正六边形。选择该选项后，AutoCAD 提示如下。

命令：_polygon

输入侧面数＜5＞：6（输入边数）

指定正多边形的中心点或［边（E）］：e（选取边时，输入 e）

指定边的第一个端点：（鼠标拾取点 1 为第一边的一个端点或输入点坐标）

指定边的第二个端点：@30，0（输入点 2 坐标，结束命令）

5.12　矩形——RECTANG 命令

1. 功能

绘制矩形，底边与 X 轴平行，可带倒角或圆角。

2. 命令格式及操作

下拉菜单：绘图→  矩形（G）

图标："绘图"工具栏中的

命令行：RECTANG（缩写名：REC）

运行 RECTANG 命令后，AutoCAD 提示如下。

图 5-53　用 RECTANG 命令绘制矩形

命令：_rectang

指定第一个角点或 ［倒角（C）/标高（E）/圆角
（F）/厚度（T）/宽度（W）］:（指定一点以定义矩形的第一个角点）

指定另一个角点:（指定矩形的对角点，如图 5-53 所示第二角点）

3. 选项说明

（1）倒角：此选项可设置矩形的倒角参数。若设置了倒角参数，则可绘制四角带倒角的矩形。选择该选项后，AutoCAD 提示如下。

命令：_rectang

指定第一个角点或 ［倒角（C）/标高（E）/圆角（F）/厚度（T）/宽度（W）］: c
（选择倒角选项）

指定矩形的第一个倒角距离<0.0000>: 2（输入第一倒角边长度）

指定矩形的第二个倒角距离<2.0000>: 3（输入第二倒角边长度）

指定第一个角点或 ［倒角（C）/标高（E）/圆角（F）/厚度（T）/宽度（W）］:（指定点 1）

指定另一个角点或 ［面积（A）/尺寸（D）/旋转（R）］:（指定点 2）

按以上提示操作后，结果如图 5-54 所示。

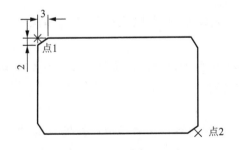

图 5-54　绘制带倒角的矩形

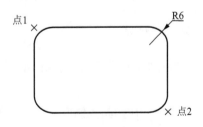

图 5-55　绘制带圆角的矩形

（2）圆角：此选项可设置矩形的圆角参数，即圆角半径。若设置了圆角参数，则可绘制四角带圆角的矩形。选择该选项后，AutoCAD 提示如下。

命令：_rectang

指定第一个角点或 ［倒角（C）/标高（E）/圆角（F）/厚度（T）/宽度（W）］: f

指定矩形的圆角半径<2.0000>：6（输入圆角半径）

指定第一个角点或［倒角（C）/标高（E）/圆角（F）/厚度（T）/宽度（W）］：（指定点1）

指定另一个角点或［面积（A）/尺寸（D）/旋转（R）］：（指定点2）

按以上提示操作后，结果如图 5-55 所示。

（3）宽度：用于设置矩形四条边的线宽。

（4）厚度：厚度设置是一个空间立体的概念，设置一定的厚度后绘制的矩形在 Z 轴方向延伸一个厚度，相当于绘制了一个三维立体盒子。

（5）标高：标高设置也是一个空间立体的概念，设置一定的高度后绘制的矩形在 Z 轴方向偏移设定的高度。它不是绘在 XY 平面上，而是绘在与 XY 平面平行、距离为所设高度值的平面上。

5.13 圆环——DONUT 命令

1. 功能

画实体填充圆或圆环。

2. 命令格式及操作

下拉菜单：绘图→⚫ 圆环（D）

命令行：DONUT（缩写名：DO）

运行 DONUT 命令后，AutoCAD 提示如下。

命令：_donut

指定圆环的内径<0.5000>：5（输入圆环的内径）

指定圆环的外径<1.0000>：10（输入圆环的外径）

指定圆环的中心点<退出>：（可再次指定中心点绘制圆环或按 Enter 键结束命令）

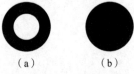

（a）　　　　（b）

图 5-56　绘制圆环

按以上提示的操作结果如图 5-56（a）所示。

3. 说明

（1）若内径为 0，则绘出实心填充的圆饼，如图 5-56（b）所示。

（2）圆环图形的填充与否由 FILL 命令控制。一般在绘制圆环、多义线或填充剖面线时，应由 FILL 命令控制。

4. FILL 命令

FILL 命令的作用是控制圆环、多义线或填充剖面线是否显示填充效果，当 FILL 命令设置为 ON（开）时，显示填充效果，当 FILL 命令设置为 OFF（关）时，不显示填充效果。FILL 命令的具体使用如下。

激活 FILL 命令后，AutoCAD 提示如下。

命令：fill

输入模式［开（ON）/关（OFF）］<ON>：（选择开或关模式）

如图 5-57（a）所示为 FILL 命令设置为 ON 的结果（与图 5-56（a）相同）；图 5-57（b）为 FILL 命令设置为 OFF 的结果（左边命令是图 5-57（a）的不显示填充的效果，右边是内径为 0 的不显示填充的效果）。

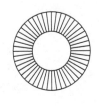

（a）　　　　　　　　　　　　　（b）

图 5-57　FILL 命令开和关的效果

5.14　修订云线——REVCLOUD 命令

1. 功能

用于绘制具有一定线宽的实体直线。

2. 命令格式及操作

下拉菜单：绘图→🞴修订云线（V）

图标：🞴

命令行：REVCLOUD（缩写：REVC）

运行 REVCLOUD 命令后，AutoCAD 提示如下。

命令：trace

命令：_revcloud

最小弧长：5.0000　最大弧长：15.0000　样式：普通

指定起点或［弧长（A）/对象（O）/样式（S）］＜对象＞：

沿云线路径引导十字光标…

修订云线完成。

按以上提示操作的结果如图 5-58 所示。

3. 选项说明

（1）弧长（A）：绘制修订云线的弧的长度。

执行该选项（即输入 A 后按 Enter 键），则 Auto-CAD 提示如下。

指定最小弧长＜5.0000＞：5

指定最大弧长＜15.0000＞：15

（2）对象（O）：确定编辑的对象。

图 5-58　"修订云线"命令绘制的线条

可以把圆或椭圆编辑为修订云线。执行该选项（即输入 O 后按 Enter 键），则 AutoCAD 提示如下。

选择对象：

反转方向［是（Y）/否（N）］＜否＞：

修订云线完成。

选择对象圆如图 5-59 （a）所示，通过对象处理后就变为修订云线，如图 5-59 （b）所示。

（a）   （b）

图 5-59   "修订云线"命令绘制的线条

（3）样式（S）：选择所需的样式。

5.15   绘 图 实 例

绘制如图 5-60 所示的零件图，为了巩固本章的内容，只用绘图命令来完成（当然如再利用编辑命令，可以更加快捷）。按以下步骤绘图。

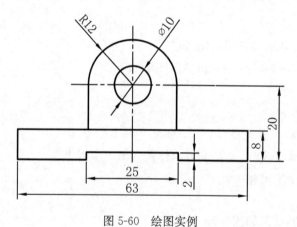

图 5-60   绘图实例

1. 绘制中心线

用中心线画两条水平和垂直的相交直线。

2. 绘制圆和半圆

通过对象捕捉获得的中心线的交点为圆心，绘制直径为 10 的圆和半径为 12 的半圆。

命令：c

命令：_circle 指定圆的圆心或 [三点（3P）/两点（2P）/切点、切点、半径（T）]：（指定圆心）

指定圆的半径或 [直径（D）] <6.0000>：5（输入半径）

命令：a

命令：_arc 指定圆弧的起点或 [圆心（C）]：c

指定圆弧的圆心：(指定圆心)

指定圆弧的起点：@12＜0 (如图 5-61 所示点 1)

指定圆弧的端点或 [角度 (A) /弦长 (L)]：a

指定包含角：180 (如图 5-61 所示点 12)

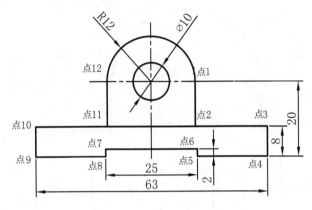

图 5-61　绘图实例步骤

3. 绘制直线

命令：L

LINE 指定第一点：(选点 1)

指定下一点或 [放弃 (U)]：@0, -12 (如图 5-61 所示点 2)

指定下一点或 [放弃 (U)]：@19.5, 0 (如图 5-61 所示点 3)

指定下一点或 [放弃 (U)]：@0, -8 (如图 5-61 所示点 4)

指定下一点或 [放弃 (U)]：@-19, 0 (如图 5-61 所示点 5)

指定下一点或 [放弃 (U)]：@0, 2 (如图 5-61 所示点 6)

指定下一点或 [闭合 (C) /放弃 (U)]：@-25, 0 (如图 5-61 所示点 7)

指定下一点或 [闭合 (C) /放弃 (U)]：@0, -2 (如图 5-61 所示点 8)

指定下一点或 [闭合 (C) /放弃 (U)]：@-19, 0 (如图 5-61 所示点 9)

指定下一点或 [放弃 (U)]：@0, 8 (如图 5-61 所示点 10)

指定下一点或 [闭合 (C) /放弃 (U)]：@19.5, 0 (如图 5-61 所示点 11)

指定下一点或 [闭合 (C) /放弃 (U)]：(选取如图 5-61 所示点 12)

通过上述 3 个步骤就可以绘制出图 5-60 所示的图形。

5.16　思 考 练 习

(1) 用绘图命令绘制如图 5-62 所示图形 (不标注尺寸，不确定尺寸自定)。

(2) 用绘图命令绘制如图 5-63 所示图形 (不标注尺寸，不确定尺寸自定)。

(3) 用绘图命令绘制如图 5-64 所示图形 (不标注尺寸，不确定尺寸自定)。

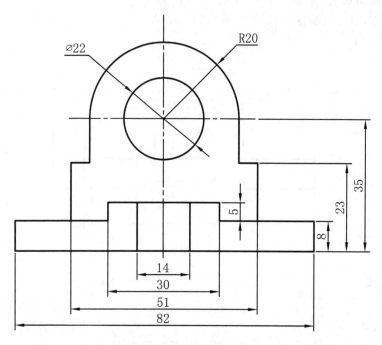

图 5-62　绘图练习 1

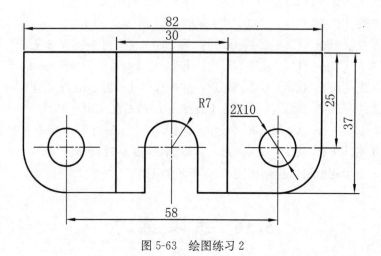

图 5-63　绘图练习 2

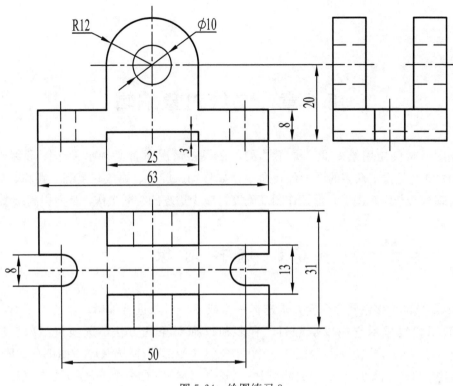

图 5-64 绘图练习 3

第 6 章 二维对象编辑

绘制图形时仅使用绘图命令是不够的，在很多情况下都必须借助于图形编辑命令。AutoCAD 2012 提供了众多的图形编辑命令，如移动、旋转、缩放、复制、删除、剪切等。它可以合理构造与组织图形，保证作图准确度，减少重复的绘图操作，从而提高绘图效率。

6.1 选 择 对 象

AutoCAD 的许多编辑命令会要求选择一个或多个对象进行编辑。当选择了对象之后，AutoCAD 用虚线显示它们以示醒目。有多种选择对象的方法，选项包括：点选/窗口（W）/上一个（L）/窗交（C）/框（BOX）/全部（ALL）/栏选（F）/圈围（WP）/圈交（CP）/编组（G）/添加（A）/删除（R）/多个（M）/前一个（P）/放弃（U）/自动（AU）/单个（SI）/子对象（SU）/对象（O）等。这些对象选择方法不在任何菜单或工具栏中显示出来，但在 AutoCAD 提示选择对象时能随时使用。现介绍常用的几种。

当出现下述内容时即开始了对象选择的过程。

1. 点选方式

在选择状态下，AutoCAD 将用一个小方框代替屏幕十字光标，这个小方框叫对象拾取框。用拾取框就可直接选择对象，可选择一个或连续点选多个对象。每次选定一个或多个对象后，"选择对象："提示会重复出现。在"选择对象："提示下按空格键、Enter 键或右击，表示接受所做的选择并退出对象选择状态。

2. 窗口（W）方式

该选项可以选定一个矩形区域中包含的所有对象。在"选择对象："提示符下键入 W 或直接在屏幕上从左到右指定两个对角点即可指定该窗口。AutoCAD 提示输入描述该窗口的两个对角点。

指定第一个角点：（拾取一个点或给出定义窗口第一个角点的坐标）

指定对角点：（拾取一个点或给出定义窗口另一个角点的坐标）

该选择方式下，选择窗口以实线方式表达，也称正选框。选择对象时，只有整个对象全部处于选择框内时它才会被包含于选择集中，即被选中；如果一个对象仅有一部分在此矩形区域中，那么该对象将不会包含在选择集中，如图 6-1 所示，只有矩形被选中。

3. 窗交（C）方式

窗交（C）方式选项与窗口（W）方式选项类似，只是它将同时选择全部在窗口区域内和部分在窗口区域内（与窗口四条边界相交）的对象，即只要被选对象的一部分在矩形区域之内，那么整个对象都将包含在选择集内（被选中）。

在"选择对象:"提示下从右向左输入两个对角点就可以确定交叉窗口。

指定第一个角点:（拾取一个点或给出定义窗口第一个角点的坐标）

指定对角点:（拾取一个点或给出定义窗口另一个角点的坐标）

交叉窗口以虚线表示,也称反选框,以示同窗口（W）选项的区别。如图 6-2 所示,其中的矩形和圆都被选中。

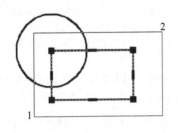 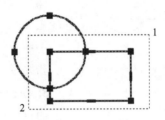

图 6-1 窗口（W）方式　　　　　　图 6-2 窗交（C）方式

4. 圈围（WP）方式

圈围（WP）方式选项类似于窗口（W）方式选项,但它定义的是一个多边形窗口,而不是一个矩形区域。在待选对象的周围拾取一些点,就可以定义一个选择区域。所选择的点形成了一个多边形。确定好形状后,按 Enter 键接受所定区域。只有完全在多边形之内的对象才被选中,如图 6-3 所示。

5. 圈交（CP）方式

圈交（CP）方式选项类似于圈围（WP）方式选项,但可以选择全部在多边形内和与多边形边界相交的对象。一个对象只要部分在多边形区域中,则整个对象都包含在选择集中,如图 6-4 所示。

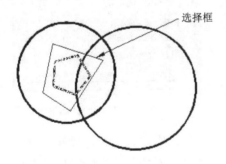 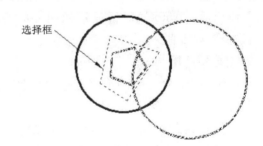

图 6-3 圈围（WP）方式　　　　　　图 6-4 圈交（CP）方式

6. 全部（ALL）方式

选取图面上所有对象。在"选择对象:"提示下输入 ALL,按 Enter 键。此时,绘图区域内的所有对象均被选中。

7. 栏选（F）方式

使用该方式时会临时绘制一些直线,凡与这些直线相交的对象均被选中,这种方式对选择相距较远的对象比较有效,如图 6-5 所示。在"选择对象:"提示下输入 F,按 Enter 键,出现如下提示。

选择对象：f

指定第一个栏选点：（指定交线的第一点即点 1）

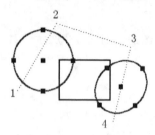

指定下一个栏选点或［放弃（U）］：（指定交线的第二点即点 2）

指定下一个栏选点或［放弃（U）］：（指定下一条交线的第一点即点 3）

指定下一个栏选点或［放弃（U）］：（指定下一条交线的第二点即点 4）

······

图 6-5　栏选（F）方式

指定下一个栏选点或［放弃（U）］：（按 Enter 键结束操作）

8. 快速选择（QSELECT）

通过使用 QSELECT 命令，可用指定对象类型或对象特性（如颜色、线型等）作为过滤条件来选择对象。例如，可以根据颜色来选择对象，设置过滤规则颜色为红色，则所有红色对象被选中。

可按以下方式激活 QSELECT 命令。

（1）从"工具"下拉菜单中选择"快速选择"选项。

（2）在命令行键入 QSELECT 并按空格键或 Enter 键。

（3）终止任何当前的命令，然后在图形区中右击，在弹出的快捷菜单中选择"快速选择"选项。

另外，在"特性"对话框中也可以通过单击"快速选择"按钮激活 QSELECT 命令。激活 QSELECT 命令后，AutoCAD 将显示如图 6-6 所示的"快速选择"对话框。

9. 对象预选择

前面所讲的选择方法绝大多数是在命令激活状态下提示"选择对象："时使用的，在 AutoCAD

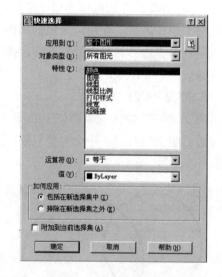

图 6-6　"快速选择"对话框

2012 中，还可在命令调用之前创建好选择集，这样，命令调用后就已经选择好了对象，编辑命令不再提示"选择对象"。可使用单选、窗选等方法选择对象，选中的对象呈高亮显示（虚线），同时显示对象的"夹点"（小方框显示）。可以设置对象预选择是否对编辑命令有效。在图 6-7 所示的"工具→选项"对话框"选择集"选项卡中取消"选择集模式"栏的"先选择后执行"复选框，则预选择对象不作为下一命令的选择集，命令会继续提示选择对象。

10. 对象选择预设置

打开"选项"对话框，选择"选择集"选项卡（图 6-7），可通过"选项"对话框设置选择对象的模式、拾取框的大小、选中对象是否显示夹点以及夹点的颜色。各种选择设置效果如图 6-8 所示。

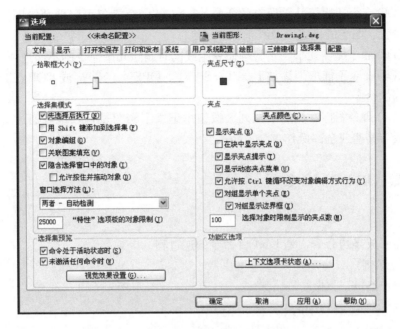

图 6-7 "选项"对话框——选择集

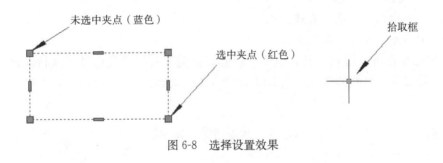

图 6-8 选择设置效果

6.2 放弃和重做

6.2.1 放弃（UNDO）命令

1. 功能

取消上一次或上几次命令操作。在绘图过程中，绘制错的地方，可用 UNDO 命令取消绘制过程中的步骤。

2. 命令

下拉菜单：编辑→放弃

图标："标准"工具栏中的 ↩▾

命令行：UNDO（缩写名：U）

3. 说明

（1）UNDO 命令可以无限制地逐级取消多个操作步骤，直到返回当前图形的开始状态。

（2）UNDO 命令不受存储图形的影响，可以保存图形，而 UNDO 命令仍然有效。

（3）UNDO 命令适用于几乎所有的命令，UNDO 命令不仅可以取消绘图操作，而且还能取消模式设置、图层的创建以及其他操作。

（4）UNDO 命令提供几个用于管理命令组或同时删除几个命令的不同选项。

（5）UNDO 命令不能取消诸如 PLOT、SAVE、OPEN、NEW 或 COPYCLIP 等对设备做读、写数据的命令。

（6）UNDO 命令图标右侧的下拉列表按钮里记录了绘图过程，也可通过选择该按钮里的记录步骤放弃某些或全部操作。

6.2.2　重做（REDO）命令

1. 功能

恢复前面所放弃的命令，是 UNDO 命令的逆过程。

2. 命令及示例

下拉菜单：编辑→重做

图标："标准"工具栏中的

命令行：REDO

命令：LINE…（画线）

命令：U（取消画直线，直线消失）

命令：REDO（重做，恢复直线）

REDO 命令不可以用 R 代替，也不一定能够往前逐一恢复被取消的执行结果，在 UNDO 命令之后又执行另外的命令，则 REDO 命令将会失败。

6.3　编　辑　命　令

AutoCAD 2012 提供了多种编辑命令以编辑图形对象。可通过"修改"工具栏、"修改"下拉菜单（图 6-9）或在命令行输入命令来调用编辑命令。

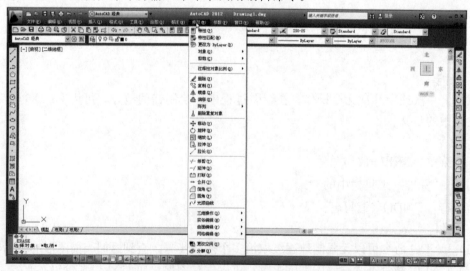

图 6-9　"修改"下拉菜单

"修改"工具栏有两组：系统默认只显示"修改"工具栏，如图 6-10 所示；通过"工具栏"设置命令可显示"修改Ⅱ"工具栏，如图 6-11 所示。

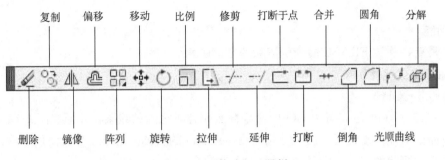

图 6-10 "修改"工具栏

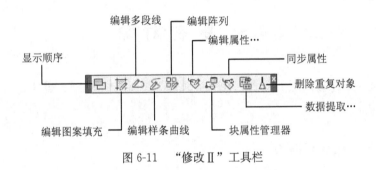

图 6-11 "修改Ⅱ"工具栏

6.4 删除对象和恢复对象

6.4.1 删除——ERASE 命令

1. 功能

擦除图中指定的图素。

2. 命令格式及操作

下拉菜单：修改→删除

图标："修改"工具栏中的

命令行：ERASE（缩写名：E）

选择对象：（选择对象，如图 6-12（a）所示）

选择对象：（按 Enter 键，删除所选对象，如图 6-12（b）所示）

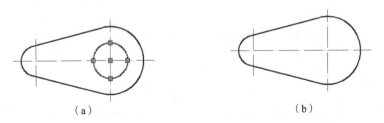

（a）   （b）

图 6-12 删除

6.4.2 恢复——OOPS 命令

1. 功能

恢复最后一次被 ERASE 命令所擦除的全部图素。

2. 命令格式及操作

命令行：OOPS

如图 6-12（b）所示，可用 OOPS 命令恢复刚才被擦除的线条，还原成图 6-12（a）。

恢复命令只能恢复最近一次执行删除命令所删除的实体。若连续多次使用删除命令后又想恢复前几次删除的实体，则只能使用 UNDO 命令。

6.5 复 制 对 象

复制对象是一个比较广泛的概念，在 AutoCAD 2012 中，复制、镜像、偏移、阵列都具有复制对象的功能。

6.5.1 复制——COPY 命令

1. 功能

复制一个或多个已绘制的对象。

2. 命令格式及操作

下拉菜单：修改→复制

图标："修改"工具栏中的

命令行：COPY（缩写名：CO）

选择对象：找到一个（选择要复制的对象）

选择对象：（按 Enter 键，结束选择或继续选择）

当前设置：复制模式＝多个（激活一次复制命令可复制一个或多个选择的对象）

指定基点或 ［位移（D）/模式（O）］＜位移＞：（指定基准点或选择"位移"、"复制模式"选项）

指定第二个点或 ［阵列（A）］＜使用第一个点作为位移＞：（指定目标点位置，如图 6-13和图 6-14 所示，或选择"阵列"选项）

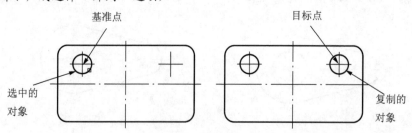

图 6-13 复制（一）

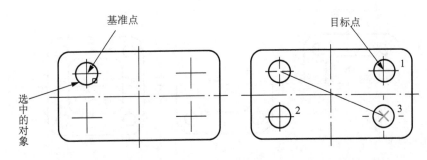

图 6-14　复制（二）

3. 说明

有时需要将 AutoCAD 图形对象复制链接到 Word 文档中，并且双击 Word 文档中的 AutoCAD 图形对象即可直接进入到 AutoCAD 软件中编辑图形。复制链接对象 COPYLINK 命令即可实现此功能。可从命令行输入 COPYLINK，或激活下拉菜单中的"编辑→复制"命令。绘制步骤如下：

（1）启动 Word，打开一个文件，在编辑窗口将光标移到要插入 AutoCAD 图形的位置。

（2）启动 AutoCAD，打开或绘制一幅 .DWG 文件。

（3）在命令行输入 COPYLINK 命令。

（4）重新切换到 Word 中，在"编辑"菜单中选取"粘贴"选项，AutoCAD 图形就复制链接到 Word 中了。

6.5.2　镜像对象——MIRROR 命令

1. 功能

按指定镜像线镜像（对称复制）选定图形。原图可以删除或保留。

2. 命令格式及操作

下拉菜单：修改→镜像

图标："修改"工具栏中的 ⚑

命令行：MIRROR（缩写名：MI）

选择对象：（选择要镜像的对象）

指定镜像线的第一点：

指定镜像线的第二点：

要删除源对象吗？［是（Y）/否（N）］＜N＞：

（1）是（Y）：删除源对象，只剩镜像复制的对象。如图 6-15（a）所示为源对象，图 6-15（b）所示为删除源对象的复制对象。

（2）否（N）：不删除源对象，绘制一个对称的图形，如图 6-15（c）所示。

3. 说明

（1）在镜像时，镜像线是一条临时的参照线，镜像后可不保留。

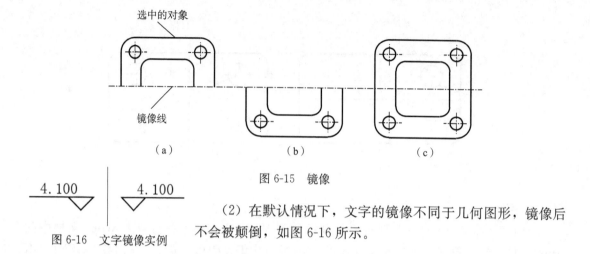

图 6-15　镜像

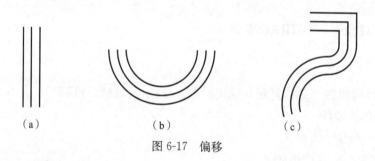

图 6-16　文字镜像实例

（2）在默认情况下，文字的镜像不同于几何图形，镜像后不会被颠倒，如图 6-16 所示。

6.5.3　偏移对象——OFFSET 命令

1. 功能

根据指定距离或通过一指定点构造一平行于已知图素的图素。

画出指定对象的偏移，即等距线。直线的等距线为平行等长线段；圆弧的等距线为同心圆弧，保持圆心角相同；多段线的等距线为多段线，其组成线段将自动调整，即组成其的直线段或圆弧段将自动延伸或修剪，构成另一条多段线，如图 6-17 所示。

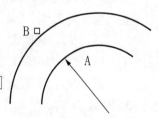

（a）　　　　　　　（b）　　　　　　　（c）

图 6-17　偏移

2. 命令格式及操作

下拉菜单：修改→偏移

图标："修改"工具栏中的

命令行：OFFSET（缩写名：O）

（1）指定偏移距离值，如图 6-18 所示。

命令：_offset

当前设置：删除源＝否　图层＝源　OFFSETGAPTYPE＝0

指定偏移距离或［通过（T）/删除（E）/图层（L）］＜1.0000＞：10（指定偏移距离）

选择要偏移的对象，或［退出（E）/放弃（U）］＜退出＞：（指定对象，圆弧 A）

图 6-18　指定偏移距离

指定要偏移的那一侧上的点，或［退出（E）/多个（M）/放弃（U）］＜退出＞：（在点 B 这一侧获得等距线，则在这一侧单击鼠标左键）

选择要偏移的对象，或［退出（E）/放弃（U）］＜退出＞：（继续选择另一对象或按 Enter 键结束命令）

出现"［退出（E）/多个（M）/放弃（U）］"提示时，若选择"多个（M）"选项，只需选择一次要偏移的对象，在偏移的那一侧单击一次鼠标左键就可获得一条等距线，多次单击可获得多条等距线。

（2）通过（T）。选择该选项可不给定偏移距离，只要指定偏移后新创建对象所经过或延长通过的偏移点即可在偏移点创建新对象。选择该选项后，命令提示如下，结果如图 6-19 所示。

命令：offset

当前设置：删除源＝否　图层＝源　OFFSETGAPTYPE＝0

指定偏移距离或［通过（T）/删除（E）/图层（L）］：T

选择要偏移的对象，或［退出（E）/放弃（U）］＜退出＞：（选择直线 AB）

指定通过点或［退出（E）/多个（M）/放弃（U）］：@12＜0（指定精确点，按 Enter 键获得直线 MN，但有时有误差）

选择要偏移的对象或［退出（E）/放弃（U）］＜退出＞：（选择直线 AC）

指定通过点或［退出（E）/多个（M）/放弃（U）］：@16＜－90（指定精确点，按 Enter 键获得直线 EF，但有时有误差）

选择要偏移的对象或［退出（E）/放弃（U）］＜退出＞：（结束 Offset 命令）

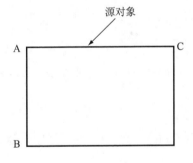
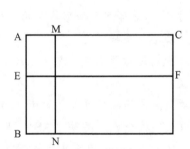

图 6-19　指定通过点

（3）删除（E）。选择该选项，命令提示序列如下。

命令：offset

当前设置：删除源＝否　图层＝源　OFFSETGAPTYPE＝0

指定偏移距离或［通过（T）/删除（E）/图层（L）］＜通过＞：e

要在偏移后删除源对象吗？［是（Y）/否（N）］＜否＞：（选择 Y 偏移后删除源对象；选择 N 偏移后不删除源对象）

（4）图层（L）。选择该选项，命令提示序列如下。

命令：offset

当前设置：删除源＝否　图层＝源　OFFSETGAPTYPE＝0

指定偏移距离或［通过（T）/删除（E）/图层（L）］＜10.0000＞：L

输入偏移对象的图层选项［当前（C）/源（S）］＜源＞：C（选择 C，偏移后对象图层为当前层；选择 S，偏移后对象图层与源对象图层一致）

6.5.4 阵列对象——ARRAY 命令

1. 功能

对选定对象作矩形或环形阵列式复制。

2. 命令格式及操作

下拉菜单：修改→阵列

图标："修改"工具栏中的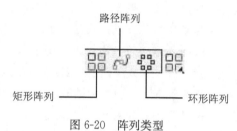

命令行：ARRAY（缩写名：AR）

选择对象：（选择用于阵列的源对象）

输入阵列类型［矩形（R）/路径（PA）/极轴（PO）］＜矩形＞：R（选择阵列类型）

也可将鼠标放在 抽屉式按钮上，按住鼠标左键停留一会儿，即弹出抽屉里的图标如图 6-20 所示，从中选择阵列类型。

图 6-20 阵列类型

（1）矩形阵列：对选定对象在行和列方向作矩形式复制。

激活"矩形阵列"后，命令行提示如下。

命令：_arrayrect

选择对象：（选择用于矩形阵列的源对象窗 A）

类型＝矩形　关联＝是

为项目数指定对角点或［基点（B）/角度（A）/计数（C）］＜计数＞：（输入选项或按 Enter 键）

指定对角点以间隔项目或［间距（S）］＜间距＞：

按 Enter 键接受或［关联（AS）/基点（B）/行（R）/列（C）/层（L）/退出（X）］＜退出＞：R（按 Enter 键或选择选项）

输入行数数或［表达式（E）］＜2＞：

指定行数之间的距离或［总计（T）/表达式（E）］＜26.2067＞：25

指定行数之间的标高增量或［表达式（E）］＜0＞：

按 Enter 键接受或［关联（AS）/基点（B）/行（R）/列（C）/层（L）/退出（X）］＜退出＞：C

输入列数数或［表达式（E）］＜4＞：

指定列数之间的距离或［总计（T）/表达式（E）］＜20.0087＞：50

按 Enter 键接受或［关联（AS）/基点（B）/行（R）/列（C）/层（L）/退出（X）］＜退出＞：

按上述选项及其数据，生成的矩形阵列如图 6-21 所示。

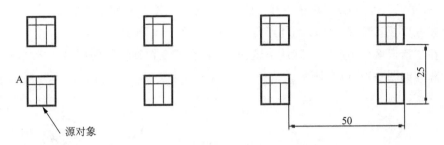

图 6-21 矩形阵列

矩形阵列中各选项说明如下。

①项目：指定阵列中的项目数。使用预览网格以指定反映所需配置的点。

计数：分别指定行和列的值。

表达式：使用数学公式或方程式获取值。

②间隔项目：指定行间距和列间距。使用预览网格以指定反映所需配置的点。

间距：分别指定行间距和列间距。

③基点：指定阵列的基点。

关键点：对于关联阵列，在源对象上指定有效的约束（或关键点）以用作基点。如果编辑生成的阵列的源对象，阵列的基点保持与源对象的关键点重合。

④角度：指定行轴的旋转角度。行轴和列轴保持相互正交。对于关联阵列，可以稍后编辑各个行和列的角度。

⑤关联：指定是否在阵列中创建项目作为关联阵列对象，或作为独立对象。

是：包含单个阵列对象中的阵列项目，类似于块。可通过编辑阵列的特性和源对象，快速传递修改。

否：创建阵列项目作为独立对象。更改一个项目不影响其他项目。

⑥行数：编辑阵列中的行数和行间距。

全部：设置第一行和最后一行之间的总距离。

⑦列数：编辑列数和列间距。

（2）环形阵列：围绕中心点或旋转轴在环形阵列中均匀分布对象副本。

激活"环形阵列"后，命令行提示如下。

命令：_arraypolar

选择对象：（选择生成环形阵列的源对象螺母 A）

类型＝极轴　关联＝是

指定阵列的中心点或［基点（B）/旋转轴（A）］：（指定中心点或输入选项）

输入项目数或［项目间角度（A）/表达式（E）］<4>：5

指定填充角度（＋＝逆时针、－＝顺时针）或［表达式（EX）］<360>：180

按 Enter 键接受或［关联（AS）/基点（B）/项目（I）/项目间角度（A）/填充角度（F）/行（ROW）/层（L）/旋转项目（ROT）/退出（X）］<退出>：ROT

是否旋转阵列项目？［是（Y）/否（N）］<是>：Y

按 Enter 键接受或［关联（AS）/基点（B）/项目（I）/项目间角度（A）/填充角度

（F）/行（ROW）/层（L）/旋转项目（ROT）/退出（X）]＜退出＞：X

按上述选项及其数据，生成的环形阵列如图 6-22（a）所示。

如果在"指定填充角度"中默认角度为 360，在"是否旋转阵列项目"中输入 N，则生成的环形阵列如图 6-22（b）所示。

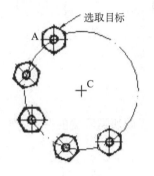 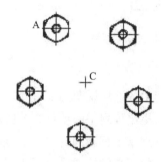

（a）旋转项目，填充角取180°   （b）目标不旋转，填充角取360°

图 6-22   环形阵列

环形阵列中各选项说明如下（部分选项含义与矩形阵列相同）：

①圆心：指定分布阵列项目所围绕的点。

②旋转轴：指定由两个指定点定义的自定义旋转轴。

③项目间角度：指定项目之间的角度。

④填充角度：指定阵列中第一个和最后一个项目之间的角度。

（3）路径阵列：沿路径或部分路径均匀分布对象副本。

路径可以是直线、多段线、样条曲线、圆弧、圆或椭圆。激活路径阵列后，命令行提示如下。

选择对象：（使用对象选择方法）

选择路径曲线：（选择"路径阵列"命令激活先前画好的路径）

输入沿路径的项数或［方向（O）/表达式（E）]＜方向＞：（指定项目数或输入选项）

指定基点或［关键点（K）]＜路径曲线的终点＞：（指定基点或输入选项）

指定与路径一致的方向或［两点（2P）/法线（N）]＜当前＞：（按 Enter 键或选择选项）

指定沿路径的项目间的距离或［定数等分（D）/全部（T）/表达式（E）]＜沿路径平均定数等分＞：（指定距离或输入选项）

按 Enter 键接受或［关联（AS）/基点（B）/项目（I）/行数（R）/层级（L）/对齐项目（A）/Z 方向（Z）/退出（X）]＜退出＞：（按 Enter 键或选择选项）

如图 6-23 所示，项目数为 6，项目间距为 30mm。

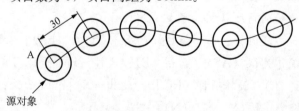

图 6-23   路径阵列示例

6.6　移动对象——MOVE 命令

1. 功能

改变（平移）图形位置。

2. 命令格式及操作

下拉菜单：修改→移动

图标："修改"工具栏中的 ⊕

命令行：MOVE（缩写名：M）

命令：move

选择对象：（选择需要移动的对象）

指定基点或［位移（D）］＜位移＞：（指定便于定位的点作为基点或输入移动距离值）

命令：（按 Enter 键结束命令）

MOVE 命令的操作和 COPY 命令类似，它只移动对象而不能复制对象。

6.7　旋转对象——ROTATE 命令

1. 功能

绕指定中心旋转及旋转复制图形。

2. 命令格式及操作

下拉菜单：修改→旋转

图标："修改"工具栏中的 ⟳

命令行：ROTATE（缩写名：RO）

UCS 当前的正角方向：ANGDIR＝逆时针 ANGBASE＝0

选择对象：（如图 6-24（a）所示）

指定对角点：找到 3 个（选择对象）

选择对象：（按 Enter 键，结束选择）

指定基点：（指定基点）

指定旋转角度，或［复制（C）/参照（R）］：－60（旋转角，逆时针为正，顺时针为负，旋转结果如图 6-24（b）所示）

（1）复制（C）：选择该选项，执行"旋转"命令后仍保留源对象。

（2）参照（R）：使用参考法来输入角度值。

定义旋转角度时还可在提示"指定旋转角度，或［复制（C）/参照（R）］："时键入 R，使用参考法来输入角度值。这时可通过两种方法来确定角度，一种是输入一个角度值作为参考角（亦即起始角），然后输入对象要旋转到的目标角度。实际旋转角度为目标角度减去参考角

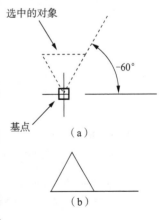

图 6-24　旋转

度，如图 6-25 所示，命令行提示序列如下。

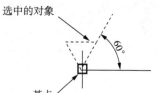

图 6-25　使用"参照"选项

命令：ROTATE

UCS 当前的正角方向：ANGDIR＝逆时针 ANGBASE＝0

选择对象：

指定对角点：找到 3 个（选择对象）

选择对象：（按 Enter 键，结束选择）

指定基点：（指定基点）

指定旋转角度或［复制（C）/参照（R）］：R

指定参考角：30（输入参考角度值）

指定新角度：90（输入目标角度值）

另一种方法是通过参考直线来确定角度值。用光标指定两点，两点连线与水平方向（X 轴）的夹角为参考角度，然后输入目标角度，确定旋转角度。

指定旋转角度或［复制（C）/参照（R）］：R

指定参考角：0（指定参考直线的第一端点）

指定第二个点：（指定参考直线的第二端点）

指定新角度：60（输入目标角度值，如图 6-26 所示）

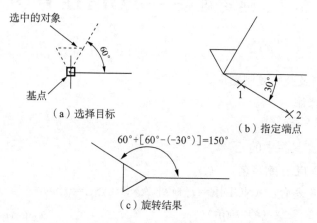

（a）选择目标　　　（b）指定端点

（c）旋转结果

图 6-26　使用"参照"直线选项确定旋转角度

6.8　倒圆角——FILLET 命令

1. 功能

在直线、圆弧或圆间按指定半径作圆角，也可以对多段线作倒圆角。

2. 命令格式及操作

下拉菜单：修改→圆角

图标："修改"工具栏中的

命令行：FILLET（缩写名：F）

当前设置：模式＝修剪，半径＝5.0000

选择第一个对象或 ［放弃（U）／多段线（P）／半径（R）／修剪（T）／多个（M）］：r

指定圆角半径＜5.0000＞：20

选择第一个对象或 ［放弃（U）／多段线（P）／半径（R）／修剪（T）／多个（M）］：

（选取对象 1，见图 6-27 所示）

选择第二个对象，或按住 Shift 键选择要应用角点的对象：（选取对象 2）

3. 选项说明

（1）多段线（P）：选二维多段线作倒圆角，它只能在直线段间倒圆角，如两直线段间有圆弧段，则该圆弧段被忽略，后续提示如下。

选择二维多段线：（选多段线，如图 6-28 所示）

（2）半径（R）：设置圆角半径。

（3）修剪（T）：控制修剪模式，后续提示如下。

输入修剪模式选项 ［修剪（T）／不修剪（N）］＜修剪＞：

如改为不修剪，则作倒圆角时将保留原线段，既不修剪，也不延伸。

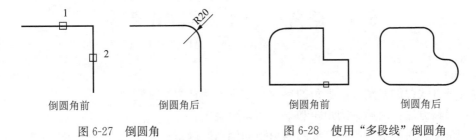

| 倒圆角前 | 倒圆角后 | 倒圆角前 | 倒圆角后 |

图 6-27　倒圆角　　　　　　图 6-28　使用"多段线"倒圆角

（4）多个（M）：用于对多个对象倒圆角。可在依次出现的主提示和"选择第二个对象："提示下连续选择对象，直到按 Enter 键为止。

4. 说明

（1）在圆角半径为零时，FILLET 命令将使两边相交。

（2）在可能产生多解的情况下，AutoCAD 按选取点位置与切点相近的原则来判别倒圆角的位置与结果。

（3）对圆不修剪，如图 6-29 所示。

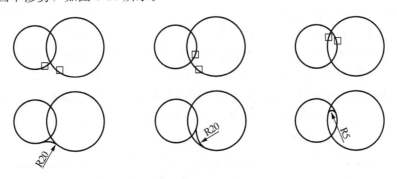

图 6-29　对圆倒圆角

（4）对平行的直线、射线或构造线，忽略当前圆角半径的设置，自动计算两平行线的距离来确定半径，并从第一线段的端点作圆角（半圆），因此，不能把构造线选为第一线段，如图 6-30 所示。

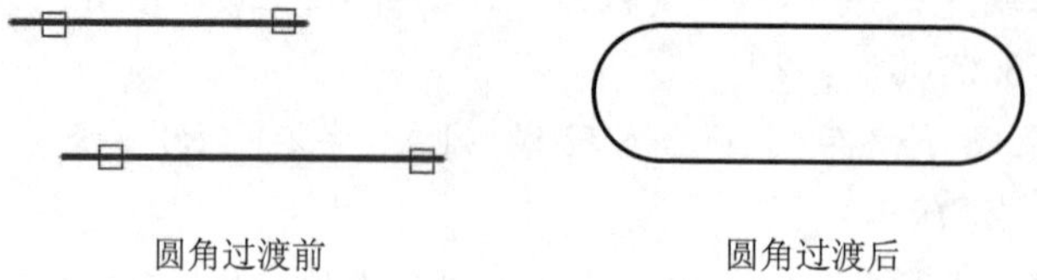
圆角过渡前
圆角过渡后

图 6-30 用“倒圆角”命令连接两平行线

(5) 当倒圆角的两个对象具有相同的图层、线型和颜色时，创建的圆角对象也相同。否则，创建的圆角对象采用当前图层、线型和颜色。

(6) 若圆角半径设置太大，倒不出圆角，执行倒圆角操作后，AutoCAD 会给出提示。

(7) 对相交对象倒圆角时，如果修剪，倒出圆角后，AutoCAD 总是保留所选取的那部分对象。

(8) 系统变量 FILLETRAD 存放圆角半径值，系统变量 TRIMMODE 存放修剪模式。

6.9 倒角——CHAMFER 命令

1. 功能

对两条直线边倒直角，倒直角的参数可用下面两种方法确定。

(1) 距离方法：由第一倒角距和第二倒角距确定。

(2) 角度方法：由对第一直线的倒角距和倒角度确定。

2. 命令格式及操作

下拉菜单：修改→倒角

图标：“修改”工具栏中的

命令行：CHAMFER（缩写名：CHA）

（“修剪”模式）当前倒角距离 1=5.0000，距离 2=5.0000

选择第一条直线或 [放弃（U）/多段线（P）/距离（D）/角度（A）/修剪（T）/方式（E）/多个（M）]：d

指定第一个倒角距离<5.0000>：20

指定第二个倒角距离<20.0000>：10

选择第一条直线或 [放弃（U）/多段线（P）/距离（D）/角度（A）/修剪（T）/方式（E）/多个（M）]：(选择直线 1，如图 6-31 所示)

选择第二条直线，或按住 Shift 键选择要应用角点的直线：(选择直线 2，作倒直角)

若键入距离 D 后，指定倒角距离为零，则如图 6-31（c）所示。

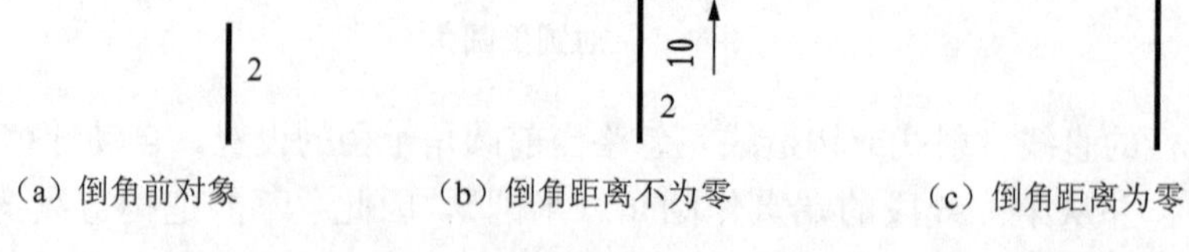
1
2
20
1
10
2
(a) 倒角前对象
(b) 倒角距离不为零
(c) 倒角距离为零

图 6-31 不同倒角距离生成的倒角

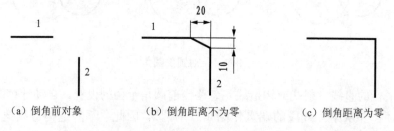

3. 选项说明

(1) 多段线（P）：在二维多段线的直线边之间倒直角。

（"修剪"模式）当前倒角距离 1＝10.0000，距离 2＝10.0000

选择第一条直线或［放弃（U）/多段线（P）/距离（D）/角度（A）/修剪（T）/方式（E）/多个（M）］：T

输入修剪模式选项［修剪（T）/不修剪（N）］＜修剪＞：N

选择第一条直线或［放弃（U）/多段线（P）/距离（D）/角度（A）/修剪（T）/方式（E）/多个（M）］：P（选择二维多段线，如图 6-32 所示）

(2) 角度（A）：用角度方法确定倒角参数，后续提示如下。

指定第一条直线的倒角长度＜10.0000＞：20

指定第一条直线的倒角角度＜0＞：60（图 6-33）

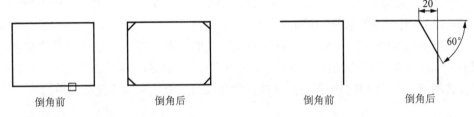

图 6-32 对多段线倒角   图 6-33 使用"角度"选项倒角

(3) 修剪（T）：选择修剪模式，后续提示如下。

输入修剪模式选项［修剪（T）/不修剪（N）］＜不修剪＞：

如果选择"不修剪（N）"，则倒直角时将保留原线段，既不修剪，也不延伸。

(4) 方式（E）：选定倒直角的方法，即选择"距离"或"角度"方法，后续提示如下。

输入修剪方法［距离（D）/角度（A）］＜角度＞：

其中，"距离（D）"选项表示按两条边的倒角距离设置进行倒角；"角度（A）"选项表示按边的倒角距离和倒角角度设置进行倒角。

(5) 多个（M）：用于对多个对象进行倒角。在依次出现的主提示和"选择第二条直线："提示下连续选择直线，可获得多个大小相同的倒直角，直到按 Enter 键为止。

4. 说明

(1) 当倒角距离为零时，CHAMFER 命令延伸两条直线使之相交，不产生倒角。

(2) 对相交边倒角，且倒角后修剪倒角边时，AutoCAD 总是保留所选取的那部分对象。

(3) 倒角时，若设置的倒角距离太大或倒角角度无效，AutoCAD 会分别给出提示。

(4) 若因两条直线平行、发散等原因不能倒角，AutoCAD 也会给出提示。

6.10 修剪对象——TRIM 命令

1. 功能

指定剪切边（边界边）后，可单个或连续修剪被切边。

2. 命令格式及操作

下拉菜单：修改→修剪

图标："修改"工具栏中的 -/-

命令行：TRIM（缩写名：TR）

当前设置：投影＝UCS，边＝无

选择剪切边 ...

选择对象或＜全部选择＞：（选定剪切边界，如图 6-34（a）所示，可连续选取，按 Enter 键结束该项操作）

选择对象：（按 Enter 键，结束边界选择）

选择要修剪的对象，或按住 Shift 键选择要延伸的对象，或〔栏选（F）/窗交（C）/投影（P）/边（E）/删除（R）/放弃（U）〕：（选择要修剪的边、改变修剪模式或取消当前操作）

3. 选项说明

修剪的步骤是首先选择剪切的边界，然后修剪对象。"选择要修剪的对象，或按住 Shift 键选择要延伸的对象，或〔栏选（F）/窗交（C）/投影（P）/边（E）/删除（R）/放弃（U）〕："，该提示的各选项说明如下。

（1）选择要修剪的对象：AutoCAD 根据选取点的位置，搜索与剪切边界的交点，判定修剪部分。如图 6-34（b）所示，选取点 1，则中间段被修剪；继续选取点 2，则右端被修剪；继续选取点 3，因为剪切边界与点 3 所在的线没有交点，所以不能被修剪。

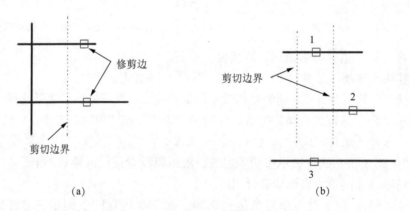

图 6-34　修剪

（2）按住 Shift 键选择要延伸的对象：先选择延伸边界，然后选择要延伸的边（图 6-35 (a)），结果如图 6-35（b）所示。

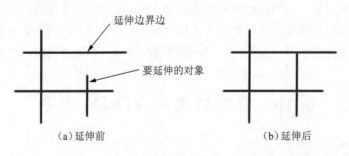

图 6-35　按住 Shift 键选择要延伸的对象

（3）栏选（F）：如图 6-36 所示，绘制一条开放的多点栅栏（一段或多段直线）来辅助选择，其中所有与栅栏线相接触的对象均被选中，称为栏选。选择该选项，可提高修剪效率，但当指定剪切边界和栏选范围后，若与要修剪的对象产生矛盾，可能出现多种结果时，则修剪失败。

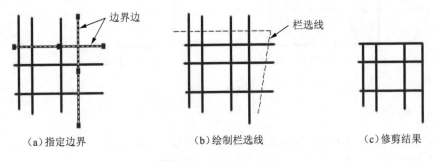

图 6-36 "栏选"选项

（4）窗交（C）：窗交的概念在 6.1 节里已介绍，即从右向左作反选虚线框，使反选框与要修剪的对象接触。指定边界后，选择该选项，可多次作反选框直至修剪完要修剪的对象。

（5）投影（P）：选择修剪的投影模式，可用于三维空间的修剪。在二维绘图时，投影模式＝UCS，即修剪在当前 UCS 的 XOY 平面上进行。

（6）边（E）：选择剪切边的模式，可选项为：

输入隐含边延伸模式［延伸（E）/不延伸（N）］＜不延伸＞：

即延伸有效和不延伸两种模式，如图 6-34 所示，当选取点 3 时，因开始时边模式为"不延伸"，所以将不会产生修剪。但按下述操作，则产生修剪。

选择要修剪的对象，或按住 Shift 键选择要延伸的对象，或［栏选（F）/窗交（C）/投影（P）/边（E）/删除（R）/放弃（U）］：e

输入隐含边延伸模式［延伸（E）/不延伸（N）］＜不延伸＞：e

选择要修剪的对象，或按住 Shift 键选择要延伸的对象，或［栏选（F）/窗交（C）/投影（P）/边（E）/删除（R）/放弃（U）］：（选取点 3）

（7）删除（R）：指定边界后选择该选项，可删除选定的对象而无需退出"修剪"命令。若删除的对象为选定的边界，"删除"选项执行完后继续执行"修剪"命令时，已被删除的边界变成隐形边界，仍然起作用。

6.11 打断——BREAK 命令

1. 功能

切掉对象的一部分或切断成两个对象。

2. 命令格式及操作

下拉菜单：修改→打断

图标："修改"工具栏中的 ⬓

命令行：BREAK（缩写名：BR）

选择对象：（在点 1 处选取对象，并把点 1 看作第一断开点，如图 6-37 所示）

指定第二个打断点或［第一点（F）］：（点 2 为第二断开点，结果如图 6-37 所示）

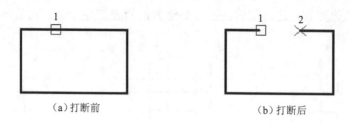

（a）打断前　　　　　　　　（b）打断后

图 6-37　打断

3. 说明

（1）BREAK 命令的操作序列可以分为下列几种情况。

①选取对象的点为第一断开点，输入另一个点确定第二断开点。此时，另一点可以不在对象上，AutoCAD 自动捕捉对象上的最近点为第二断开点。

②选取对象的点为第一断开点，而第二断开点与它重合，此时可用符号@来输入，提示如下。

指定第二个断开点 ［第一点（F）］：@

则直线或圆弧从第一断开点处被切断为两部分。

③选取对象的点不作为第一断开点，另行确定第一断开点和第二断开点，此时提示如下。

指定第二个断开点或 ［第一点（F）］：F

指定第一个断开点：

指定第二个断开点：（若在该情况中，"指定第二个断开点："提示下输入@，则为切断，图标为 ）

（2）切掉的部分为逆时针方向的部分，如图 6-38 所示。

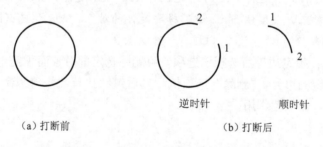

逆时针　　　　　顺时针

（a）打断前　　　　　　　　（b）打断后

图 6-38　圆的打断

（3）BREAK 命令的功能和 TRIM 命令有些类似，但 BREAK 命令可用于没有边界边，或不宜做边界边的场合。同时，用 BREAK 命令还能切断对象（一分为二）。

6.12　延伸——EXTEND 命令

1. 功能

在指定边界后，可单个或连续选择延伸边，延伸到与边界相交。它是 TRIM 命令的一个对应命令。

2. 命令格式及操作

下拉菜单：修改→延伸

图标："修改"工具栏中的

命令行：EXTEND（缩写名：EX）

当前设置：投影＝UCS，边＝延伸

选择边界的边…

选择对象：（选定边界边，可连续选取，按 Enter 键结束该项操作，如图 6-39 所示，选取一圆弧为边界边）

选择要延伸的对象，或按住 Shift 键选择要修剪的对象，或 [栏选（F）/窗交（C）/投影（P）/边（E）/放弃（U）]：（选择延伸边、改变延伸模式或取消当前操作）

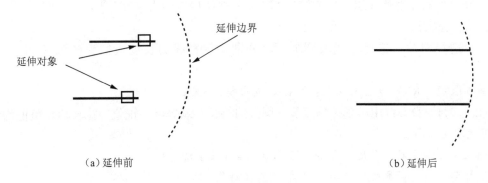

（a）延伸前　　　　　　　　　　　　　　　　（b）延伸后

图 6-39　延伸

"选择要延伸的对象，或按住 Shift 键选择要修剪的对象，或 [栏选（F）/窗交（C）/投影（P）/边（E）/放弃（U）]："用于选择延伸边、延伸模式或取消当前操作，其含义和"修剪"命令的对应选项类似。由于该提示反复出现，因此可以利用选定的边界边，使一系列对象进行延伸，在选取对象时，单击对象的左边，对象向左延伸；反之，向右延伸。

当命令提示"选择要延伸的对象，或按住 Shift 键选择要修剪的对象，或 [栏选（F）/窗交（C）/投影（P）/边（E）/放弃（U）]："时键入 E 选项，则该选项决定是否延伸那些不与边界边相交，但如果边界边扩展延伸后却相交的对象。该选项后续提示如下。

输入隐含边延伸模式 [延伸（E）/不延伸（N）]＜不延伸＞：E

用户可选择一个隐含边延伸模式的选项或按 Enter 键使用默认选项，如图 6-40 所示。

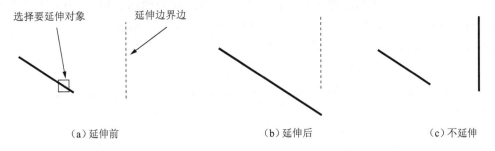

（a）延伸前　　　　　　　　（b）延伸后　　　　　　　　（c）不延伸

图 6-40　使用"延伸边（E）"选项延伸对象

6.13 拉长——LENGTHEN 命令

1. 功能

拉长或缩短直线段和圆弧段，修改圆弧段包含的圆心角。

2. 命令格式及操作

下拉菜单：修改→拉长

图标："修改"工具栏中的

命令行：LENGTHEN（缩写名：LEN）

选择对象或［增量（DE）/百分数（P）/全部（T）/动态（DY）］：

3. 选项说明

（1）选择对象：选择直线或圆弧后，分别显示直线的长度或圆弧的弧长和包含角，如下。

当前长度：XXX 或当前弧长：XXX，包含角：XXX。

（2）增量（DE）：用增量控制直线、圆弧的拉长及缩短等。正值为拉长值，负值为缩短量，后续提示如下。

输入长度增量或［角度（A）］＜0.0000＞：（长度增量）

选择要修改的对象或［放弃（U）］：（选择对象1）

可连续选择直线段或圆弧段，将沿选取端伸缩，按 Enter 键结束，如图 6-41 所示。对圆弧段，还可选用 A（角度），后续提示如下。

输入角度增量＜0＞：（角度增量）

选择要修改的对象或［放弃（U）］：（选择对象2）

操作效果如图 6-41 所示。

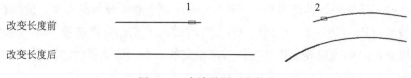

改变长度前

改变长度后

图 6-41 直线及圆弧的拉长

（3）百分数（P）：用原值的百分数控制直线与圆弧段的伸缩。如 65 为 65%，是缩短 35%；145 为 145%，是伸长 45%。故必须用正数输入。后续提示如下。

输入长度百分数＜65.0000＞：

选择要修改的对象或［放弃（U）］：

（4）全部（T）：以给定的新直线的总长或圆弧的包含角来控制直线段与圆弧段的伸缩，后续提示如下。

指定总长度或［角度（A）］＜1.0000＞：

选择要修改的对象或［放弃（U）］：

①指定总长度：指定直线或圆弧的新长度，为默认项。执行该选项，即输入新长度值后，AutoCAD 提示"指定总长度或［角度（A）］＜1.0000＞："，在该提示下选择线段或圆

弧，AutoCAD 将所选对象在离拾取点近的一端按新长度变长或变短。

若选择 A（角度）选项，则后续提示如下。

指定总角度＜45＞：

选择要修改的对象或［放弃（U）］：

②指定总角度：确定圆弧的新包含角度（该选项只适合于圆弧）。执行该选项后，Au-toCAD 提示"指定总角度："，在该提示下选择圆弧后，该圆弧在离拾取点近的一端按新包含角变长或变短。

（5）动态（DY）：进入拖动模式，可拖动直线段、圆弧段、椭圆弧段的一端进行拉长或缩短，其他端点保持不变，后续提示如下。

选择要修改的对象或［放弃（U）］：（在该提示下选择对象）

指定新端点：（在该提示下确定线段或圆弧的新端点位置，圆弧或线段长度发生相应变化）

6.14　拉伸——STRETCH 命令

1. 功能

拉伸或移动选定的对象，本命令必须用窗交（Crossing）方式或圈交（Cpolygon）方式选取对象，完全位于窗内或圈内的对象将发生移动（与 MOVE 命令相同），与边界相交的对象将产生拉伸或压缩变化。

2. 命令格式及操作

下拉菜单：修改→拉伸

图标："修改"工具栏中的

命令行：STRETCH（缩写名：S）

以交叉窗口或交叉多边形选择要拉伸的对象…

选择对象：（用 C 或 CP 方式选取对象，如图 6-42（a）所示从位置 1 拖动到位置 2 用窗交方式选择对象）

选择对象：（按 Enter 键，结束对象选择）

指定基点或［位移（D）］＜位移＞：（选取点 A）

指定第二个点或＜使用第一个点作为位移＞：（选取点 B）

图形拉伸后的结果如图 6-42（b）所示。

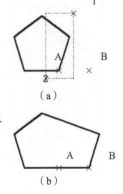

图 6-42　拉伸

若选择对象时，对象被全部选中，则对象被移动，类似"移动"命令。

提示"指定基点或［位移（D）］＜位移＞："时选择"位移（D）"，则直接输入位移坐标值，位移为拉伸前的拉伸点（基点）到拉伸后的对应点的距离。

3. 说明

对象变形的规则如下。

（1）直线段：窗口外的端点不动，窗口内的端点移动，使直线变动；

（2）圆弧段：窗口外的端点不动，窗口内的端点移动，变形过程中保持弦高不变；

（3）多段线：逐段当作直线或圆弧处理，但多段线的宽度、切线和曲线拟合等信息不改变；

（4）填实区域（Solid）：窗口外的顶点不动，窗口内的顶点移动；

（5）圆或文本：圆心或文本基点在窗口外，则不变动；圆心或文本基点在窗口内，则圆或文本移动。

6.15　合并——JOIN 命令

1. 功能

将直线、圆、椭圆弧和样条曲线等独立的线段合并为一个对象。

2. 命令格式及操作

下拉菜单：修改→合并

图标："修改"工具栏中的

命令行：JOIN（缩写名：J）

选择源对象：（源对象只有一个，选择源对象后不按 Enter 键直接选择要合并到源的对象）

选择要合并到源的直线：（要合并到源的对象可以有多个）

3. 说明

（1）选择要合并到源的直线：选择一条或多条直线并按 Enter 键，要合并到源的直线必须与源直线在同一条线的延长线上，如图 6-43 所示。

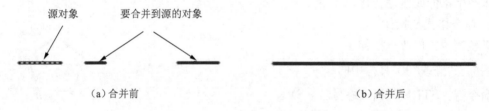

（a）合并前　　　　　　　　　　　　　　　（b）合并后

图 6-43　合并直线

（2）选择要合并到源的圆弧：选择圆弧，以合并到源或执行"闭合（L）"选项：选择一个或多个圆弧并按 Enter 键，或输入 L。圆弧对象必须位于同一假想的圆上，即共圆心且直径相等，但它们之间可以有间隙。"闭合"选项可将源圆弧转换成圆。合并两条或多条圆弧时，将从源对象开始按逆时针方向合并圆弧，如图 6-44 所示。合并命令也可将椭圆弧、样条曲线等合并到源对象，在此不再赘述。

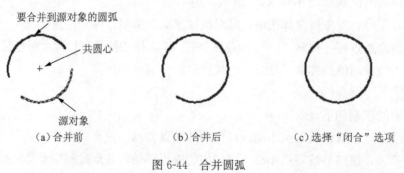

（a）合并前　　　　　　（b）合并后　　　　　　（c）选择"闭合"选项

图 6-44　合并圆弧

6.16　缩放对象——SCALE 命令

1. 功能

对选定的图形按指定的比例相对于基点放大或缩小。

2. 命令格式及操作

下拉菜单：修改→缩放

图标："修改"工具栏中的

命令行：SCALE（缩写名：SC）

命令：SCALE

选择对象：ALL（选择所有对象）

选择对象：（按 Enter 键）

指定基点：（选择基点，即比例缩放中心）

指定比例因子或 ［参照 （R）］ <1.0000>：0.8（输入缩放比例）

(1) 指定比例因子，如图 6-45 所示。输入比例因子后，将根据该比例因子并相对于基点缩放对象。当比例因子小于 1 时，缩小对象；比例因子大于 1 时，放大对象。

(2) 参照 （R）。将对象按参考的方式缩放。在给定比例因子时除了直接输入数值外，还可使用参考长度来确定比例因子。在命令提示"指定比例因子或 ［参照 （R）］："时输入 R，选择该选项后，命令行提示如下。

指定参照长度<1>：（输入 200，如图 6-46 所示）

指定新长度：（输入 250，如图 6-46 所示）

长度的给定可直接输入数值或通过选取两点来指定距离，然后就可据此自动计算比例因子（比例因子＝新长度值/参考长度值），缩放后的图形如图 6-46 所示，实际上相当于放大为原图形的 1.25 （＝250/200） 倍。

（a）缩放前对象

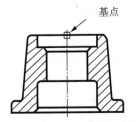

（b）比例因子=0.8，缩放后对象

图 6-45　指定比例因子

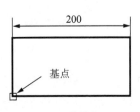

（a）缩放前

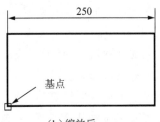

（b）缩放后

图 6-46　使用"参照"选项

6.17　编 辑 线 段

6.17.1　编辑多段线——PEDIT 命令

1. 功能

用于编辑、修改由 PLINE 命令绘制的多段线。

2. 命令格式及操作

下拉菜单：修改→多段线

图标："修改Ⅱ"工具栏中的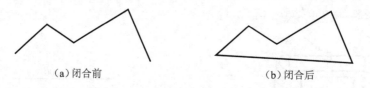

命令行：PEDIT（缩写名：PE）

使用此命令时，命令行提示如下。

选择多段线或 [多条（M）]：（选择多段线）

输入选项 [闭合（C）/合并（J）/宽度（W）/编辑顶点（E）/拟合（F）/样条曲线（S）/非曲线化（D）/线型生成（L）/放弃（U）]：（如果当前的多段线是封闭的，则"闭合（C）"选项被"打开（O）"选项替代）

3. 选项说明

（1）闭合（C）：封闭所编辑的多段线，将开放的多段线首尾相连成一条封闭的多段线，如图 6-47 所示。

（2）打开（O）：与"闭合"选项相反，将被编辑的闭合多断线变成开放的多段线，即删除闭合的多段线的闭合段，使之成为开口的多段线。当多段线闭合时，系统提示含此项。

（a）闭合前　　　　　　　　　　（b）闭合后

图 6-47　用 PEDIT 命令闭合多段线

（3）合并（J）：将直线、圆弧或多段线连接到一个指定的非闭合多段线上，使之连接成一条多段线。还可对一个进行了曲线拟合的多段线取消曲线拟合。

需要注意的是，要将这些对象进行连接，欲连接的各相邻对象必须在形式上彼此已经首尾相连，或者说它们的端点必须是重合的。否则在选取各对象后会得到如下提示。

0 条多段线已添加到多段线

（4）宽度（W）：给整个多段线设定新的统一的宽度。输入选项 W 以后提示如下。

指定所有线段的新宽度：（图 6-48）

在该提示下输入新线宽值，所编辑多段线上的各线段均会变成该宽度。

若要改变多段线上某一段的起始和终止宽度，可使用"编辑顶点"选项的"宽度"选项。

（5）编辑顶点（E）：对构成多段线的各个顶点进行编辑，从而进行顶点的插入、删除、改变切线方向、移动等操作。输入选项 E，这时 AutoCAD 在屏幕上用一个"×"来标记多段线的第一个顶点位置，然后命令行提示如下。

输入顶点编辑选项［下一个（N）/上一个（P）/打断（B）/插入（I）/移动（M）/重生成（R）/拉直（S）/切向（T）/宽度（W）/退出（X）］<N>：

可选择一个选项或按 Enter 键使用默认值。

①下一个（N）：将"×"标记移动到下一个顶点处以便编辑下一点。

②上一个（P）：与"下一个"选项相反，将"×"标记移回到前一个顶点处，如图 6-49 所示。

③打断（B）：使用该选项可以删除定义的顶点之间的多段线线段，使原来的多段线断开，如图 6-50 所示，输入 B，选择该项后，AutoCAD 存储当前加了"×"标记的顶点，然后命令行提示如下。

输入选项［下一个（N）/上一个（P）/执行（G）/退出（X）］<N>：

其中，"上一个"/"下一个"选项用于移动顶点标记到其他位置即后移或前移，以确定第二断点；"执行"选项删除所有第一断点到第二断点之间的多段线线段，断开多段线并回到"编辑顶点"模式；"退出"选项退出当前模式回到"编辑顶点"模式。

④插入（I）：用于在标记顶点后面插入一个新顶点到多段线上。命令提示："指定新顶点的位置"。

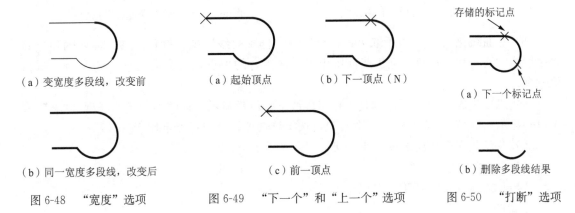

（a）变宽度多段线，改变前　　　（a）起始顶点　　　（b）下一顶点（N）　　　存储的标记点

（b）同一宽度多段线，改变后　　　（c）前一顶点　　　　　　　（a）下一个标记点

　　　　　　　　　　　　　　　　　　　　　　　　　　　　　　（b）删除多段线结果

图 6-48　"宽度"选项　　　图 6-49　"下一个"和"上一个"选项　　　图 6-50　"打断"选项

⑤移动（M）：用于移动当前标记顶点到新的位置。命令提示："指定标记顶点的新位置"。

⑥重生成（R）：对多段线编辑后使用该项操作重新生成多段线对象。

⑦拉直（S）：与"打断"选项类似，用于将存储标记点到当前标记点两顶点之间的所有线段和顶点都删除，然后用一条直线段连接起来，并把当前编辑点作为第一个拉直点。命令提示如下。

输入选项［下一个（N）/上一个（P）/执行（G）/退出（X）］<N>：

其中，"上一个"/"下一个"选项分别用于确定第二个拉直点；"执行"选项把位于两顶点之间的多段线拉直，用一条直线段代替，而后返回到上一级提示；"退出"选项表示退出"拉直"操作，回到"编辑顶点"模式。

⑧切向（T）：改变当前所编辑顶点的切线方向，即给当前标有"×"的顶点确定一个切矢方向，用于后面多段线的曲线拟合。命令行提示如下。

指定顶点切向：（指定一个点或输入一角度）

注意，确定一点后，即以多段线上的当前点与该点的连线方向作为切线方向。确定顶点的切线方向后，就用箭头表示出该方向。

⑨宽度（W）：用于改变多段线中位于当前点之后的下一段多段线线段的起始宽度和终止宽度。使用此命令时提示如下。

指定下一个线段的起始宽度：

指定下一个线段的终止宽度：

⑩退出（X）：退出"编辑顶点"操作，返回到执行 PLINE 命令后的选项提示。

（6）拟合（F）：用圆弧来连接多段线上的每对相邻顶点拟合生成一条光滑的曲线，曲线通过原多段线的所有顶点，并保持顶点处定义的切线方向。输入 F，选择该选项，如图 6-51 所示。

（7）样条曲线（S）：用于将选中的多段线进行样条化曲线拟合，如图 6-52 所示。生成的曲线以原来多段线的顶点作为控制点，且通过第一个和最后一个控制点，曲线被拉向各个顶点，而不一定通过各个顶点。控制点越多，曲线受其影响越大，越靠近顶点位置。输入 S 可选择该选项。

（a）原始对象 （b）拟合后的对象   （a）原始对象   （b）样条曲线拟合后的结果

图 6-51 使用"拟合"选项拟合多段线   图 6-52 使用"样条曲线"选项

（8）非曲线化（D）：用于取消"拟合"或"样条曲线"拟合操作，移去插入的顶点并将多段线的所有片段拉直，但仍然保留用于下次拟合的顶点切矢方向信息。输入 D 可选择该选项。

（9）线型生成（L）：可控制是否在多段线上每段都显示多段线所使用的线型。"开"表示打开显示。"关"表示不显示。输入 L 可选择该选项，命令行提示如下。

输入多段线线型生成选项 [开（ON）/关（OFF）]：

（10）放弃（U）：

选择此选项可退出 PEDIT 命令。

4. 说明

（1）使用 PEDIT 命令时，如果选择的是一条直线或圆弧，不是多段线，则命令行提示如下。

所选对象不是多段线

是否将其转换多段线？<Y>：

如果输入 Y，则 AutoCAD 将它转换为只有单段的多段线，然后可使用命令的"合并（J）"选项将这些直线和圆弧合并为一个对象。

（2）如果在"选择多段线成 [多条（M）]："提示下执行"多条（M）"选项，则允许用户同时编辑多条多段线。

6.17.2 编辑多线——MLEDIT 命令

1. 功能

对多线进行编辑，创建和修改多线的样式。

2. 命令格式及操作

下拉菜单：修改→对象→多线… →"多线编辑工具"对话框

命令行：MLEDIT

对多线的编辑包含多线的十字交叉、T 形交叉模式，拐角和顶点编辑以及多线的断开和连接等操作。激活 MLEDIT 命令后，系统弹出"多线编辑工具"对话框，如图 6-53 所示。

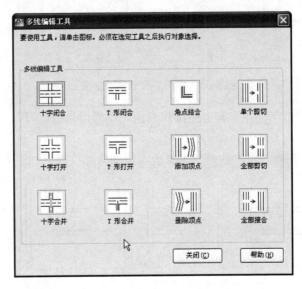

图 6-53　"多线编辑工具"对话框

"多线编辑工具"对话框中显示了四类样例图标。从左至右各列依次控制多线的四种编辑操作：第一列是十字交叉，第二列是 T 形交叉，第三列是拐角和顶点编辑，第四列是多线的断开和连接。若单击某个样例图标将在对话框的左下角显示简短的功能描述。可选择一个图标单击"确定"按钮进行相应的多线编辑操作。

3. 选项说明

（1）十字编辑。

使用三个十字工具可以消除各种相交线，如图 6-54 所示。

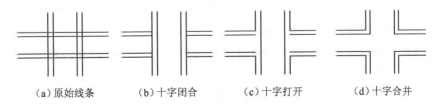

（a）原始线条　　　（b）十字闭合　　　（c）十字打开　　　（d）十字合并

图 6-54　多线的十字编辑效果

如图 6-55 所示，将两多线十字闭合相交。选择"多线编辑工具"对话框中的"十字闭合"选项，命令执行过程如下。

命令：_mledit

选择第一条多线：

选择第二条多线：（选择与第一条多线相交的第二条多线，AutoCAD 剪切掉所选的第一条多线与第二条多线交叉处的所有直线）

选择第一条多线或［放弃（U）］：（可选择其他多线继续进行十字闭合相交，输入 U 取消前一交叉操作，回到提示"选择第一条多线："状态）

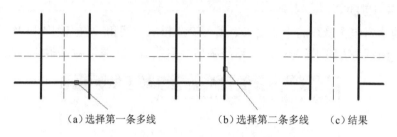

（a）选择第一条多线　　　　（b）选择第二条多线　　（c）结果

图 6-55　将两多线十字闭合相交

"十字打开"和"十字合并"与上述操作相同，读者可自行练习。

（2）T 形编辑。

使用三个 T 形工具和"角点结合"工具也可以消除相交线，如图 6-56 所示。

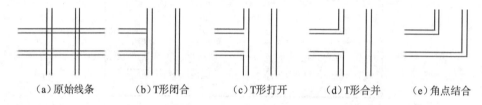

（a）原始线条　　　（b）T 形闭合　　　（c）T 形打开　　　（d）T 形合并　　　（e）角点结合

图 6-56　多线的 T 形编辑效果

其中，"T 形闭合"用于将两多线形成闭合 T 形交叉点。"T 形打开"用于将两多线形成开放 T 形交叉点。"T 形合并"用于将两多线形成合并 T 形交叉点。"角点结合"用于在两多线之间形成拐角连接点。

（3）添加和删除编辑。

使用"添加顶点"工具可以为多线增加若干顶点，使用"删除顶点"工具则可以从包含三个或更多顶点的多线上删除顶点，若当前选取的多线只有两个顶点，那么该工具无效。

（4）剪切和接合编辑。

使用剪切工具可以切断多线。其中，"单个剪切"工具用于切断所选中的多线中某一元素（直线）。只需简单地拾取要切断的多线某一元素（某一条直线）上的两点，则这两点间的连线即被删去（实际上是不显示）；"全部剪切"工具用于切断整条多线，即将多线一分为二。

使用"全部结合"工具可以将被切断的多线片段重新连接起来。

例如，绘制如图 6-57 所示房屋平面图的墙体结构示意图。

命令执行和操作过程如下。

①命令行输入 line 命令。

指定起点：（100，200）；指定第二点：（320，200）。绘制第一条水平线。

②绘制其他水平线，使其垂直间距依次为 40、40、30。

③命令行输入 line 命令。

指定起点：（110，210）；指定第二点：（110，80）。绘制第一条垂直线。

④绘制其他垂直线，使其水平间距依次为 30、60、30、60、20，如图 6-58 所示。

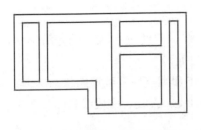

图 6-57　房屋平面图的墙体结构

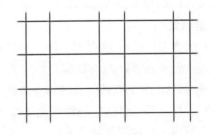

图 6-58　绘制辅助线

⑤命令行输入 mline 命令。

在"指定起点或［对正（J）/比例（S）/样式（ST）］:"提示下输入 J，在"输入对正类型［上（T）/无（Z）/下（B）］＜无＞:"提示下输入 Z，将对正方式设置为"无"。

在"指定起点或［对正（J）/比例（S）/样式（ST）］:"提示下输入 S，再在"输入多线比例＜20.00＞:"提示下输入 10，将多线比例设置为 10，然后单击直线的起点和端点，绘制多线，如图 6-59 所示。

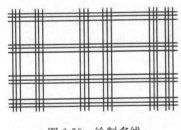

图 6-59　绘制多线

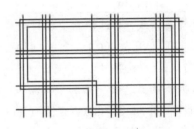

图 6-60　对多线修直角

⑥选择命令"修改→多线"，打开"多线编辑工具"对话框，单击"角点结合"工具，然后单击"确定"按钮。参照图 6-60 所示，对所绘制的多线修直角。

⑦使用同样方法，在"多线编辑工具"对话框中选择"T 形打开"工具，参照图 6-61 所示对多线修 T 形。

⑧删除所有辅助线，即可得到如图 6-57 所示的图形。

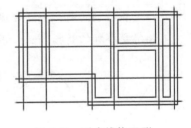

图 6-61　对多线修 T 形

6.17.3　编辑样条曲线——SPLINEDIT 命令

1. 功能

编辑样条曲线。该命令是一个单对象编辑命令，一次只能编辑一个样条曲线对象。

2. 命令格式及操作

下拉菜单：修改→对象→样条曲线

图标："修改Ⅱ"工具栏中的 $\boxed{8}$

命令行：SPLINEDIT

选择样条曲线：

输入选项［闭合（C）/合并（J）/拟合数据（F）/编辑顶点（E）/转换为多段线（P）/反转（R）/放弃（U）/退出（X）］:

如果选择的样条曲线是闭合的，则"闭合（C）"选项换为"打开（O）"选项。

3. 选项说明

（1）闭合（C）：该选项用于闭合开放的样条曲线，并使之在端点处光滑连接，如果起点和端点重合，那么在两点处都相切连续（即光滑过渡）。

打开（O）：用于打开闭合的样条曲线，将其起点和端点恢复到原始状态。

（2）合并（J）：将选定的样条曲线与其他样条曲线、直线、多段线和圆弧在重合端点处合并，以形成一个较大的样条曲线。

（3）拟合数据（F）：修改样条曲线所通过的某些控制点，用户可利用该选项对样条曲线的拟合数据进行编辑，且命令接着提示如下。

输入拟合数据选项［添加（A）/闭合（C）/删除（D）/移动（M）/清理（P）/切线（T）/公差（L）/退出（X）］：（用户进行选择或按 Enter 键退出"拟合数据"选项）

其中各选项的意义如下：

① 添加（A）：用于为指定的样条曲线添加拟合点。

如图 6-62 所示，为指定的样条曲线添加新的拟合点，命令执行过程如下。

命令：_splinedit

选择样条曲线：（选择需要编辑的样条曲线，样条曲线周围显示控制点）

输入选项［闭合（C）/合并（J）/拟合数据（F）/编辑顶点（E）/转换为多段线（P）/反转（R）/放弃（U）/退出（X）］＜退出＞：F↙

输入拟合数据选项［添加（A）/闭合（C）/删除（D）/扭折（K）/移动（M）/清理（P）/切线（T）/公差（L）/退出（X）］＜退出＞：A↙

在样条曲线上指定现有拟合点＜退出＞：（选择控制点，该点呈高亮显示，且指定点的下一点也呈高亮显示）

指定要添加的新拟合点＜退出＞：（在曲线外选择一个新点，生成新的拟合曲线）

指定要添加的新拟合点＜退出＞：（指定新点或按 Enter 键退出）

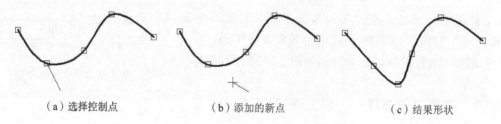

（a）选择控制点　　　　　（b）添加的新点　　　　　（c）结果形状

图 6-62　在样条曲线上添加拟合点

如果选择的控制点为样条曲线起点，这时只有起点高亮显示，命令提示如下。

指定新点或［后面（A）/前面（B）］＜退出＞：（指定新点或选择一选项）

指定新点＜退出＞：（指定一点或按 Enter 键退出）

在此提示下若直接确定新点的位置，AutoCAD 则把新确定的点作为样条曲线的起始点；如果执行"后面（A）"选项后确定新点，AutoCAD 就在第一点与第二点之间加入新点；如果执行"前面（B）"选项后确定新点，AutoCAD 会在第一点之前加入新点。

如果在"指定要添加的新拟合点＜退出＞："提示下选择第一点以外的任何一点，那么新加入的点将位于该点的后面。

② 删除（D）：用于删除样条曲线上的某一点（控制点集中的点）并通过剩下的控制点重新拟合，生成新的样条曲线。

③扭折（K）：在样条曲线上的指定位置添加节点和拟合点，这不会保持在该点的相切或曲率连续性。

④移动（M）：可将样条曲线控制点移动到其他位置，改变样条曲线的形状，同时清除样条曲线的拟合点。输入 M 后命令行提示如下。

指定新位置或［下一个（N）/上一个（P）/选择点（S）/退出（X）］<下一个>：

这时，AutoCAD 把样条曲线的起始点作为当前点，并高亮显示。"新位置"：用户指定一个新位置移动控制点；"下一个"：移动选择下一点；"上一个"：选择前一点；"选择点"：从所有控制点中任选一点，AutoCAD 根据此点与其他控制点生成新的样条曲线。

⑤清理（P）：用于从图形数据库中删除该样条曲线的拟合数据。清理拟合曲线的拟合数据后，AutoCAD 重新显示的命令提示选项将没有"拟合数据"选项。

⑥切线（T）：用于改变样条曲线的起始和终止切线方向。

如果选择的是闭合样条曲线，则提示如下。

指定切向或［系统缺省设置］：（系统缺省设置选项是系统计算的端点的默认切线方向）

⑦公差（L）：用于改变当前样条曲线的拟合公差大小。AutoCAD 提示如下。

输入拟合公差<1.0000E-10>：

如果将公差设置为 0，样条曲线会通过各控制点。输入大于 0 的公差值，则会使样条曲线在指定的公差范围内靠近控制点。

⑧退出（X）：退出当前的"拟和数据（F）"选项，返回到上一级命令即主提示状态。

（4）编辑顶点（E）：可对样条曲线的定义进行细致化。输入 E 选择该选项，命令接着提示如下。

输入顶点编辑选项［添加（A）/删除（D）/提高阶数（E）/移动（M）/权值（W）/退出（X）］<退出>：

①添加（A）：增加控制样条曲线一部分的控制点数目。命令接着提示如下。

在样条曲线上指定点<退出>：（在样条曲线上定义一个点）

AutoCAD 在靠近指定点处添加一个新控制点。新控制点在影响这部分样条曲线的两个控制点之间。添加控制点不影响样条曲线的形状，且新点与样条曲线更加逼近。

②提高阶数（E）：用于提高样条曲线的阶次。阶数越高，控制点就越多。命令接着提示如下。

输入新阶数<缺省值>：（输入一个整数或按 Enter 键不改变当前值）

如果输入一个比缺省值大的整数，则会增加样条曲线的控制点数目。AutoCAD 中最大的阶次是 26。

③移动（M）：重新定位样条曲线上控制点的位置，其各选项的含义与"拟和数据（F）"中的"移动（M）"子选项的含义相同。

④权值（W）：可以改变样条曲线上各控制点的权值。权值越大，则该控制点对样条曲线的影响越大，样条曲线将越靠近控制点。命令接着提示如下。

输入新权值或［下一个（N）/上一个（P）/选择点（S）/退出（X）］<下一个>：

其中，"下一个（N）"、"上一个（P）"、"选择点（S）"用于确定欲改变权值的控制点；"输入新权值"即输入一个新权值，AutoCAD 根据所选择的控制点的新权值重新计算样条曲线。

⑤退出（X）：退出当前的"精度（R）"选项，返回到上一级提示。

（5）转换为多段线（P）：将样条曲线转换为多段线。精度值决定生成的多段线与样条曲线的接近程度。

（6）反转（R）：用于将样条曲线反向，不影响样条曲线的控制点和拟合点。

（7）放弃（U）：用于取消最后一步的编辑操作。

（8）退出（X）：结束当前命令的执行。

6.18 利用夹点功能进行编辑

利用 AutoCAD 2012 的夹点功能，可以方便地对对象进行拉伸、移动、旋转、缩放以及镜像等编辑操作，快速实现对象的编辑。

对象夹点实际上就是对象上的控制点。在不输入任何命令的情况下拾取对象，被拾取的对象上将显示夹点标记，一个小方框会出现在对象上的特定点上。这些小方框就是用来标记被选中对象的夹点，以便编辑所选对象。如图 6-63 所示，线段的夹点是其两个端点和中点；圆弧的夹点是圆心、起点、中间点和终点；圆、椭圆的夹点是中心和象限点；多段线如矩形、正多边形的夹点是线段的端点。对象的夹点位置不同，可执行的功能不同。例如，选择一条直线后，直线的端点和中点处将打开夹点。选择端点，可以拖动端点到任何位置，实现线段的伸缩；选择中点，可以拖动线段到任何位置，实现线段的移动。

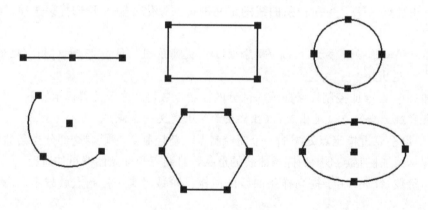

图 6-63 各种对象的控制夹点

要启用夹点功能，可以通过"工具"→"选项"对话框中的"选择集"选项卡来完成，如图 6-7 所示。启用夹点后，AutoCAD 会在十字光标的中心显示一个拾取框，如图 6-8 所示。直接在"命令："提示下选择一个或多个要操作的对象，就可以显示对象上的夹点。

1. 说明

（1）捕捉到夹点：当鼠标移动到一个夹点上时，它自动地捕捉到夹点。这样就可以在图形中精确定位而不需使用栅格、捕捉、正交、对象捕捉等模式或输入坐标值。

（2）夹点的状态：根据夹点使用情况，可分为热、温、冷三种状态。当对象被选中时，会显示对象上的夹点，表示该对象已进入当前选择集中，此时夹点是蓝色的，成为"冷夹点"。当光标停留在某一夹点上方时，夹点变色称为温点，如果再次单击对象，夹点变为红色，称为热点，此时当前选择集中的对象进入了夹点编辑状态。

（3）关闭夹点的显示：要关闭夹点的显示，可按两次 Esc 键。第一次，所有的热夹点变成冷夹点；第二次，将关闭所有夹点。

2. 使用夹点编辑图形

拾取一个夹点后（出现热点）就进入到夹点编辑模式，命令行提示如下。

命令：

＊＊拉伸＊＊

指定拉伸点或［基点（B）/复制（C）/放弃（U）/退出（X）］：

可以完成拉伸、移动、旋转、比例缩放和镜像等五种图形编辑操作。所选的热点，在默认状态下，系统认为是拉伸点、移动的基点、旋转的中心点、比例缩放的中心点和镜像线的第一点。通过输入关键字或按 Enter 键（或空格键）可循环切换这五种编辑模式。输入 X（即"退出"选项）可以关闭夹点编辑模式。也可在一个对象上选择一个夹点后右击，在弹出的快捷菜单上选择编辑命令，如图 6-64 所示。

（1）拉伸对象。

拉伸对象类似于 STRETCH 命令，允许拉伸该绘图对象的形状。当处于拉伸模式下时，会出现以下提示。

＊＊拉伸＊＊

指定拉伸点或［基点（B）/复制（C）/放弃（U）/退出（X）］：

①"指定拉伸点"：指定拉伸位移点。当移动鼠标时，可以动态地看到对象从基点拉伸后的形状。可用鼠标或输入坐标来指定新点，该位移适用于所有已选择的热夹点。

②基点（B）：可以改变基点为另一点。用鼠标拾取点或输入坐标拾取另一个点作为新的基点。

③复制（C）：当拉伸对象时可以进行多重复制。用鼠标拾取点或输入坐标来指定复制的目标点。

（2）移动对象。

移动对象类似于 MOVE 命令。它允许将一个或多个对象从当前位置移动到新位置而不改变其方向和大小，如图 6-64 所示。此外，也可以指定位移对所选对象进行复制，而原对象保持不变。提示如下。

＊＊移动＊＊

指定移动点或［基点（B）/复制（C）/放弃（U）/退出（X）］：

"指定移动点"：指定移动的位移点。当移动鼠标时，AutoCAD 将当前选择集中所有对象相对于基点进行移动。

（3）旋转对象。

旋转对象类似于 ROTATE 命令。通过使对象绕一基点旋转，可以改变其方向。提示如下。

＊＊旋转＊＊

指定旋转角度或［基点（B）/复制（C）/放弃（U）/参照（R）/退出（X）］：

（4）缩放对象。

缩放对象类似于 SCALE 命令，可以相对于一基点来改变对象大小。命令行提示如下。

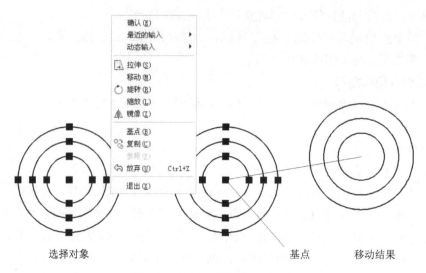

选择对象　　　　　　　　　基点　　移动结果

图 6-64　使用夹点功能移动对象

＊＊比例缩放＊＊

指定比例因子或［基点（B）/复制（C）/放弃（U）/参照（R）/退出（X）］：

默认选项"指定比例因子"要求指定对象要放大或缩小的比例因子。还可以通过鼠标拖动来改变比例因子，将当前选择集中所有的对象改变为所需的大小，也可通过输入比例因子值来指定新的比例因子。

（5）镜像对象。

镜像对象类似于 MIRROR 命令，可以镜像已存在的对象。命令行提示如下。

＊＊镜像＊＊

指定第二点或［基点（B）/复制（C）/放弃（U）/退出（X）］：

6.19　图形填充命令

6.19.1　图形填充——BHATCH 命令

1. 功能

在指定的封闭区域或定义的边界内绘制剖面符号或填充物，以表现该区域的特征。

2. 命令

下拉菜单：绘图→图案填充

图标："绘图"工具栏中的

命令行：BHATCH（缩写名：BH）

通过上述方法可打开"图案填充和渐变色"对话框，如图 6-65 所示。利用该对话框，可以设置图案填充时的图案特性、填充边界以及填充方式等。

"图案填充和渐变色"对话框中包含有"图案填充"和"渐变色"两个选项卡，下面就各项内容分别进行介绍。

3. "图案填充"选项卡

(1) "类型和图案"面板：

① "类型"下拉列表框。用于选择和设置填充图案类型。在下拉列表框中有三个选项："预定义"、"用户定义"和"自定义"。

预定义：可选择"预定义"的 AutoCAD 填充图案。AutoCAD 中预设置的填充图案存储在 ACAD. PAT 和 ACADISO. PAT 文件中，可控制图案的角度和比例，对于标准（ISO）预设置图案，还可控制标准（ISO）笔宽。

用户定义：表示临时定义填充图案，让用户用图形中的当前线型定义一个图案。用户可以控制用户定义图案中的线的角度和间距。

自定义：可用于从其他定制的 . PAT 文件而不是从 ACAD. PAT 或 ACADISO. PAT 文件中指定一个图案。也可以控制自定义填充图案的比例系数和旋转角度。

图 6-65　"图案填充和渐变色"对话框

② "图案"下拉列表框。在"图案"下拉列表框中可选择预设置填充图案。"图案"下拉列表框只有在选择了"类型"→"预定义"时才可使用，如图 6-66 所示。

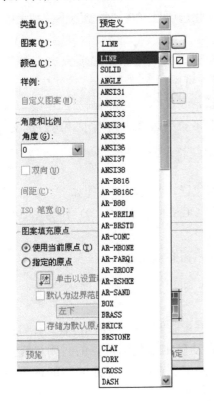

图 6-66　"图案"下拉列表框

若单击"图案"下拉列表框右边的 按钮，AutoCAD 会显示出"填充图案选项板"对话框，如图 6-67 所示，可从该对话框中选择一个合适的填充图案。

在"填充图案选项板"对话框中显示了 ANSI、ISO 及所有预定义和自定义图案的预览图片。对话框将所有图案分类放在四个选项卡中，每个选项卡中的图片按字母顺序排列。单击某个预览图片，然后单击"确定"按钮，即可选择一个填充图案。

③ "样例"预览框。显示了所选中填充图案的预览图像。单击此框也可显示"填充图案选项板"对话框。

④ "自定义图案"下拉列表框。只有在"类型"下拉列表框中选择了"自定义"时才可用。同样，单击"自定义图案"下拉列表框右边的 按钮，AutoCAD 显示出"填充图案选项板"对话框。

(2) "角度和比例"面板：

① "角度"下拉列表框。用于设置填充图案的旋转角度，默认为 0，即以原来的形状显示。以 ANSI31 为例，如图 6-68 所示。若角度为 −45°，则剖面线为 0°的水平线。

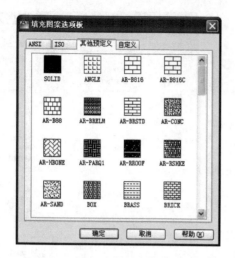

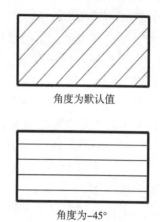

角度为默认值

角度为-45°

图 6-67 "填充图案选项板"对话框　　　图 6-68 不同旋转角度的图案填充

②"比例"下拉列表框。用于设置填充图案的比例因子，以使图案的外观更稀疏或更紧密。每种图案在定义时的初始比例为1。既可直接输入比例值，也可从该下拉列表框中进行选择。此选项只有在"类型"下拉列表框中选择了"预定义"或"自定义"时才有效。

"相对图纸空间"复选框用于设置填充图案按图纸空间单位比例缩放。使用此选项后，可以非常方便地将填充图案以一个合适于用户布局的比例显示。该选项只有在布局视图中才有效。

③"间距"文本框。用于定义图案中填充线的间距。此选项只有在"类型"下拉列表框中选择了"用户定义"时才有效。

④"ISO 笔宽"下拉列表框。用于设置 ISO 预设置图案的笔宽。此选项只有选择了"类型"→"预定义"并且选择了一种可用的 ISO 图案时才可用。

⑤"双向"复选框。在使用用户定义图案时，在与原始线成 90°的方向画第二组线，从而创建了一个相交叉的填充图案。此选项只有在"类型"下拉列表框中选择了"用户定义"时才可用。

（3）"图案填充原点"面板：

在"图案填充原点"面板上可以设置图案填充原点的位置，各选项的功能如下。

①"使用当前原点"按钮：选择该按钮可以使用当前 UCS 的原点（0，0）作为图案填充原点。

②"指定的原点"按钮：选择该按钮可以将指定点作为图案填充原点。

（4）"边界"面板：

①"添加：拾取点"按钮 ⊞ 。

以拾取点的形式确定填充区域的边界。单击该按钮，系统临时切换到绘图屏幕。在希望进行填充的封闭区域内任意拾取一点后，AutoCAD 会自动确定出包围该点的封闭填充边界，同时以虚线形式显示这些边界。如果在拾取点后，AutoCAD 不能形成封闭的填充边界，则会给出相应的提示信息。

②"添加：选择对象"按钮 ⊞ 。

以选择对象的方式确定填充区域的边界。被选择的对象应能够构成封闭的边界区域，否则达不到所希望的填充效果。

③"删除边界"按钮 ![删除边界按钮] 。

通常把位于填充区域内的封闭区域称为孤岛。当以拾取点的方式确定填充边界后，AutoCAD会自动确定出包围该点的封闭填充边界，同时还会自动确定出相应的孤岛边界，如图6-69所示。

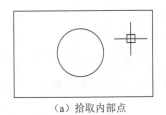

（a）拾取内部点　　　　　　（b）AutoCAD自动确定填充边界与孤岛

图6-69　封闭边界与孤岛

"删除边界"按钮用来取消AutoCAD自动确定或用户指定的孤岛。单击"删除边界"按钮，AutoCAD会临时切换到绘图屏幕，并作出提示。在该提示下选择各孤岛对象，这些对象会恢复成正常显示方式，即"删除"了孤岛。

④"重新创建边界"按钮 ![重新创建边界按钮] 。

用于重新创建图案填充边界。

⑤"显示边界对象"按钮 ![显示边界对象按钮] 。

使用当前图案填充或填充设置显示当前定义的边界。仅当定义了边界时才可以使用此选项。

（5）"选项"面板：

"选项"面板用于控制常用的图案填充模式或填充选项。

①关联：选择此项即选择关联填充，当使用编辑命令修改边界时，图案自动随边界做出关联的改变，以图案自动填充新的边界，如图6-70（b）所示。如不选择关联填充，图案填充将不随边界的改变而变化，仍保持原来的形状，如图6-70（c）所示。

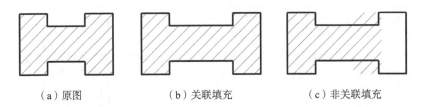

（a）原图　　　　　　（b）关联填充　　　　　　（c）非关联填充

图6-70　填充图案与边界关联与否

②注释性：指定图案填充是否为可注释性的。

③创建独立的图案填充：选择此项，一次创建的多个对象为互相独立的对象，可单独进行编辑或删除。

④"绘图次序"下拉列表框：用于指定图案填充的绘图顺序，即图案填充可以在图案填充边界及所有其他对象之后或之前。

（6）特殊区域按钮：

①"继承特性"按钮 。

单击该按钮，可以选择一个已使用的填充图案及其特性来填充指定的边界。

②"预览"按钮。

填充边界被选定后，选择"预览"按钮，暂时关闭对话框，AutoCAD 显示图案填充的结果。AutoCAD 会临时切换到绘图屏幕，并提示如下。

拾取或按 Esc 键返回到对话框或<单击鼠标右键接受图案填充>：

当预览完毕后，按 Enter 键或右击鼠标重新显示"图案填充和渐变色"对话框，从而决定采用还是修改所选定的边界。如果没有图形边界被选定，则此选项无效。

（7）设置孤岛选项按钮：

在"图案填充和渐变色"对话框的右下角有 按钮，单击该按钮将显示更多选项，用于设置孤岛，创建及填充边界，边界保留等内容，如图 6-71 所示。

①图案填充区边界的确定与孤岛检测。

AutoCAD 规定只能在封闭边界内填充，如图 6-72 所示，图 6-72（a）不存在封闭边界，因此不能完成填充；图 6-72（b）填充区域的外轮廓线为四条直线段，首尾不相连，但可以通过 BOUNDARY（边界）命令，构造一条闭合多段线边界，或在执行 BHATCH 命令的过程中，系统自动构造一条临时的闭合多段线边界，所以是可以填充的。

出现在填充区内的封闭边界，称为孤岛，它包括字符串的外框等，如图 6-72（b）所示。AutoCAD 通过孤岛检测可以自动查找，并且在默认的情况下，对孤岛不填充。

图 6-71 "图案填充和渐变色"对话框扩充

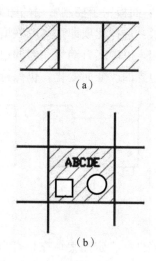

图 6-72 填充区边界和孤岛

②孤岛显示样式。

该选项用于孤岛内存在孤岛的情形，孤岛显示样式即图案填充样式有以下三种。

普通样式：对于孤岛内的孤岛，AutoCAD 采用隔层填充的方法，如图 6-73（a）所示。

外部样式：只对最外层进行填充，不再继续往内绘制填充线，如图 6-73（b）所示。

忽略样式：忽略边界内的对象，全部内部结构均被填充线覆盖，如图 6-73（c）所示。如果没有内部边界存在，则定义的孤岛显示样式无效。

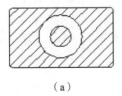 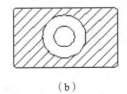 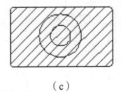

（a）　　　　　　　　（b）　　　　　　　　（c）

图 6-73　孤岛显示样式

③"边界保留"选项面板。

用于指定图案填充时是否保留填充的边界对象，以及这些边界对象所使用的类型。

"保留边界"复选框用于控制填充时是否保留边界对象。

"对象类型"下拉列表框用于指定边界对象的类型。此选项只有在选择了"保留边界"复选框时才可使用。

④"边界集"选项面板。

当通过指定内部一点而定义边界时，在此面板中可以定义 AutoCAD 要分析的对象集。但是如果图案填充时，用选择对象的方法来定义边界，则在此所选的边界对象集没有效果。

默认情况下，下拉列表框中的选项为"当前视口"，即当通过拾取一点以定义边界时，AutoCAD 将分析当前视口中所有可见的对象。通过重新定义边界集，就可以忽略某些对象而不用将它们隐藏或删除。

当前视口：用当前视口中所有可见的对象来定义边界集。

现有集合：将用"新建"按钮选择的对象作为边界集。如果没有用"新建"按钮选择过对象，则此选项不可用。

新建：单击此按钮后，将暂时关闭对话框并提示用户选择用于构造边界集的对象。当通过一点定义边界时，在退出 BHATCH 命令或创建一个新的边界集之前，AutoCAD 将一直忽略不在对象集中的对象。

⑤"允许的间隙"选项面板。

可以通过"公差"文本框设置允许的间隙大小。在该参数范围内，可以将一个几乎封闭的区域看作是一个闭合的填充边界。默认值为 0 时，对象是完全封闭的区域。

⑥"继承选项"选项面板。

用于确定在使用继承特性创建图案填充时图案填充原点的位置，可以使用"使用当前原点"或"用源图案填充原点"两个选项。

4."渐变色"选项卡

"图案填充和渐变色"对话框的"渐变色"选项卡如图 6-74 所示。利用该选项卡，可以使用一种或两种颜色形成的渐变色来填充图形。该选项卡中各选项的功能如下。

（1）"单色"单选按钮：选择该单选按钮，可以使用由一种颜色产生的渐变色来填充图形。可通过单击颜色框后的按钮 ⃞，在打开的"选择颜色"对话框中选择所需要的渐变色，以及调整渐变色的渐变程度。

（2）"双色"单选按钮：选择该单选按钮，可以使用由两种颜色产生的渐变色来填充图形。

（3）"居中"复选框：用于指定对称的渐变配置。如果没有选中此选项，渐变填充将向左上方变化，在对象左边的图案创建光源。

（4）"角度"下拉列表框：用于设置渐变色的角度，相对当前指定渐变填充的图案，该选项与指定给图案填充的角度互不干涉。

（5）渐变图案预览窗口：显示当前设置的渐变色效果。从图 6-74 中可以看出共有九种效果。

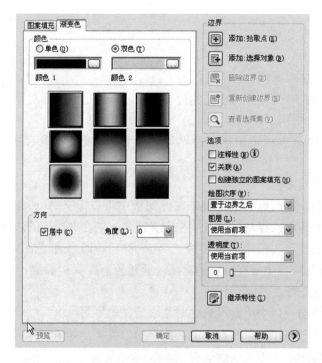

图 6-74　"渐变色"选项卡

6.19.2　编辑图案填充——HATCHEDIT 命令

1. 功能

根据需要对已有图案填充对象进行填充图案修改或图案边界修改，以及修改图案类型和图案特性参数等。

2. 命令格式及操作

下拉菜单：修改→图案填充

图标："修改Ⅱ"工具栏中的

命令行：HATCHEDIT（缩写名：HE）

通过上述方法可打开"图案填充编辑"对话框，它的内容和"图案填充和渐变色"对话框完全一样，只是此时"重新创建边界"按钮可用，如图 6-75 所示。利用此对话框，就可以对已填充的图案进行更改填充图案、改变图案特性、修改图案样式、修改图案填充的属性（关联与不关联）等操作。

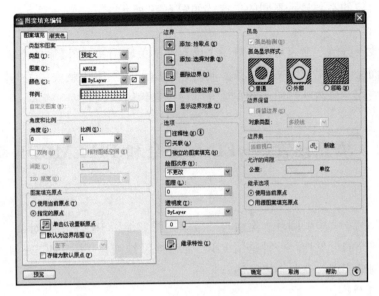

图 6-75　"图案填充编辑"对话框

"重新创建边界"按钮：编辑填充图案时，此选项才可以使用。当删除了边界的填充图案时，单击该按钮，系统提示："输入边界对象的类型［面域（R）/多段线（P）］＜多段线＞："，选择指定类型后，将沿被编辑的填充图案边界轮廓创建一多段线或面域，并可选择其与填充图案是否关联，若原边界未删除，则原边界线仍保留。如图 6-76 所示，重新生成该图案的填充边界。执行命令过程如下。

命令：_ hatchedit

选择图案填充对象：（选择填充图案）

输入边界对象的类型［面域（R）/多段线（P）］＜多段线＞：✓（按 Enter 键创建的新边界是多段线）

要关联图案填充与新边界吗？［是（Y）/否（N）］＜Y＞：✓（按 Enter 键则图案与新边界关联）

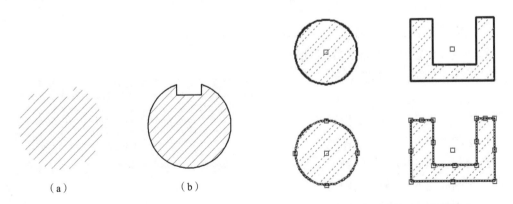

（a）　　　　　　　（b）

图 6-76　重新创建边界　　　　　　　　图 6-77　图案填充对象的夹点

3. 使用夹点功能编辑填充图案

利用夹点功能也可以编辑填充的图案。当填充的图案是关联填充时，通过使用夹点功能改变填充边界后，AutoCAD 会根据边界的新位置重新生成填充图案。对于定义边界的对象，随着边界对象的不同显示不同的夹点，如图 6-77 所示。

4. 分解图案

使用"修改→分解"命令可以分解一个已存在的关联图案。图案被分解后，将不再是一个单一对象，而是一组组成图案的线条。同时，分解后的图案也就失去了与图形的关联性，因此它将无法使用"修改→对象→图案填充"命令来编辑。

6.20　填充设置——FILL 命令和 FILLMODE 变量

1. 功能

在 AutoCAD 2012 中，圆环、宽线与二维填充图形都属于填充图形对象，可以用两种方法来控制图案填充的可见性，一种是用 FILL 命令或系统变量 FILLMODE 来实现；另一种是利用图层控制来实现，在此不再赘述。

2. 命令格式及操作

在命令行输入 FILL 命令，AutoCAD 提示如下。

输入模式 [开（on）/关（off）] ＜开＞：

此时，如果将模式设置为"开"，则可以显示图案填充；如果将模式设置为"关"，则不显示图案填充。

使用系统变量 FILLMODE 也可以控制图案填充的可见性。在命令行输入 FILLMODE 时，显示如下信息。

输入 FILLMODE 的新值＜1＞：

其中，当系统变量 FILLMODE 的值为 0 时，隐藏图案填充；当系统变量 FILLMODE 的值为 1 时，显示图案填充（填充效果如图 5-57 所示）。

6.21　思 考 练 习

（1）试简单说明 AutoCAD 2012 中如何快速地选取对象。

（2）试述如何复制、镜像、阵列对象。

（3）试述如何延伸和修剪对象。

（4）简要叙述多段线、样条曲线和多线的编辑方法。

（5）绘制如图 6-78 所示的图形。

（6）绘制如图 6-79 所示的图形。

（7）绘制如图 6-80 所示的图形。

（8）绘制如图 6-81 所示的图形。

（9）绘制如图 6-82 所示的图形。

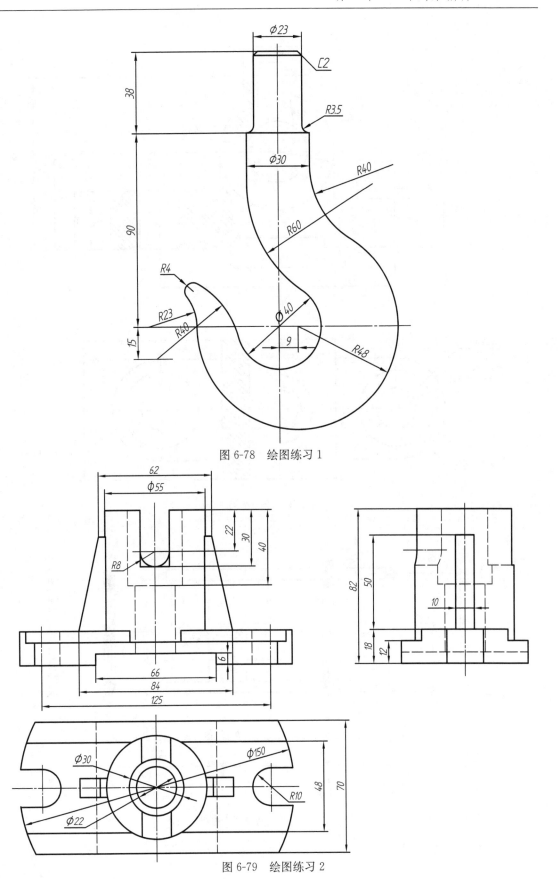

图 6-78　绘图练习 1

图 6-79　绘图练习 2

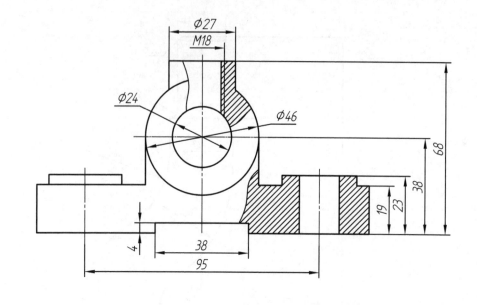

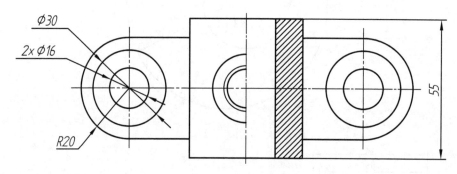

图 6-80　绘图练习 3

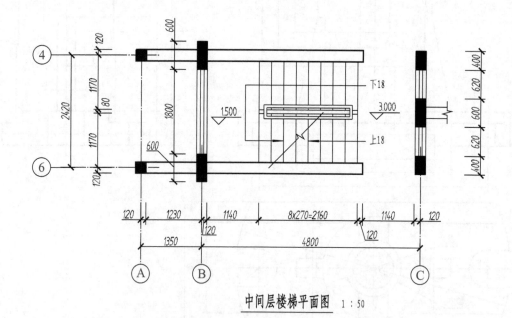

中间层楼梯平面图　1：50

图 6-81　绘图练习 4

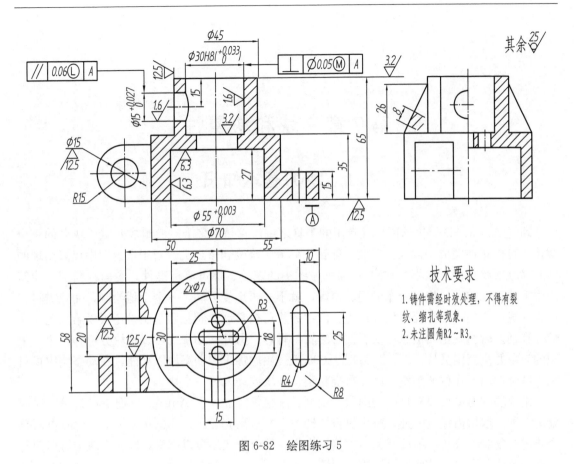

图 6-82 绘图练习 5

技术要求

1. 铸件需经时效处理,不得有裂纹、缩孔等现象。
2. 未注圆角R2~R3。

第 7 章　块和块属性

7.1　块的基本知识

　　块是 AutoCAD 提供给用户最有用的工具之一，它是由多个对象组成并赋予块名的一个整体，可任意在图形中插入、缩放、旋转、分解、修改和重定义。对于在绘图中反复出现的"图形"（形状相同，大小可不同），如机械图中的螺栓、螺母等标准件，表面粗糙度，建筑图中形状相同按一定格式分布的门、窗等，就不必再重复劳动，一个个地绘制，而只需将它们定义成一个块，在需要的位置插入。图中的块可被移动、删除和复制，还可以给它定义属性，在插入时填写不同信息，块属性可编辑与管理。另外，用户也可以将块分解为一个个单独的对象并重新定义块。AutoCAD 从 2006 版开始增加了"动态块"功能，在动态块中可自定义特性，用于在位调整块，而无需重新定义该块或插入另一个块。

　　组成块的对象可以有自己的图层、线型、颜色等特性。但 AutoCAD 把块作为单一对象处理，即拾取块内任意一处，整个块将被选中，并呈高亮显示，如图 7-1 所示，此时可对整个块进行复制、移动、缩放及旋转等编辑操作。另外，块还可以嵌套，即一个块中可以包含另外一个或几个块，从而使绘图更加便捷。

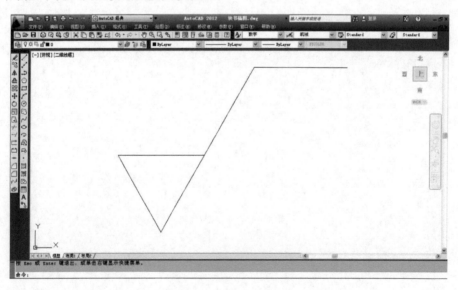

图 7-1　在图形中选择块

　　块的主要作用有以下 4 点。

1. 建立图形库

　　可以将常用符号、部件、标准件等定义为块，建成图库。用插入的方法来拼合图形，可以避免许多重复性的工作，提高设计与绘图的效率和质量。

2. 节省存储空间

加入到当前图形中的每个对象都会增加文件所占用的磁盘空间，因为 AutoCAD 必须保存每个图形对象的信息。而把图形做成块，就不必记录重复的对象构造信息，可以提高绘图速度，节省绘图空间。块定义越复杂，插入的次数越多，块的优越性越明显。

3. 便于修改和重定义

块可以被分解为相互独立的对象，这些独立的对象可被修改，并可以重新定义这个块。如果零件是一个插入的块，图形中所有引用这个块的地方都会自动更新。

4. 定义非图形信息

块还可以带有文本等非图形信息，称其为属性。属性用于描述块的某些特性，如型号、规格、价格、材料、大小与生产厂家等。这些信息可在插入时带入或者重新输入，可以设置它的可见性，还能从图形中提取这些信息。

7.2　块的基本操作

从本节开始，将对块操作进行详尽的介绍，通过本节的学习，读者将学到如何定义一个块，如何将一个已有的块插入到图形中，如何将一个定义过的块存储起来等基本操作。块的基本操作可以通过命令、菜单和工具栏等来实现。

7.2.1　块定义

1. 以对话框的形式创建块定义

下拉菜单：绘图→块→创建…

图标："绘图"工具栏中的 ![icon]

命令行：BLOCK（或 BMAKE）

先绘制好组成块的图素，如图 7-1 所示。用上述方法激活 BLOCK 命令后，屏幕弹出如图 7-2 所示"块定义"对话框，以对话框方式来创建块定义。下面详细说明对话框中各个选项的含义。

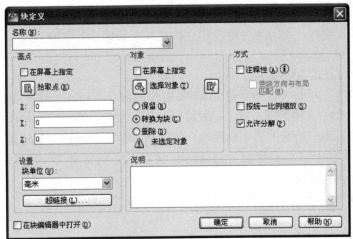

图 7-2　"块定义"对话框

（1）名称：用于输入块的名称。下拉列表框中会列出当前图形中所有的块名，它可以是中文或由字母、数字、空格、下划线构成的字符串（最多 255 个字符）。若选中其中一个块名，下拉列表框右边会出现组成该块的图素预览。

（2）基点：用于设置块的输入基点，AutoCAD 默认的基点是坐标原点，用户可在文本框中输入基点的 X、Y 和 Z 坐标值，也可通过单击"拾取点"旁边的 按钮在屏幕上指定新块的基点，文本框中列出了基点的坐标。

注意：此时指定的基点就成为该块将来插入的基准点，也是块在插入过程中缩放或旋转的基点。那么，如何设置基准插入点呢？理论上讲，任意点均可作为基点，但为了绘图方便，应根据图形的结构选择基点，一般选在块的中心、左下角或其他有特征的位置，有时基点选在块对象以外的位置更方便。

（3）对象：用于设置组成块的对象。用户通过单击"选择对象"旁的 按钮来选择将要定义成块的对象（按 Enter 键结束选择，回到"块定义"对话框）；也可以通过单击"快速选择"按钮 来快速选择定义的某种类型的所有对象。此栏中，各选项含义如下。

①保留：表示在创建块定义后，仍在原图中保留构成块的对象。

②转换为块：表示将选择好的对象作为一个块保留在原图中。

③删除：表示在创建块定义后，将选择好的对象从原图中删除。

（4）方式：用于设置块的比例等属性。此栏中，各项含义如下。

①注释性：指定块为注释性。

②使块方向与布局匹配：指定在图纸空间视口中的块参照的方向与布局的方向匹配。如果未选择"注释性"选项，则该选项不可用。

③按统一比例缩放：可以按统一比例缩放块。

④允许分解：可以分解块。

（5）设置：用于设置块的单位以及比例等属性。此栏中，各项含义如下。

①块单位：在下拉列表框内，用户可以选择插入块的单位。

②超链接：单击"超链接"按钮 超链接(L)... ，将打开"插入超链接"对话框，在该对话框中可以插入超级链接文档。

（6）说明：在此文本框内，可对块输入描述性的文字注解。

（7）在块编辑器中打开：启用后，单击"确定"按钮，系统将打开"块编辑器"窗口。

完成所有的设置后，单击"确定"按钮。如果指定的块名与已有的块名重复，则 Auto-CAD 显示一个警告信息，询问是否重新建立块定义，如果选择重新定义，则同名的旧块定义将被取代。

2. 以命令行的形式创建块定义

在 AutoCAD 中，_BLOCK 命令是 BLOCK 命令的命令行版本。在"命令:"提示下输入 _block 后按 Enter 键、空格键或右击即可激活 _BLOCK 命令，然后按 AutoCAD 提示操作。

AutoCAD 将以用户给定的名字创建块，然后从屏幕上删除被定义为块的对象。若要恢复这些对象，可在 _BLOCK 命令之后立即使用 OOPS 命令。

3. 块定义的操作步骤

以图 7-1 所示图形定义块名为"粗糙度符号"的块为例，总结定义块的具体操作步骤如下。

（1）绘制块定义所需图形。

注意：建议在 0 层创建块，且颜色或线型使用 Bylayer（随层）。当插入时，块属性会自动与插入的层属性匹配，如果创建的块包括几个图层，则插入时会引入这些图层。如果创建块时，对颜色或线型使用 Byblock（随块），则块的对象用白色、连续线绘制，而在插入时则按当前层设置的颜色或线型绘出。

（2）调用 BLOCK 或 BMAKE 命令，弹出如图 7-2 所示的"块定义"对话框。

（3）在"名称"下拉列表框中输入块名"粗糙度符号"。

（4）单击"拾取点"按钮，在图形中拾取粗糙度符号下尖点为基准点。

（5）单击"选择对象"按钮，选取粗糙度符号的图形为定义块的对象，按 Enter 键确认，对话框中显示块成员的数目为 3。

（6）若选中"保留"单选按钮，则完成块定义后保留原图形，否则原图形将被删除。

（7）单击"确定"按钮，完成块"粗糙度符号"的定义，它将保存在当前图形文件中。

7.2.2 块及文件的插入

1. 以对话框的形式插入块

下拉菜单：插入→块

图标："绘图"工具栏中的

命令行：INSERT

用上述方法激活 INSERT 命令后，屏幕弹出如图 7-3 所示"插入"对话框，下面详细说明对话框中各个设置项目的含义。

（1）名称："名称"下拉列表框中列出了当前图形中所有的块名，可在其中选择一个块名或直接输入块名。

图 7-3 "插入"对话框

（2）浏览：如果要插入另一图形文件中定义过的块或其他图形，可单击 浏览(B)... 按钮打开"选择图形文件"对话框，如图 7-4 所示。通过该对话框来选择其他文件夹或路径下的块或文件。

注意：当插入的是图形文件时，AutoCAD 将自动把该图形文件转换成块后再作为块插入图中，插入时的插入点默认设置为该图的坐标原点，可通过 BASE 命令或下拉菜单"绘图→块→基点"来改变默认插入点。

图 7-4 "选择图形文件"对话框

（3）插入点：插入图块时该点与图块的基点重合。用户可以选中"在屏幕上指定"项在屏幕上选择一个插入点，也可以不选中该项而直接在下面的文本框中输入插入点的坐标。

（4）比例：用户可以选中"在屏幕上指定"项在屏幕上确定插入时的比例。

注意：拾取两点确定比例时，第二点应位于插入点的右上方，否则，所确定的比例将是负值，导致插入原块的镜像图。

用户也可直接输入所需的 X、Y、Z 三个方向的比例，比例因子可相同也可不同，默认值为 1。指定一个在 0 和 1 之间的比例因子，则插入块比原块小；指定一个大于 1 的比例因子，则会放大原块；也可输入负值比例因子，这样就会插入一个关于插入点的块的镜像。

用户若选中"统一比例"项，则强制在三个方向上采用同样的比例进行缩放。

（5）旋转：用户可以选中"在屏幕上指定"项在屏幕上确定插入时的旋转角度。

注意：按逆时针方向旋转的角度为正角度。也可不选此项，而在"角度"文本框中输入所需的旋转角度。

图 7-5 列出了"粗糙度符号"块和"六边形"块按不同比例和旋转角度插入的情况。

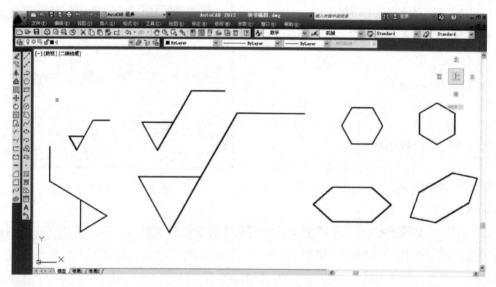

图 7-5　按不同比例和旋转角度插入

（6）分解：用户若选此项，"比例"变为"统一比例"显示，在插入块的同时将块分解为构成块的各成员对象，各成员对象可以分别进行编辑；不选择"分解"项，块插入后仍是一个对象。

注意：在任何时候都可以用 EXPLODE 命令来分解已插入的块，但此操作不可逆。

2. 以命令行的形式插入块

在 AutoCAD 中，_INSERT 命令是 INSERT 命令的命令行版本。在"命令："提示下输入"_INSERT"后按 Enter 键、空格键或右击即可激活 INSERT 命令，在插入点、缩放比例、"旋转"选项区域均选择"在屏幕上指定"，选择不"分解"的条件下，按 AutoCAD 提示操作。

3. 以拖放的方式插入块

用户可以利用鼠标拖放操作将某一图形文件插入到当前图形中。操作步骤如下：

（1）启动 AutoCAD 2012；

（2）启动 Windows 资源管理器，找到要插入的图形文件；

（3）在 Windows 资源管理器中，用鼠标单击要插入的图形文件，按住鼠标左键将其拖入 AutoCAD 2012 图形窗口中；

（4）AutoCAD 命令行中将有与 _INSERT 命令相同的提示，按其命令操作格式操作即可。

注意：在拖放的同时若按住 Ctrl 键，则将打开图形文件而非将该文件插入到当前图形中。

4. 多重插入

MINSERT（多重插入）是指在插入块的同时将块按用户指定的矩形阵列排列，是将块插入和矩阵排列结合在一起的操作。

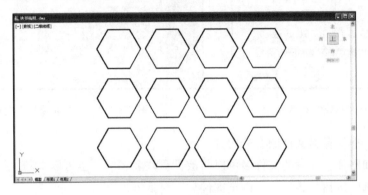

图 7-6　多重插入

在命令行中输入 MINSERT 并按 Enter 键或空格键将激活 MINSERT 命令，然后按 AutoCAD 提示操作。如图 7-6 所示是将一个由六边形组成的块插入成三行四列的矩阵块。

如果想对多重插入的块中某个对象进行修改，可用 EXPLODE 命令将其分解后再修改。

5. 文件的插入

如果用户想要插入其他的图形文件，可详见 7.2.2 小节中的"1. 以对话框的形式插入块"中"（2）浏览"的操作，在此不再赘述。

7.2.3　块的存储

用 BLOCK 或 BMAKE 命令定义的块，称为"内部块"，它保存在当前图形中，且只能在当前图形中用"块插入"命令引用。为了使用 BLOCK 或 BMAKE 命令定义的块在其他图形中也可以引用，用户可用 WBLOCK 命令将对象或用 BLOCK、BMAKE 命令定义的块保存在图形文件中（扩展名为 .DWG），这样就可在其他图形文件中任意引用了，这样的块又称为"外部块"（WBLOCK）。

1. 以对话框的形式存储块

激活 WBLOCK 命令后，AutoCAD 将显示"写块"对话框，其中各选项含义如下。

（1）源：指定存盘对象的类型。

①块：当前图形文件中已定义的块，可从下拉列表中选定，如图 7-7 所示。

②整个图形：将当前图形文件存盘，相当于 SAVE　AS 命令，但未被引用过的命名对象，如块、线型、图层、字样等不写入文件。

③对象：将当前图形中指定的图形对象赋名存盘，相当于在定义图块的同时将其存盘。

此时，可在"基点"和"对象"选项组中指定块基点和组成块的对象及处理方法。

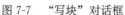

图 7-7　"写块"对话框　　　　　　　　　图 7-8　"创建图形文件"对话框

（2）目标：指定存盘文件的有关内容。

①文件名和路径：存盘的文件名可以与被存盘块名相同，也可以不同。指定文件存盘路径可单击"浏览"按钮，将显示"浏览文件夹"对话框。

②插入单位：图形的计量单位。

2. 以命令行的形式存储块

激活-WBLOCK 命令后，屏幕将显示如图 7-8 所示的"创建图形文件"对话框。用户可在此对话框中找到图块或对象要保存的位置，输入文件名，AutoCAD 会自动添加 .DWG 扩展名。设置完后，按命令行提示操作，系统要求用户输入已存在的块名用于存储，可输入"＝"将存储块的文件名设置成与块名一样；也可输入"＊"将整幅图设置成一个块来存储；或者直接按 Enter 键定义一个新图形来存储当前块。

7.3　块　的　属　性

在绘图过程中，如绘制标题栏时，每个图框都有标题栏，都有固定不变的填写内容，例如"制图"、"审核"及"比例"等，但是有的内容是按需要填写的，例如"图名"、"图号"、"日期"等，用户可以把这些内容分别定义成属性，从而方便绘图。操作步骤为：①先绘制图框、标题栏，填写固定不变的文字；②把按需要填写的内容分别定义成属性；③把定义好的属性和图框、标题栏以及固定不变的文字一起定义成一个块；④当用户插入这个带属性的块时，在插入过程中可以按需要输入属性值。

这时块的属性就成为块的一个重要组成部分，它是块的非图形信息，包含于块中的文字对象。块的属性在定义时由两部分组成：①属性标记名，就是指一个项目，例如"图名"；②属性值，就是指具体的项目情况，例如，这张图的图名应该填写为"基本练习"，在制作为块进行插入后，定义过属性的地方显示的是属性值。本节将具体介绍怎样对块的属性进行定义、修改以及插入带属性的块后怎样编辑块属性等操作。

7.3.1 块属性定义及修改

1. 以对话框的形式定义块属性

下拉菜单：绘图→块→定义属性

命令行：ATTDEF（或 DDATTDEF）

用上述方法激活 ATTDEF 命令后，屏幕弹出如图 7-9 所示"属性定义"对话框，以对话框方式来定义块属性是最常用的定义块属性的方法。

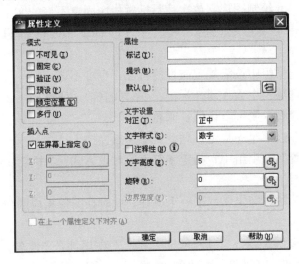

图 7-9 "属性定义"对话框

（1）模式：用户可以根据需要选择一种或多种模式，共有以下六种模式。

①不可见：设置插入块后是否显示属性的值。

②固定：设置属性是否为固定值。

③验证：插入块时，AutoCAD 提示用户确认输入的属性值是否正确。

④预设：确定是否将属性值设置为它的默认值。

⑤锁定位置：锁定块参照中属性的位置。

⑥多行：指定属性值可以包含多行文字。选定此项后，可以指定属性的边界宽度。

（2）属性：用于设置属性值。

①标记：输入属性标记，可由除空格和感叹号以外的所有字符组成，AutoCAD 自动把小写字母转为大写字母。

②提示：输入属性提示。如果不输入提示，属性标记将用作提示。如果在"模式"选项组选中"固定"复选框，则不需设置属性提示。

③默认：指定默认属性值。选择"插入字段"按钮 🔁 可插入特殊字段作为"默认值"。

（3）插入点：用户可以通过单击"拾取点"按钮在图形中指定属性文字的插入点，或直接输入插入点的坐标。

（4）文字设置：用户可以设置属性文字的对正、注释性、文字样式、高度和旋转。

（5）在上一个属性定义下对齐：选择此选项，表示当前属性采用上一个属性定义的文字样式、文字高度以及旋转角度，且另起一行按上一个属性的对正方式排列。此时，"插入点"、"文字设置"均为灰色显示，表示当前为不可用状态。若未预先设置属性定义，那么该选项将为不可选状态。

关闭此对话框后，属性标记就出现在图形中。重复操作可完成其他的属性定义。

【例 7.1】下面以图 7-10 为例，做一个带属性的标题栏块，在标题栏中注明图名、图号、制图者姓名、班级、学号、校名、日期、材料、比例这九项。

注意：这些填写内容每张图上都不同，可以使用带属性的块定义，然后在插入时给属性按需要赋值。

具体操作步骤如下：

（1）根据标题栏尺寸绘制图形，依次填写标题栏中固定不变的文字，见图 7-10（a）；

（2）选择"绘图→块→定义属性"，或执行 ATTDEF 或 DDATTDEF 命令，弹出"属性定义"对话框；

（3）在"模式"选项组中按需规定属性的特性，也可不选；

（4）在"属性"选项组中输入属性标记：（图样名称）；属性提示：图名为，若不指定则系统默认用属性标记代替；属性默认值：阀盖；

（5）在"插入点"选项组中指定标题栏右下角点为插入点；

（6）在"文字设置"选项组中，指定字符串的对正方式："中点"；文字样式："中文"；字高："5"；旋转角度："0"；

（7）单击"确定"按钮即定义好了一个属性，此时在图形相应的位置会出现该属性的标记"（图样名称）"；

（8）同理，重复步骤（2）～（7）可定义其余八项属性：（姓名）、（班级）、（学号）、（校名）、（图号）、（日期）、（材料）、（比例）；

（9）选择"绘图→块→创建"，或执行 BLOCK 或 BMAKE 命令，把标题栏和九项属性定义为块名为"标题栏块"的块，见图 7-10（b）。

注意：必须把图形和属性同时作为块对象，创建出带属性的块，插入时才可给属性赋值；另外创建块建议在 0 层，且颜色或线型使用 Bylayer（随层）。

（10）调用外部块 WBLOCK 命令，把"标题栏块"存储为外部块，便于以后在其他图形文件中调用。

（11）选择"插入→块"，或执行 INSERT 命令，把"标题栏块"插入到所需图形文件中，"（图样名称）"属性，插入后的值显示为"阀盖"，若需更名，可在插入块时，按提示输入用户所需名称；其余属性插入后也显示相应的值，结果如图 7-10（c）所示。

2. 以命令行的形式定义块属性

在"命令："提示下输入"_attdef"并按 Enter 键，激活该命令，按 AutoCAD 提示完成操作即可。

3. 块属性的修改

用户定义了一个属性后，在定义块之前可对其进行修改。修改完属性后就可以将属性与对象一起定义为块，这样属性就成为块的一部分，以后就可以对块的属性进行编辑。AutoCAD 2012 中，开启"快捷特性"后选中已定义好的属性，就可以在文本框中修改属性定义，如图 7-11 所示。

也可通过以下方式在对话框中修改属性定义。

下拉菜单：修改→对象→文字→编辑

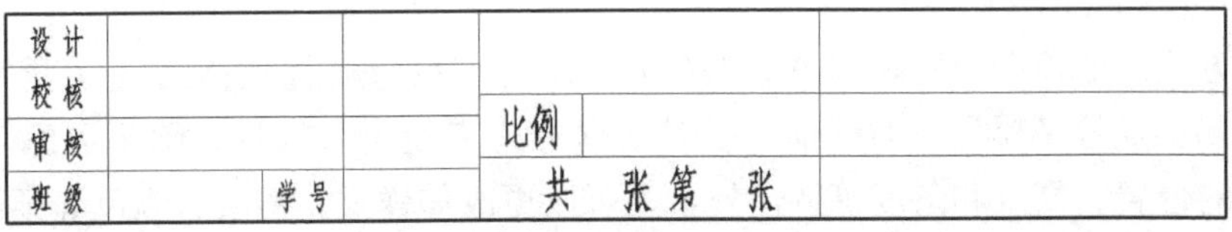

设计
校核
审核
班级
学号
比例
共　张第　张

（a）绘制标题栏基本图形，注写其中固定文字

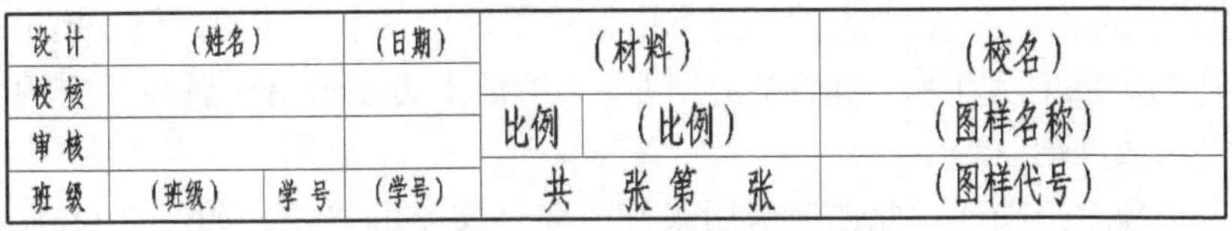

设计
(姓名)
(日期)
(材料)
(校名)
校核
审核
比例
(比例)
(图样名称)
班级
(班级)
学号
(学号)
共　张第　张
(图样代号)

（b）分别设置九次属性定义（带括号的九项）

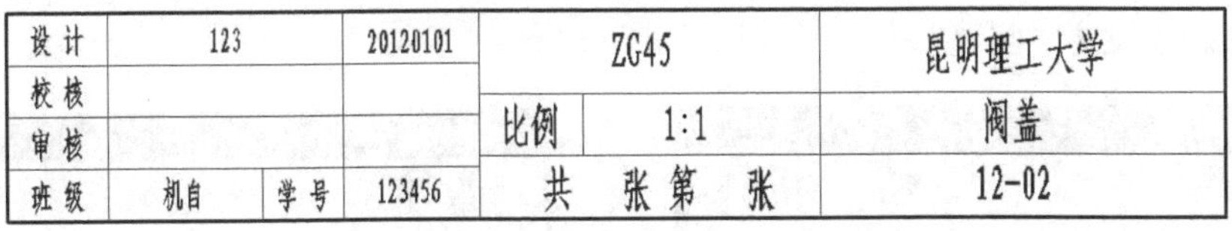

设计
123
20120101
ZG45
昆明理工大学
校核
审核
比例
1:1
阀盖
班级
机自
学号
123456
共　张第　张
12-02

（c）插入带属性的标题栏块的结果

图 7-10　带属性的标题栏块的制作

命令行：DDEDIT

在命令行输入 DDEDIT 命令并按 Enter 键后，按 AutoCAD 提示操作，选择要修改的属性标记名后，屏幕弹出如图 7-12 所示的“编辑属性定义”对话框。

(校名)
(图样名称)
(图样代号)
属性定义
颜色
ByLayer
图层
文本
标记
(图样名称)
提示
图名为
值
阀盖
样式
汉字
高度
5

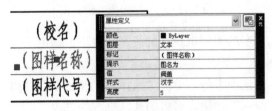

图 7-11　利用快捷特性编辑属性定义

编辑属性定义
标记:
(图样名称)
提示:
图名为
默认:
阀盖
确定
取消
帮助(H)

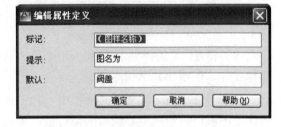

图 7-12　“编辑属性定义”对话框

在对话框中输入属性的属性标记名、属性提示和属性默认值后单击“确定”按钮，即可完成块属性的修改。

7.3.2　块属性的编辑

单独定义好的属性没有意义，要把它再制作为块，这个块就是带属性的块了。对插入块中的属性可以进行编辑，用以改变属性的值以及位置、方向等。通过以下方式可实现上述操作：

1. 以对话框的形式编辑块属性

可分为对单个属性进行编辑和对总体属性进行编辑两种形式，常用第一种形式。

(1) 编辑单个属性。

下拉菜单：修改→对象→属性→单个

图标：“修改Ⅱ”工具栏中的

命令行：EATTEDIT

用上述方法激活该命令后，按 AutoCAD 提示，选择要编辑的块对象后，屏幕弹出如图 7-13 所示"增强属性编辑器"对话框，以对话框方式来编辑块属性，除了可编辑属性在其定义时指定的位置、高度和角度等特性外，还可以更改如样式、图层、颜色等预设特性。

下面详细说明对话框中各选项卡的功能。

①"属性"选项卡：此选项卡的列表框中显示了块中每个属性的标记、提示和值，如图 7-13 所示。在列表框中选择某一属性后，"值"文本框中将显示出该属性对应的属性值，可以通过它来修改属性值。

②"文字选项"选项卡：此选项卡用来修改属性文字的格式，如图 7-14 所示。可以设置文字的"文字样式"、"对正"、"高度"、"旋转"、"宽度因子"、"倾斜角度"等，还可设置文字是否"反向"或"倒置"。

图 7-13 "增强属性编辑器"对话框（属性选项卡）

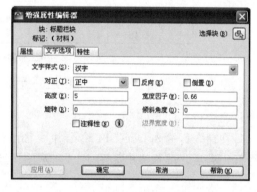

图 7-14 "文字选项"选项卡

③"特性"选项卡：此选项卡用来修改属性文字的图层以及它的线宽、线型、颜色及打印样式等，如图 7-15 所示。

在"增强属性编辑器"对话框中，除上述 3 个选项卡外，单击"选择块"按钮，可以切换到绘图窗口重新选择要编辑的块对象；单击"应用"按钮，可以确认已进行的修改。

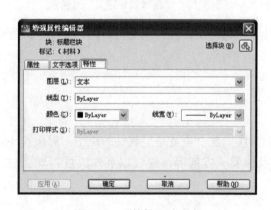

图 7-15 "特性"选项卡

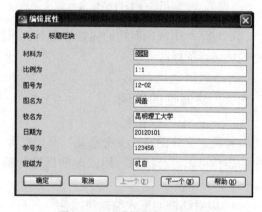

图 7-16 "编辑属性"对话框

（2）编辑总体属性。

下拉菜单：修改→对象→属性→全局

命令：ATTEDIT

按系统提示操作即可。

2. 以命令行的方式编辑块属性

在命令行输入 ATTEDIT 或 DDATTE 后，AutoCAD 提示选定要编辑的块，然后屏幕弹出如图 7-16 所示的对话框。

在对话框中，用户可以编辑各属性的值，如果属性标签项太多，可通过"上一步"和"下一步"按钮来翻页。

7.3.3　块属性管理器

AutoCAD 2012 提供有"块属性管理器"，以使用户方便地管理块中的属性。

下拉菜单：修改→对象→属性→块属性管理器

图标："修改 II"工具栏中的

命令行：BATTMAN

用上述方法均可以打开"块属性管理器"对话框，如图 7-17 所示。

图 7-17　"块属性管理器"对话框

该对话框中主要选项的功能如下：

（1）"选择块"按钮：单击该按钮，切换到绘图窗口，可选择需要操作的块。

（2）"块"下拉列表框：列出了当前图形中含有属性的所有块的名称。也可通过该下拉列表框选取要操作的块。

（3）属性列表框：显示当前所选择块的所有属性。

（4）"同步"按钮：单击该按钮，可以更新已修改的属性特性实例。

（5）"上移"按钮：单击该按钮，可以将在属性列表框中被选中的属性向上移动一行。但对属性值为定值的行不起作用。

（6）"下移"按钮：单击该按钮，可以将在属性列表框中被选中的属性向下移动一行。

（7）"编辑"按钮：单击该按钮，将打开如图 7-18 所示的"编辑属性"对话框。利用该对话框，可以重新设置属性定义的构成、文字特性和图形特性等。

（8）"删除"按钮：单击该按钮，可以从块定义中删除在属性列表框中选中的属性定义，并且块中对应的属性值也被删除。

（9）"设置"按钮：在图 7-17 中，单击该按钮，将打开如图 7-19 所示的"块属性设置"对话框。利用该对话框，可以设置在"块属性管理器"对话框中可显示的设置内容。

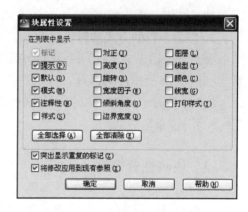

图 7-18 "编辑属性"对话框   图 7-19 "块属性设置"对话框

7.3.4 块属性显示控制

下拉菜单：视图→显示→属性显示

命令行：ATTDISP

属性显示控制就是控制属性的可见性。"普通"表示按属性定义规定的可见性格式来显示各属性；"开"表示将所有属性均设置为可见；"关"表示将所有属性均设置为不可见。修改可见性设置后，屏幕将自动刷新。

7.3.5 动态块

动态块是 AutoCAD 2006 版本以后新增的功能。动态块中定义了一些自定义特性，可用于在位调整块，而无需重新定义该块或插入另一个块。

例如，要调整块参照的大小。如果块是动态的并且定义了可调整的大小，就可以通过拖动自定义夹点或在"特性"选项板中指定不同的大小，来更改图形的大小。

注意：要成为动态块的块至少必须包含一个参数以及一个与该参数关联的动作。所以用户必须添加参数和动作。先添加参数，参数定义了自定义特性，并为块中的几何图形指定了位置、距离和角度；再添加动作，而动作定义了在修改块时动态块参照的几何图形如何移动和改变。将动作添加到块中时，必须将它们与参数和几何图形关联。

简单地说，制作动态块的流程一般为：图形→存为块→在块编辑器中"参数＋动作"编辑为动态块→插入。通过以下方式打开块编辑器。

下拉菜单：工具→块编辑器

图标："标准"工具栏中的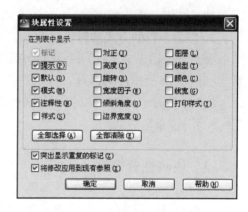

命令行：BEDIT

快捷菜单：选择一个块参照，在绘图区域中右击，选择"块编辑器"项。

系统打开"编辑块定义"对话框，如图 7-20 所示，在"要创建或编辑的块"文本框中输入块名或在列表框中选择已定义的块或当前图形，确认后，系统打开块编写选项板和"块编辑器"工具栏，如图 7-21 所示。其中各选项说明如下。

1. "块编写选"项板

该选项板有以下四个选项卡。

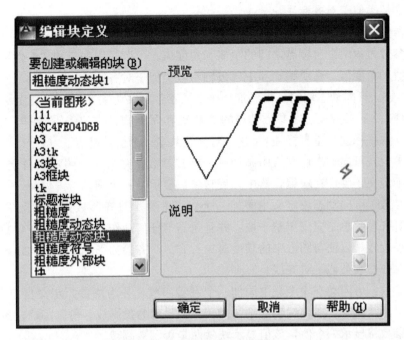

图 7-20 "编辑块定义"对话框

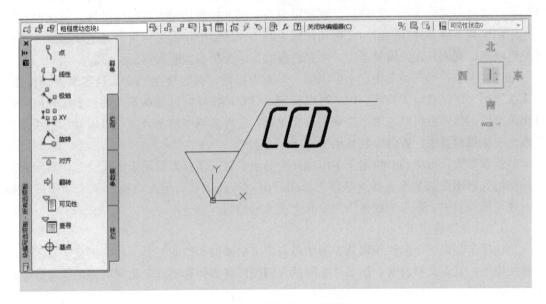

图 7-21 块编辑状态绘图平面

（1）"参数"选项卡：

该选项卡提供用于向块编辑器中的动态块定义中添加参数的工具。参数用于指定几何图形在块参照中的位置、距离和角度。将参数添加到动态块定义中时，该参数将定义块的一个或多个自定义特性。此选项卡也可以通过命令 BPARAMETER 来打开。

①点参数：可向动态块定义中添加一个点参数，并为块参照定义自定义 X 和 Y 特性。点参数定义图形中的 X 和 Y 位置。在块编辑器中，点参数类似于一个坐标标注。

②线性参数：可向动态块定义中添加一个线性参数，并为块参照定义自定义距离特性。线性参数显示两个目标点之间的距离。线性参数限制沿预设角度进行的夹点移动。在块编辑

器中，线性参数类似于对齐标注。

③极轴参数：可向动态块定义中添加一个极轴参数，并为块参照定义自定义距离和角度特性。极轴参数显示两个目标点之间的距离和角度值。可以使用夹点和"特性"选项板来共同更改距离值和角度值。在块编辑器中，极轴参数类似于对齐标注。

④XY 参数：可向动态块定义中添加一个 XY 参数，并为块参照定义自定义水平距离和垂直距离特性。XY 参数显示距参数基点的 X 距离和 Y 距离。在块编辑器中，XY 参数显示为一对标注（水平标注和垂直标注）。这一对标注共享一个公共基点。

⑤旋转参数：可向动态块定义中添加一个旋转参数，并为块参照定义自定义角度特性。旋转参数用于定义角度。在块编辑器中，旋转参数显示为一个圆。

⑥对齐参数：可向动态块定义中添加一个对齐参数。对齐参数用于定义 X 位置、Y 位置和角度。对齐参数总是应用于整个块，并且无需与任何动作相关联。对齐参数允许块参照自围绕一个点旋转，以便与图形中的其他对象对齐。对齐参数影响块参照的角度特性。在块编辑器中，对齐参数类似于对齐线。

⑦翻转参数：可向动态块定义中添加一个翻转参数，并为块参照定义自定义翻转特性。翻转参数用于翻转对象。在块编辑器中，翻转参数显示为投影线。可以围绕这条投影线翻转对象。翻转参数将显示一个值，该值显示块参照是否已被翻转。

⑧可见性参数：可向为动态块定义中添加一个可见性参数，并为块参照定义自定义可见性特性。通过可见性参数，用户可以创建可见性状态并控制块中对象的可见性。可见性参数总是应用于整个块，并且无需与任何动作相关联。在图形中单击夹点可以显示块参照中所有可见性状态的列表。在块编辑器中，可见性参数显示为带有关联夹点的文字。

⑨查询参数：可向动态块定义中添加一个查询参数，并为块参照定义自定义查询特性。查询参数用于定义自定义特性，用户可以指定或设置该特性，以便从定义的列表或表格中计算出某个值。该参数可以与单个查询夹点相关联。在块参照中单击该夹点可以显示可用值的列表。在块编辑器中，查询参数显示为文字。

⑩基点参数：可向动态块定义中添加一个基点参数。基点参数用于定义动态块参照相对于块中的几何图形的基点。基点参数无法与任何动作相关联，但可以属于某个动作的选择集。在块编辑器中，基点参数显示为带有十字光标的圆。

（2）"动作"选项卡：

该选项卡提供用于向块编辑器中的动态块定义中添加动作的工具。动作定义了在图形中操作块参照的自定义特性时，动态块参照的几何图形将如何移动或变化。应将动作与参数相关联。此选项卡也可以通过命令 BACTIONTOOL 来打开。

①移动动作：可在用户将移动动作与点参数、线性参数、极轴参数或 XY 参数关联时，将该动作添加到动态块定义中。移动动作类似于 MOVE 命令。在动态块参照中，移动动作将使对象移动指定的距离和角度。

②缩放动作：可在用户将缩放动作与线性参数、极轴参数或 XY 有参数关联时将该动作添加到动态块定义中。缩放动作类似于 SCALE 命令。在动态块参照中，当通过移动夹点或使用"特性"选项板编辑关联的参数时，缩放动作将使其选择集发生缩放。

③拉伸动作：可在用户将拉伸动作与点参数、线性参数、极轴参数或 XY 参数关联时将该动作添加到动态块定义中。拉伸动作将使对象在指定的位置移动和拉伸指定的距离。

④极轴拉伸动作：可在用户将极轴拉伸动作与极轴参数关联时将该动作添加到动态块定

义中。当通过夹点或"特性"选项板更改关联的极轴参数上的关键点时，极轴拉伸动作将使对象旋转、移动和拉伸指定的角度和距离。

⑤旋转动作：可在用户将旋转动作与旋转参数关联时将该动作添加到动态块定义中。旋转动作类似于 ROTATE 命令。在动态块参照中，当通过夹点或"特性"选项板编辑相关联的参数时，旋转动作将使其相关联的对象进行旋转。

⑥翻转动作：可在用户将翻转动作与翻转参数关联时将该动作添加到动态块定义中。使用翻转动作可以围绕指定的轴（称为投影线）翻转动态块参照。

⑦阵列动作：可在用户将阵列动作与线性参数、极轴参数或 XY 参数关联时将该动作添加到动态块定义中。通过夹点或"特性"选项板编辑关联的参数时，阵列动作将复制关联的对象并按矩形的方式进行阵列。

⑧查询动作：可向动态块定义中添加一个查询动作。向动态块定义中添加查询动作并将其与查询参数相关联后，将创建查询表。可以使用查询表将自定义特性和值指定给动态块。

（3）"参数集"选项卡：

该选项卡提供用于在块编辑器中向动态块定义中添加一个参数和至少一个动作的工具。将参数集添加到动态块中时，动作将自动与参数相关联。将参数集添加到动态块中后，双击黄色图标（或使用 BACTIONSET 命令），然后按照命令行上的提示将动作与几何图形选择集相关联。此选项卡也可以通过命令 BPARAMETE 来打开。

①点移动：可向动态块定义中添加一个点参数。系统会自动添加与该点参数相关联的移动动作。

②线性移动：可向动态块定义中添加一个线性参数。系统会自动添加与该线性参数的端点相关联的移动动作。

③线性拉伸：可向动态块定义中添加一个线性参数。系统会自动添加与该线性参数相关联的拉伸动作。

④线性阵列：可向动态块定义中添加一个线性参数。系统会自动添加与该线性参数相关联的阵列动作。

⑤线性移动配对：可向动态块定义中添加一个线性参数。系统会自动添加两个移动动作，一个与基点相关联，另一个与线性参数的端点相关联。

⑥线性拉伸配对：可向动态块定义中添加一个线性参数。系统会自动添加两个拉伸动作，一个与基点相关联，另一个与线性参数的端点相关联。

⑦极轴移动：可向动态块定义中添加一个极轴参数。系统会自动添加与该极轴参数相关联的移动动作。

⑧极轴拉伸：可向动态块定义中添加一个极轴参数。系统会自动添加与该极轴参数相关联的拉伸动作。

⑨环形阵列：可向动态块定义中添加一个极轴参数。系统会自动添加与该极轴参数相关联的阵列动作。

⑩极轴移动配对：可向动态块定义中添加一个极轴参数。系统会自动添加两个移动动作，一个与基点相关联，另一个与极轴参数的端点相关联。

⑪极轴拉伸配对：可向动态块定义中添加一个极轴参数。系统会自动添加两个拉伸动作，一个与基点相关联，另一个与极轴参数的端点相关联。

⑫XY 移动：可向动态块定义中添加一个 XY 参数。系统会自动添加与 XY 参数的端点

相关联的移动动作。

⑬XY 移动配对：可向动态块定义中添加一个 XY 参数。系统会自动添加两个移动动作，一个与基点相关联，另一个与 XY 参数的端点相关联。

⑭XY 移动方格集：运行 BPARAMETER 命令，然后指定四个夹点并选择"XY 参数"选项，可向动态块定义中添加一个 XY 参数。系统会自动添加四个移动动作，分别与 XY 参数上的四个关键点相关联。

⑮XY 拉伸方格集：可向动态块定义中添加一个 XY 参数。系统会自动添加四个拉伸动作，分别与 XY 参数上的四个关键点相关联。

⑯XY 阵列方格集：可向动态块定义中添加一个 XY 参数。系统会自动添加与该 XY 参数相关联的阵列动作。

⑰旋转集：可向动态块定义中添加一个旋转参数。系统会自动添加与该旋转参数相关联的旋转动作。

⑱翻转集：可向动态块定义中添加一个翻转参数。系统会自动添加与该翻转参数相关联的翻转动作。

⑲可见性集：可向动态块定义中添加一个可见性参数并允许定义可见性状态。无需添加与可见性参数相关联的动作。

⑳查询集：可向动态块定义中添加一个查询参数。系统会自动添加与该查询参数相关联的查询动作。

（4）"约束"选项卡：

该选项卡提供用于将几何约束和约束参数应用于对象的工具。将几何约束应用于一对对象时，选择对象的顺序以及选择每个对象的点可能影响对象相对于彼此的放置方式。

①几何约束：

重合约束：可同时将两个点或一个点约束至曲线（或曲线的延伸线）。对象上的任意约束点均可以与其他对象上的任意约束点重合。

垂直约束：可使选定的直线垂直于另一条直线。垂直约束在两个对象之间应用。

平行约束：可使选定的直线位于彼此平行的位置。平行约束在两个对象之间应用。

相切约束：可使曲线与其他曲线相切。相切约束在两个对象之间应用。

水平约束：可使直线或点对位于与当前坐标系的 X 轴平行的位置。

竖直约束：可使直线或点对位于与当前坐标系的 Y 轴平行的位置。

共线约束：可使两条直线段沿同一条直线的方向。

同心约束：可将两条圆弧、圆或椭圆约束到同一个中心点。结果与将重合应用于曲线的中心点所产生的结果相同。

平滑约束：可在共享一个重合端点的两条样条曲线之间创建曲率连续（G2）条件。

对称约束：可使选定的直线或圆受相对于选定直线的对称约束。

相等约束：可将选定圆弧和圆的尺寸重新调整为半径相同，或将选定直线的尺寸重新调整为长度相同。

固定约束：可将点和曲线锁定在原位。

②约束参数：

对齐约束：可约束直线的长度或两条直线之间、对象上的点和直线之间或不同对象上的两个点之间的距离。

水平约束：可约束直线或不同对象上的两个点之间的 X 距离。有效对象包括直线段和多段线线段。

竖直约束：可约束直线或不同对象上的两个点之间的 Y 距离。有效对象包括直线段和多段线线段。

2. "块编辑器" 工具栏

该工具栏提供了在块编辑器中使用、创建动态块以及设置可见性状态的工具。

（1）编辑或创建块定义：弹出"编辑块定义"对话框。

（2）保存块定义：保存当前块定义。

（3）将块另存为：弹出"将块另存为"对话框，可以在该对话框中用一个新名称保存当前块定义的副本。

（4）块定义的名称：显示当前块定义的名称。

（5）测试块：运行 BTESTBLOCK 命令，可从块编辑器打开一个外部窗口以测试动态块。

（6）自动约束对象：运行 AUTOCONSTRAIN 命令，可根据对象相对于彼此的方向将几何约束应用于对象的选择集。

（7）应用几何约束：运行 GEOMCONSTRAINT 命令，可在对象或对象上的点之间应用几何关系。

（8）显示/隐藏约束栏：运行 CONSTRAINTBAR 命令，可显示或隐藏对象上的可用几何约束。

（9）参数约束：运行 BCPARAMETER 命令，可将约束参数应用于选定对象，或将标注约束转换为参数约束。

（10）块表：运行 BTABLE 命令，可显示对话框以定义块的变量。

（11）参数：运行 BPARAMETER 命令，可向动态块定义中添加参数。

（12）动作：运行 BACTION 命令，可向动态块定义中添加动作。

（13）定义属性：弹出"属性定义"对话框，从中可以定义模式、属性标记、提示、值、插入点和属性的文字选项。

（14）编写选项板：编写选项板处于未激活状态时执行 BAUTHORPALETTE 命令。否则，将执行 BAUTHORPALETTECLOSE 命令。

（15）参数管理器：参数管理器处于未激活状态时执行 PARAMETERS 命令。否则，将执行 PARAMETERSCLOSE 命令。

（16）了解动态块：显示"新功能专题研习"中创建动态块的演示。

（17）关闭块编辑器：运行 BCLOSE 命令，可关闭块编辑器，并提示用户保存或放弃对当前块定义所做的任何更改。

（18）可见性模式：设置 BVMODE 系统变量，可以使当前可见性状态下不可见的对象变暗或隐藏。

（19）使可见：运行 BVSHOW 命令，可以使对象在当前可见性状态或所有可见性状态下均可见。

（20）使不可见 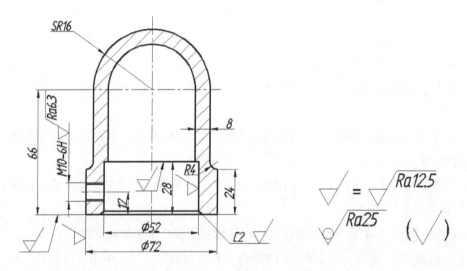：运行 BVHIDE 命令，可以使对象在当前可见性状态或所有可见性状态下均不可见。

（21）管理可见性状态 ：弹出"可见性状态"对话框，从该对话框中可以创建、删除、重命名和设置当前可见性状态。在列表框中选择一种状态，右击，选择快捷菜单中"新状态"项，打开"新建可见性状态"对话框，可以设置可见性状态。

（22）可见性状态 可见性状态0 ：指定显示在块编辑器中的当前可见性状态。

7.4　应用实例

【例 7.2】利用动态块功能标注表面粗糙度，在图 7-22 中插入粗糙度动态块。

图 7-22　插入动态块后的图形

由于粗糙度符号的多样性，如图 7-23 所示，如果使用普通块插入，针对不同的粗糙度符号要制作相应的块，如果利用动态块，可以把粗糙度参数数值作为属性定义后，和粗糙度符号一起，作为一个整体，添加旋转参数和旋转动作（显示为"角度 1"），保证粗糙度符号和参数数值将来可以一起旋转；利用可见性参数，将图 7-23 所示的所有粗糙度符号分别设置，创建成一个动态的块，显示为"可见性 1"，这样就可以很方便的使用了。

粗糙度动态块制作的简单流程为：绘制粗糙度符号图形集→定义块属性 CCD→一起存为 WBLOCK 块→编辑为动态块→插入、根据需要旋转、修改属性，即可得到图 7-23 中各种粗糙度符号。

具体操作如下：

（1）绘制表面粗糙度符号图形集，如图 7-24 所示。

注意：参数数值上面的横线要分开画成两段，而不是一条线。

（2）定义块属性 CCD。

①选择"绘图→块→定义属性"，或执行 ATTDEF 命令，打开"属性定义"对话框。

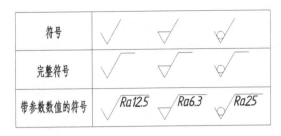

图 7-23　粗糙度符号

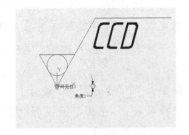

图 7-24　动态编辑

②在"属性"选项区域中，在"标记"文本框内输入 CCD；在"提示"文本框内输入"粗糙度数值为"；"默认"文本框内建议为空，如图 7-25 所示。

③在"文字设置"选项区域的"对正"下拉列表框中选择"左对齐"；在"文字样式"下拉列表框中选择匹配选项；在"文字高度"文本框中输入"5"，如图 7-25 所示。

④"插入点"选项区域中选择"在屏幕上指定"，单击"确定"按钮。回到绘图窗口，单击图 7-26（a）中"插入点"所示的位置，确定属性插入的位置。

图 7-25　"属性定义"对话框

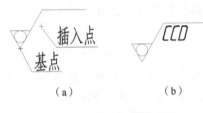

（a）　　　　　　（b）

图 7-26　设置块属性 CCD

⑤单击"确定"按钮，完成"粗糙度数值"属性的定义，同时在图中的定义位置将显示该属性的标记，本例中设置的名称是 CCD，如图 7-26（b）所示。

（3）存为 WBLOCK 块。

在命令行内输入 WBLOCK 命令，打开"写块"对话框，拾取粗糙度符号图形集下尖点为基点，如图 7-26（a）所示，以粗糙度符号图形集和 CCD 为对象，输入块名"粗糙度"并指定保存路径，确认后退出。

（4）编辑为动态块。

前面制作的只是普通块，还需将其转换为动态块。

①执行菜单栏中的"工具→块编辑器"命令，选择刚才保存的块，打开块编辑界面和"块编写"选项板。

注意：先参数后动作，编辑为动态块。

②把粗糙度符号图形集和 CCD 作为一个整体，添加旋转参数和旋转动作，结果显示为"角度 1"，从而保证粗糙度符号和参数数值可以一起旋转。

在"块编写"选项板的"参数"选项卡中选择"旋转参数"项，命令行提示与操作如下。

命令：_BParameter 旋转

指定基点或［名称（N）/标签（L）/链（C）/说明（D）/选项板（P）/值集（V）］：

（指定粗糙度符号图形集下尖点为基点，如图 7-26（a）所示）

指定参数半径：（指定适当半径，建议为 7）

指定默认旋转角度或［基准角度（B）］＜0＞：（指定适当角度，建议为 0）

在"块编写"选项板的"动作"选项卡中选择"旋转参数"项，命令行提示与操作如下。

命令：_BActionTool 旋转

选择参数：（选择前面设置的旋转参数）

指定动作的选择集

选择对象：（选择粗糙度符号图形集和 CCD，确认）

③对粗糙度符号图形集利用可见性参数，分别设置图 7-23 所示的所有粗糙度符号，显示为"可见性 1"。

在"块编写"选项板的"参数"选项卡中选择"可见性"项，命令行提示与操作如下。

命令：_BParameter 可见性

指定参数位置或［名称（N）/标签（L）/说明（D）/选项板（P）］：（指定粗糙度符号图形集下尖点为基点，如图 7-26（a）所示；也可用鼠标在图形空白处单击，一个"可见性参数"便加入"块"图形，同时"块编辑器"右上角的可见性编辑工具高亮显示）

单击"管理可见性状态"工具按钮 ，弹出"可见性状态"对话框，如图 7-27 所示，将已经在列表里的"可见性状态 0"重命名为"去除材料带数值"，再新建八个状态条目，分别命名为"图形符号（任何工艺）"、"图形符号（去除材料）"、"图形符号（不去除材料）"、"完整符号（任何工艺）"、"完整符号（去除材料）"、"完整符号（不去除材料）"、"任何工艺带数值"和"不去除材料带数值"，单击"确定"按钮关闭对话框，如图 7-28 所示。

在"可见性编辑工具"下拉列表里选择"去除材料带数值"，选择圆后单击"使不可见"按钮。设置界面如图 7-29（a）所示，插入示例如图 7-29（b）所示。在"可见性编辑工具"下拉列表里选择"完整符号（任何工艺）"，选择圆、三角形上横线、参数值上方右面的小横线后单击"使不可见"按钮。设置界面如图 7-29（c）所示，插入示例如图 7-29（d）所示。如法炮制，依次在"可见性编辑工具"下拉列表里选择其他项，使不需要的线条不可见。

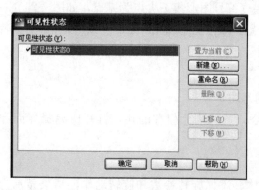

图 7-27　"可见性状态"对话框

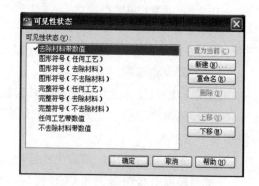

图 7-28　可见性状态设置

单击"关闭块编辑器"按钮，在弹出的对话框里单击"是"按钮，退出"块编辑器"。

（5）插入动态块。

选择"绘图→插入块"命令，打开"插入"对话框，插入点和比例在屏幕上指定，旋转角度为固定的任意值，单击"浏览"按钮找到刚才保存的图块，在屏幕上指定插入点和比例，将该图块插入到图形中，结果如图 7-30（a）所示。选中图块，显示有三角形的可见性

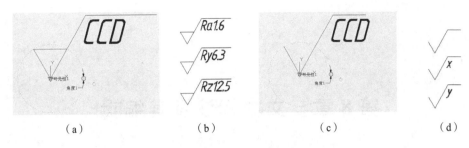

图 7-29 可见性设置示例

标记和圆形的动态旋转标记。

如果在状态栏开启"快捷特性"后选中动态块，可以在对话框"可见性 1"下拉列表中显示所有的可见性设置，如图 7-30（a）所示。在此对话框"可见性 1"下拉列表中可以选取符号形状，在 CCD 文本框中编辑参数数值以达到满意的效果。

若选中圆形动态旋转标记，按住鼠标拖动，可把粗糙度符号旋转到满意的位置，如果开启"快捷特性"后选中动态块，可以在"角度 1"中得到旋转角度，如图 7-30（b）所示。当然粗糙度符号的方向也可以在插入时使用"在屏幕上指定"的方式来保证。

如此可以插入多个粗糙度符号，需要缩放的粗糙度符号，可以在插入时设置比例为"在屏幕上指定"来保证。最终完成如图 7-22 所示粗糙度符号的标注。

图 7-30 插入"粗糙度动态块"的结果

7.5 思 考 练 习

（1）在中文版 AutoCAD 2012 中，块具有哪些特点？

（2）如何保存块？什么是 BLOCK 制作的块？什么是 WBLOCK 制作的块？它们有什么区别？

（3）在中文版 AutoCAD 2012 中，块属性具有哪些特点？怎样制作带属性的块？

（4）如何用"块属性管理器"编辑、管理块中属性？

（5）动态块有什么优点？

（6）如何制作动态块？

第8章 文本标注及其编辑

我们在绘制工程图样时，除了绘制出图形外，还要在图纸上标注一些注释性的文字，如机械工程图样中的技术要求、注释说明，建筑施工图中的施工要求等，对图纸的技术要点及图形加以说明和注释。此外，图表在工程图样中也有大量的应用，如明细栏、参数表、标题栏等。本章主要介绍工程图中文字的标注、编辑及图表的自动生成。

8.1 定义文字样式

在一张图纸上，通常希望用不同的字体标注具有不同意义的文字，但 AutoCAD 只提供一个名为"Standard"的文字样式，且该样式自动被文字标注命令、尺寸标注命令等默认引用。因此，针对不同的场合，必须设置不同的文字样式以供使用。当输入文字对象时，AutoCAD 使用的是当前文字样式。因此，当用户设置了多种文字样式以后，要使用哪种文字样式，应该将该文字样式设置为当前样式。下面就如何使用"文字样式"命令设置和修改文字样式进行介绍。

1. 功能

定义和修改文字样式、设置当前样式、删除已有样式，以及文字样式重命名。

2. 命令格式及操作

下拉菜单：格式→文字样式

图标："文字"工具栏中的"文字"按钮

命令行：STYLE 或 DDSTYLE

输入命令后，系统将弹出"文字样式"对话框，如图 8-1 所示。

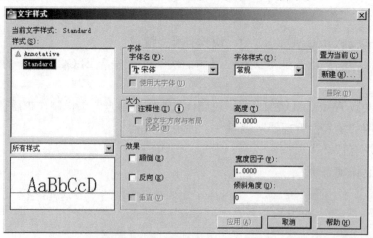

图 8-1 "文字样式"对话框

3. 对话框的说明及操作

（1）设置文字样式名：

利用"文字样式"对话框中的命令按钮及快捷菜单，可创建新的文字样式、为已有的文字样式重命名或删除选中的文字样式。

① "样式"列表框，列出当前已设定的所有样式。但应注意，在用户没有创建新的文字样式时，"样式"列表框只显示默认的标准样式（Standard 样式），它使用的字体文件名为 TXT.SHX，高度为 0，宽度因子为 1，如图 8-1 所示。

② "新建"按钮。要创建新文字样式，单击该按钮，AutoCAD 将弹出"新建文字样式"对话框，如图 8-2 所示。用户输入自己想要创建的样式名，单击"确定"按钮后回到"文字样式"对话框，此时在"样式"列表框中将显示用户新建的文字样式名。

图 8-2　"新建文字样式"对话框

图 8-3　快捷菜单

③ "重命名"命令。在"样式"列表框中右击要改名的文字样式，在弹出的快捷菜单中选择"重命名"命令，如图 8-3 所示，即可为选中的文字样式重新命名，但不能重命名系统定义的 Standard 样式。

④ "删除"按钮。在"样式"列表框中选择要删除的文字样式，单击"删除"按钮，即可删除该文字样式，或利用图 8-3 所示的快捷菜单删除文字样式。但应注意，已设置为"当前"的文字样式和系统定义的 Standard 样式不能被删除。

（2）为选定的文字样式设置字体：

文字的字体确定字符的形状，在"文字样式"对话框的"字体"选项区中，可为所选择的文字样式设置字体名和字体样式。在"大小"选项区中，可设置字体的高度。

设置文字样式时，如果将文字的高度设置为 0，则在使用 TEXT 命令标注文本时，命令行将会显示"指定高度"提示，要求指定文字的高度；如果在"高度"文本框中输入了文字高度，AutoCAD 则按此高度标注文字，命令行不再提示"指定高度"。

注意：AutoCAD 支持的字体有两种类型：一种是扩展名为 .shx 的字体，该字体是利用形技术创建的，由 AutoCAD 系统提供；另一种是扩展名为 .ttf 的字体，该字体为 True-Type 字体，通常由 Windows 系统提供。用户只有选择了 .shx 的字体，"使用大字体"复选框才会被激活。对于 AutoCAD 支持的 TrueType 字体，可使用系统变量 TEXTFILL 和 TEXTQLTY 设置所标注的文字是否填充和文字的光滑程度。其中，TEXTFILL 为 0 时不填充，为 1 时则进行填充。TEXTQLTY 的取值范围是 0～100，默认值为 50。TEXTQLTY 的值越大，文字越光滑，图形输出耗时也越长。

（3）字体效果设置：

可以通过"文字样式"对话框的"效果"选项区设置文字的显示效果，如宽度因子、倾斜角度、垂直、反向和颠倒等效果。下面对它们的含义分别进行说明。

① "颠倒"复选框，用于设置是否将文字颠倒书写。颠倒标注与正常标注关于水平方向

对称，如图 8-4（a）和图 8-4（b）所示。

②"反向"复选框，用于设置是否将文字反向书写，如图 8-4（c）所示。

③"垂直"复选框，用于设置将文字垂直书写，否则默认为水平标注，如图 8-4（d）所示。但垂直效果对汉字字体无效。

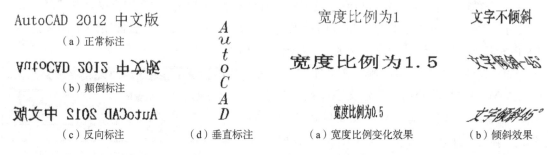

图 8-4　几种文字设置的效果　　　　　图 8-5　宽度比例及倾斜效果示例

④"宽度因子"文本框，用于设置文字字符的高度和宽度之比，默认值为 1。当宽度因子为 1 时，表示按字体文件中定义的高宽比标注文字。当宽度因子小于 1 时文字会变窄，反之变宽，如图 8-5（a）所示。

⑤"倾斜角度"文本框，用于设置文字的倾斜角度，默认值为 0。倾斜角度为 0，表示文字不倾斜；角度为正时向右倾斜，角度为负时向左倾斜。输入的倾斜角度数值范围为 $-85°\sim 85°$，倾斜效果如图8-5（b）所示。

（4）预览与应用文字样式：

"文字样式"对话框的左下角为文字效果"预览"窗口，在"样式"列表框中选中一种文字样式，则"预览"窗口中将自动显示出相应的文字样式设置效果。

选中一种已有文字样式，对其进行所需的设置后，单击"应用"按钮，即可将所做的设置应用于该文字样式，而且系统将自动更新当前所有采用该文字样式的文字特性，但不能修改原文字的宽度比例和字符倾角。

选中一种已有文字样式，单击"置为当前"按钮，即可将该样式设置为当前正在使用的文字样式。

【例 8.1】创建文字样式"仿宋体样式"，要求字体为"仿宋 _GB2312"，宽度因子为 0.67。

图 8-6　设置文字样式

操作步骤：

①选择"格式→文字样式"命令，打开"文字样式"对话框。

②在"文字样式"对话框中单击"新建"按钮，打开"新建文字样式"对话框，在"样式名"文本框中输入"仿宋体样式"，然后单击"确定"按钮。

③在"字体"选项区的"字体名"下拉列表框中选择"仿宋 _GB2312"，字体样式和高度采用默认值。

④在"效果"选项区的"宽度因子"文本框中输入 0.67，设置文字的宽度因子为 0.67。以上设置结果如图 8-6 所示。

⑤单击"应用"按钮，然后单击"关闭"按钮关闭"文字样式"对话框。

8.2　标 注 文 字

定义好文字样式后，即可在图形中利用该文字样式标注文字，下面对其进行具体介绍。

8.2.1　动态标注文字

所谓动态标注文字，是指通过命令窗口输入要标注文字的同时，可以在屏幕上动态地显示所输入的文字。自 AutoCAD 2000 版本以后，系统就把以前版本的 DTEXT 命令（创建动态文字命令）和 TEXT 命令（创建单行文字命令）合二为一，使文字输入更方便。书写完一行文字后按 Enter 键可继续输入另一行文字，因此利用此功能可标注多行文字，但每一行文字作为一个对象，可单独进行编辑和修改。

1. 功能

动态输入单行文字，在输入时所输入的字符动态显示在屏幕上，并用文字光标线显示下一文字输入的位置。

2. 命令格式及操作

下拉菜单：绘图→文字→单行文字

图标："文字"工具栏上的"单行文字"按钮 A̲I̲

命令行：TEXT 或 DTEXT

当前文字样式：　Standard　当前文字高度：　2.5000　注释性：否

指定文字的起点或［对正（J）/样式（S）］：（用户可在此时选取一点作为文本的起点或选择一个选项）

上述提示的第一行说明当前的标注样式以及所采用的字体高度设置（这一样式和相应的设置通常是上次标注文字时所采用的设置，或系统默认的 Standard 设置），第二行提示中的各选项含义说明如下。

3. 选项说明

（1）指定文字的起点：

这是 TEXT 命令的默认选项，可直接在屏幕作图区上选取一点作为输入文字的起点，则 AutoCAD 依次提示如下。

指定高度<0 >：（输入文字的高度）

指定文字的旋转角度<0 >：（输入文字行的旋转角度）

（在屏幕光标位置输入文字内容并按 Enter 键）

（按 Enter 键结束命令或再次输入下一行文字内容并按 Enter 键）

注意：如果选择的文字样式中定义了文字的高度，则 AutoCAD 不再提示定义高度。

输入选项
对齐 (A)
布满 (F)
居中 (C)
中间 (M)
右对齐 (R)
左上 (TL)
中上 (TC)
右上 (TR)
左中 (ML)
正中 (MC)
右中 (MR)
左下 (BL)
中下 (BC)
右下 (BR)

图 8-7 文字的
对正方式

(2) 对正 (J):

用于选择输入文本的对正方式，对正方式决定文本的哪一部分与所选的起始点对齐。在提示状态下输入 J 执行该选项，则绘图区光标所在位置将显示各种对正方式供用户选择，如图 8-7 所示；同时 AutoCAD 命令行提示如下。

指定文字的起点或［对正 (J) /样式 (S)］: J

输入选项［对齐 (A) /布满 (F) /居中 (C) /中间 (M) /右对齐 (R) /左上 (TL) /中上 (TC) /右上 (TR) /左中 (ML) /正中 (MC) /右中 (MR) /左下 (BL) /中下 (BC) /右下 (BR)］:

AutoCAD 文字标注在文字的顶线、底线之间，还定义了基线和中线位置，文字对正在左、中、右及四位置线上进行组合，如图 8-8 所示。

AutoCAD 共提供了 14 种对正方式，下面对各种对正方式进行说明。

①对齐 (A)。该选项要求确定文本行基线的起点和终点位置，所输入的文本字符均匀地分布于指定的两点之间，如果两点间的连线不水平，则文本行倾斜放置，倾斜角度由两点间的连线与 X 轴夹角确定；字高、字宽根据两点间的距离与字符的多少按文字样式中设定的宽度系数自动确定。执行该选项后，命令行提示如下。

指定文字基线的第一个端点：（指定第一端点）

指定文字基线的第二个端点：（指定第二端点）

（在屏幕光标位置输入文字后按 Enter 键结束命令）

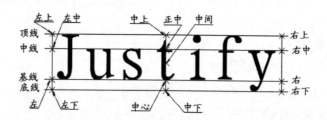

图 8-8 文字的对正方式示例

②布满 (F)。此选项要求指定文本基线的起点、终点位置以及文字的高度，所输入的文本字符均匀地分布于指定的两点之间，文本行的倾斜角度由两点间的连线确定，文本的高度为用户指定的高度，字宽根据两点间的距离与字符的多少自动确定。执行该选项后，命令行提示如下。

指定文字基线的第一个端点：（指定第一端点）

指定文字基线的第二个端点：（指定第二端点）

指定高度<2.5000>: 10（指定字符的高度）

（在屏幕光标位置输入文字后按 Enter 键结束命令）

③居中 (C)。该选项要求指定标注文字基线的中点位置，然后指定文字高度及文本行的旋转角度，所输入的文字行按其基线以该点居中对齐。

④中间 (M)。该选项要求指定文字的中间点位置，然后指定文字的高度和文本行的旋转角度。所输入的文字行以该点作为其水平、垂直方向的中点居中对齐。

⑤右对齐 (R)。该选项要求指定一点，AutoCAD 把它作为文本行基线的右端点，所输入的文字行按其基线以该点右对齐排列。

与"对正（J）"选项对应的其他提示中，"左上（TL）"、"中上（TC）"、"右上（TR）"提示选项分别表示以用户所指定的点作为文字行顶线的左端点、中点和右端点，所输入的文字行将按其顶线分别以指定的点左对齐、居中对齐和右对齐排列；"左中（ML）"、"正中（MC)"、"右中（MR）"提示选项分别表示以用户所指定的点作为文字行中线的左端点、中点和右端点，所输入的文字行将按其中线分别以指定的点左对齐、居中对齐和右对齐排列；"左下（BL）"、"中下（BC）"、"右下（BR）"提示选项分别表示以用户所指定的点作为文字行底线的左端点、中点和右端点，所输入的文字行将按其底线分别以指定的点左对齐、居中对齐和右对齐排列。

以上各种对正方式如图 8-9 所示。用户可根据文字书写外观布置要求，选择一种适当的文字对正方式。

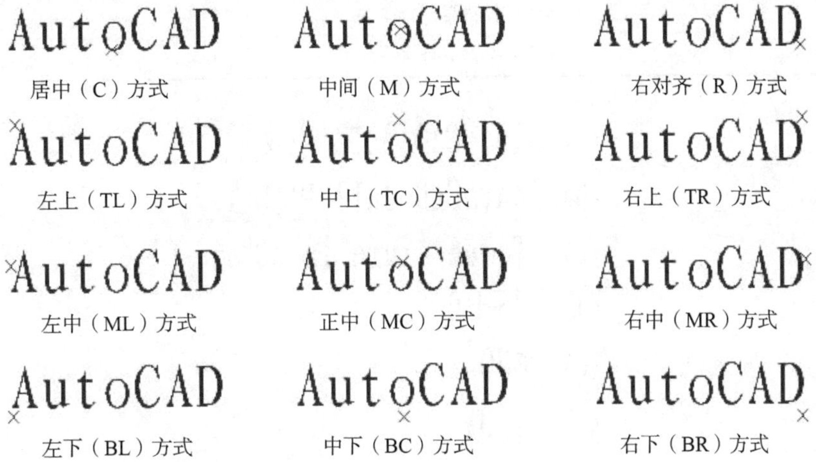

图 8-9　不同方式的文本显示

（3）样式（S）：

确定当前使用的文字标注样式。执行该选项后，命令行提示如下。

指定文字的起点或［对正（J）/样式（S）］：S

输入样式名或［?］<Standard>：

此时，可直接输入当前要使用的文字样式的名称，也可输入"?"后按 Enter 键，以显示当前已有的文字样式。若直接按 Enter 键，则使用默认样式。

注意：

①在输入文字的过程中，可以根据需要更正刚才输入的文字，只需按一次 Backspace 键，就可以把该字符删除，同时光标也回退一步。用这种方法可从后向前删除已输入的多个字符。

②当使用特定的文字对正方式标注文字时，在输入文字的过程中，屏幕上动态地按该对正方式显示文字行。

③标注文字时，书写完一行文字后按 Enter 键可继续输入另一行文字，因此利用此功能可标注多行文字，但每一行文字作为一个对象，只可单独进行编辑和修改。

4. 特殊字符的标注

实际绘图时，有时需要标注一些特殊字符，如在一段文本的上方或下方加画线，标注

"°"（度）、"±"和"∅"等，以满足特殊需要。由于这些特殊字符不能从键盘上直接输入，因此，AutoCAD 提供了各种相应的控制码，以实现使用这些特殊字符的标注要求。Auto-CAD 的控制码由两个百分号（％％）及其后紧跟的一个字符构成。常用的控制码如表 8-1 所示，表中各实例的输出结果如图 8-10 所示。

表 8-1　常用控制码

序号	控制码	意义	输入实例
(a)	％％O	打开或关闭上画线	AutoCAD 2012 ％％O 中文版％％O
(b)	％％U	打开或关闭下画线	AutoCAD 2012 ％％U 中文版％％U
(c)	％％D	标注度符号（°）	Temperature is 30％％D
(d)	％％P	标注正负公差符号（±）	45％％P0.5
(e)	％％C	标注直径符号（∅）	％％C60
(f)	％％％	标注一个百分号（％）	100％％％

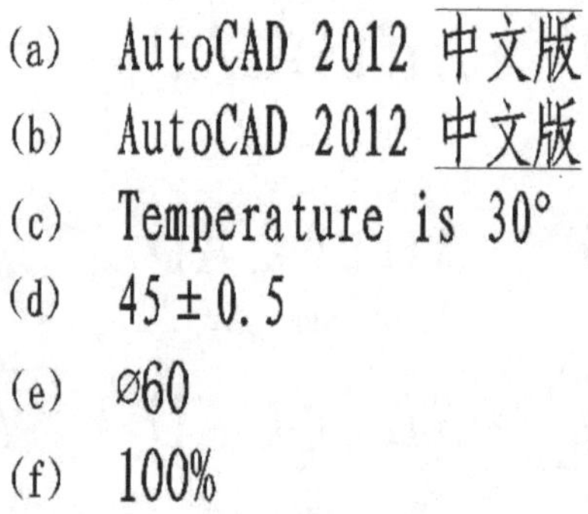

(a)　AutoCAD 2012 中文版
(b)　AutoCAD 2012 中文版
(c)　Temperature is 30°
(d)　45±0.5
(e)　∅60
(f)　100%

图 8-10　特殊字符标注实例

注意：

①％％U 文字下划线开/关总是成对出现，第一次出现时表示下划线开始，第二次出现时表示下划线结束；％％O 也如此。

②在输入这些字符时，相应控制码输入完成后 AutoCAD 就立刻在文字输入处显示出该特殊字符。例如要输入字符∅，则当用户输入完％％C 控制码后，％％C 控制码将立刻被∅替代。

③％字符的控制码为％％％，但 AutoCAD 会将已输入并显示的％字符也作为控制码的一部分，所以如果用户在标注的单独字符％后有控制码，则应注意控制码输入顺序，应先输入％字符后的特殊字符的控制码，再将光标回退后输入％的控制码。如要标注 50％±2.5，则输入"％±"时应先输入％％P，将光标回退后再输入％％％控制码。

④一般工程图样中使用的字体样式为仿宋体样式，在该样式下，％％C 控制码不起作用，即标注完毕后不能显示∅。此时，％％C 控制码的字体应采用 ISOCP、SOLID EDGE ISO 等其他字体。

【例 8.2】在如图 8-11 所示的图形中标注动态文字："矩形板类零件示例"。

操作步骤：

①参照【例 8.1】中的方法，首先创建字体为仿宋 _ GB2312，宽度因子为 0.67 的文字

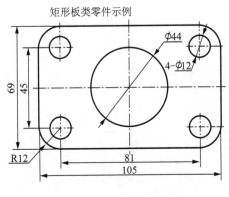

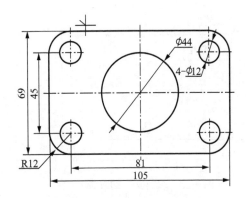

图 8-11 标注动态文字　　　　　　图 8-12 设置文字的起点

样式。

②选择"绘图→文字→单行文字"命令。

③在"指定文字的起点或〔对正（J）/样式（S）〕："提示下，在绘图窗口中需要输入文字的地方单击鼠标左键，确定文字的起点，如图 8-12 所示。

④在"指定高度＜2.5000＞："提示下输入 5，将文字设置为 5 号字。

⑤在"指定文字的旋转角度＜0＞："提示下直接按 Enter 键，将文字旋转角度设置为 0°。

⑥在屏幕光标位置，输入"矩形板类零件示例"字样，然后连续按两次 Enter 键结束文字的标注，结果如图 8-11 所示。

8.2.2　标注多行文字

多行文字又称段落文字，由 MTEXT 命令创建，是一种更易于管理和编辑的文字对象。在工程图样中，常使用它创建较为复杂的文字说明，如机械图样中的技术要求等。前面我们讲过，使用 DTEXT 或 TEXT 命令也可创建多行文字，但与 DTEXT 或 TEXT 命令不同的是，MTEXT 命令所创建的多行段落文字不管包含多少行都作为一个对象，而 DTEXT 或 TEXT 命令创建的多行文字，每行文字是一个单独的对象。

1. 功能

按指定的文本行宽度标注多行文字，文本行宽度由一个不被打印的文字边界框定义。

2. 命令格式及操作

下拉菜单：绘图→文字→多行文字

图标："绘图"工具栏上的"多行文字"按钮 **A**

命令行：MTEXT

当前文字样式：Standard　　当前文字高度：2.5000

指定第一角点：（指定边界框的第一角点，由鼠标拾取）

指定对角点或〔高度（H）/对正（J）/行距（L）/旋转（R）/样式（S）/宽度（W）〕：（指定边界框的对角点或选择一个选项）

在此提示下，可以指定一对角点来定义一个由两对角点确定的多行段落文字边界框，也可以选择一个选项来定义文字的高度、对正方式、行距、旋转角度、文字样式及宽度。

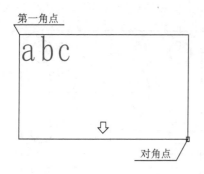

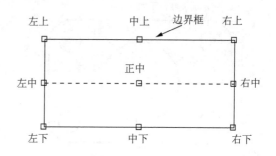

图 8-13　多行文字边界框　　　　　　　图 8-14　多行文字的对齐方式

3. 选项说明

（1）指定对角点。该选项为默认选项，即指定另一对角点的位置，从而定义一个由两对角点确定的多行文字边界框，用以确定多行文字的宽度，如图 8-13 所示，图中箭头表示多行段落文字的扩展方向。当用户指定对角点后，AutoCAD 将会弹出如图 8-15 所示的"文字格式"工具栏和文字编辑窗口。

（2）高度（H）。该选项用于定义多行文字的字高。

（3）对正（J）。该选项用于定义多行文字字符在边界框里的对齐排列方式。AutoCAD 基于边界框上的九个对齐点来对正排列多行文字，如图 8-14 所示，共有九种多行文字对齐方式：左上（TL）、中上（TC）、右上（TR）、左中（ML）、正中（MC）、右中（MR）、左下（BL）、中下（BC）、右下（BR）。默认的对齐方式是左上（TL）对齐。

（4）行距（L）。用于设定多行文字对象的行间距。

（5）旋转（R）。用于设置文字边界框的旋转角度。

（6）样式（S）。用于设置多行文字使用的文字样式。

（7）宽度（W）。用于定义文字行的宽度。用户在命令提示下输入一个宽度值后，AutoCAD 同样弹出如图 8-15 所示的"文字格式"工具栏和文字编辑窗口。

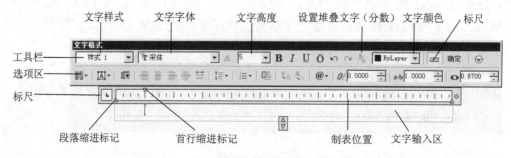

图 8-15　"文字格式"工具栏和文字编辑窗口

4. "文字格式"工具栏

"文字格式"工具栏中，各主要选项的功能如下。

（1）"文字样式"下拉列表框：用于选择用户设置的文字样式。

（2）"文字字体"下拉列表框：用于为新输入的文字指定字体或改变选定文字的字体。

（3）"文字高度"下拉列表框：用于设置新文字的字符高度或更改选定文字的高度。

（4）**B** 按钮：粗体字切换按钮，只适用于 True Type 字体。

(5) $\boxed{I}$ 按钮：直体、斜体切换按钮，只适用于 True Type 字体。

(6) $\boxed{U}$ 按钮：下画线开关。

(7) $\boxed{O}$ 按钮：上画线开关。

(8) $\boxed{\curvearrowleft}$ 按钮和 $\boxed{\curvearrowright}$ 按钮：用于取消和重复上一次操作。

(9) $\boxed{\frac{b}{a}}$ 按钮：用于设置文字的堆叠形式（堆叠形式的文字是一种垂直对齐的文字或数字）或取消堆叠。使用时，需要分别输入分子和分母，其间使用"/"、"♯"或"^"字符分隔，然后选择这一部分文字，单击 $\boxed{\frac{b}{a}}$ 按钮即可。再次单击该按钮，则取消堆叠。

(10)"文字颜色"下拉列表框：用于为新输入的文字指定颜色或修改选定文字的颜色。

(11) $\boxed{\text{▭▭▭}}$ 按钮：用于打开或关闭文字编辑窗口上方的标尺。

(12)"确定"按钮：单击该按钮，可以关闭多行文字创建模式并保存用户的设置。

5. "选项"快捷菜单

在屏幕上右击，或单击工具栏上的"选项"按钮 $\boxed{\odot}$ ，系统将弹出图 8-16 所示的快捷菜单，快捷菜单中的命令，其功能与图 8-15 所示选项区中的命令按钮基本相同，利用这些菜单命令可以对多行文本进行更多的设置和编辑。

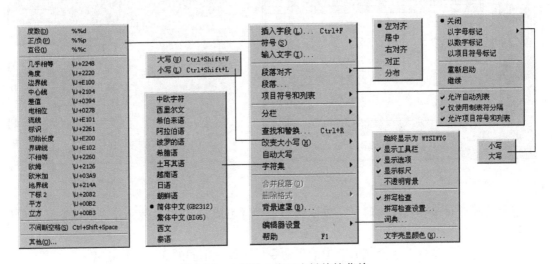

图 8-16 文字输入窗口右键快捷菜单

该快捷菜单中的各命令含义如下。

(1)"插入字段"命令：选择该命令将打开"字段"对话框，用户可选择需要插入的字段，如图 8-17 所示。

(2)"符号"命令：选择该命令中的子命令，可以在标注文字时，插入一些特殊的字符，例如，"°"（度）、"±"和"ф"等。若选择"其他"子命令，则系统将打开如图 8-18 所示的"字符映射表"对话框，可从中选择所需插入的其他特殊字符。

(3)"输入文字"命令：选择该命令，可打开"选择文件"对话框，如图 8-19 所示。利用该对话框，可导入在其他文本编辑器中创建的文字。

(4)"段落对齐"命令：选择该命令中的子命令，可设置段落的对齐方式。

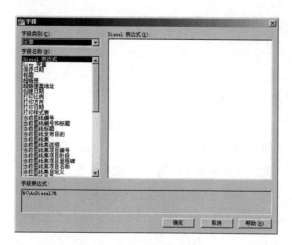
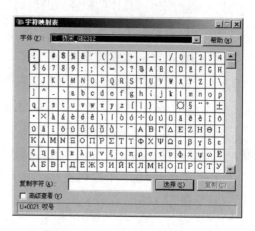

图 8-17 "字段"对话框   图 8-18 "字符映射表"对话框

（5）"段落"命令：选择该命令，可打开"段落"对话框，如图 8-20 所示，在对话框中可对段落的缩进方式、对齐方式等格式进行设置。

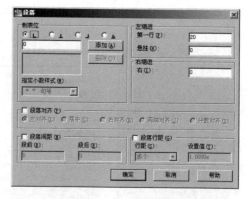

图 8-19 "选择文件"对话框   图 8-20 "段落"对话框

（6）"项目符号和列表"命令：可以使用字母（包括大小写）、数字作为段落文字的项目符号。

（7）"分栏"命令：选择该命令中的子命令，可设置不同的文本分栏格式。

（8）"查找和替换"命令：选择该命令，将打开"替换"对话框，利用该对话框，可以搜索或同时替换指定的字符串。也可以设置查找的条件，例如，是否全字匹配、是否区分大小写等。

（9）"改变大小写"命令：该命令包括"大写"和"小写"两个子命令，使用它们可以改变文字中字符的大小写样式。

（10）"自动大写"命令：使用该命令，可自动控制输入字母为大写样式。

（11）"字符集"命令：在该命令的子命令中，可以选择字符集。

（12）"合并段落"命令：选择该命令，可合并多个段落。

（13）"删除格式"命令：选择该命令，可删除文字中应用的格式，如加粗、倾斜等。

（14）"背景遮罩"命令：选择该命令将打开"背景遮罩"对话框，可以设置是否使用背景、边界偏移因子（1～5），以及背景填充颜色等，如图 8-21 所示。

（15）"编辑器设置"命令：利用其子命令，可设置是否显示工具栏、工具选项、标尺以及编辑窗口的背景等。当选中“不透明背景”命令时，输入窗口的背景为不透明效果，如图 8-22 所示。

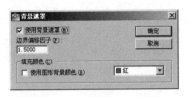

背景遮罩
使用背景遮罩(M)
边界偏移因子(F):
1.5000
填充颜色(C)
使用图形背景颜色(B)
红
确定
取消

图 8-21　“背景遮罩”对话框

AutoCAD 2012 中文版

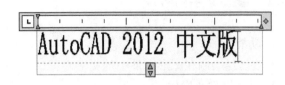

图 8-22　“不透明背景”效果

6. 输入多行文字

可直接在文字编辑窗口中输入多行文字，也可以在文字编辑窗口中右击，从弹出的快捷菜单中选择“输入文字”命令，将在其他文字编辑器中创建的文字内容直接输入到当前图形中。

【例 8.3】 创建如图 8-23 所示的多行文字。

操作步骤：

①创建文字样式“技术要求”，其中，文字的字体为仿宋 _ GB2312，文字高度为 5。

②选择“绘图 →文字 →多行文字”命令。

③在“指定第一角点:”提示下确定文字边界框的第一个角点。

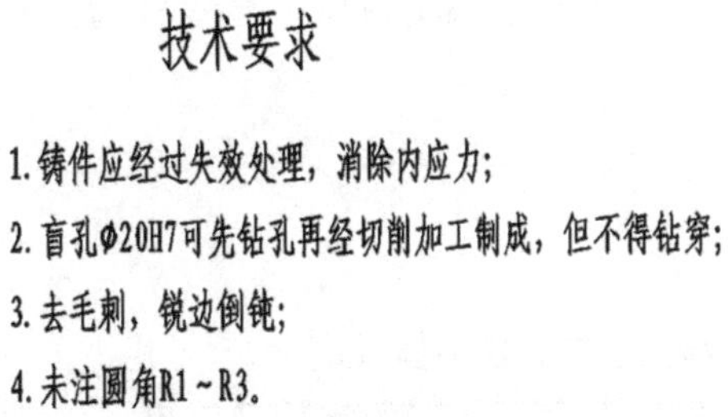

技术要求
1. 铸件应经过失效处理，消除内应力；
2. 盲孔φ20H7可先钻孔再经切削加工制成，但不得钻穿；
3. 去毛刺，锐边倒钝；
4. 未注圆角R1～R3.

图 8-23　要创建的多行文字

文字格式
技术要求
仿宋_GB2312
ByLayer
确定
技术要求
1. 铸件应经过失效处理，消除内应力；
2. 盲孔φ20H7可先钻孔再经切削加工制成，但不得钻穿；
3. 去毛刺，锐边倒钝；
4. 未注圆角R1～R3.

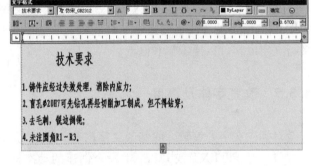

图 8-24　输入的多行文字内容

④在“指定对角点或［高度（H）/对正（J）/行距（L）/旋转（R）/样式（S）/宽度（W）］:”提示下确定文字边界框的另一个角点，此时 AutoCAD 将打开“文字格式”工具栏和文字编辑窗口。

⑤在“文字样式”下拉列表框中选择前面创建的“技术要求”文字样式，在“文字高度”下拉列表框中输入 5。

⑥在文字编辑窗口中输入需要创建的多行文字内容，如图 8-24 所示。

⑦同 Word 中编辑文本一样，将图 8-24 中的“技术要求”文字内容的字体高度改为 7，并将%%C 控制字符的字体修改为 SOLID EDGE ISO 字体。

⑧完成后，单击“文字格式”工具栏中的“确定”按钮，即可得到图 8-23 所示结果。

8.3　编 辑 文 字

标注文字后，还可以方便地使用 DDEDIT 命令进行文字编辑，如修改文字内容，改变文字字体和高度等。但应注意，对于用 DTEXT 和 TEXT 命令创建的动态文字与用

MTEXT 命令创建的多行文字，在操作上有所不同，具体介绍如下。

8.3.1 修改文字内容

1. 功能

修改已经绘制在图形文件中的文字内容。

2. 命令格式及操作

下拉菜单：修改→对象→文字→编辑

快捷菜单：在没有命令激活的状态下，先选择文字对象，然后右击激活快捷菜单，并选择其中的"编辑（I）…"

图标："文字"工具栏上 ![按钮图标] 按钮

命令行：DDEDIT

选择注释对象或 ［放弃（U）］：

在此提示下需选择欲修改的文字对象。

（1）如果选择的是 TEXT 或 DTEXT 命令创建的动态文字对象，则文字区将被激活，即可直接在文字区修改文字内容。

（2）如果选择的是 MTEXT 命令创建的多行文字对象，AutoCAD 将会在所选文字区弹出图 8-24 所示的"文字格式"工具栏和文字编辑窗口，并在文字编辑窗口中显示所选择的多行文字内容，以便编辑和修改。

8.3.2 改变字体及高度

对标注文字的编辑，除修改文字内容外，还可修改标注文字的字体及高度。

（1）对于 TEXT 或 DTEXT 命令创建的动态标注文字而言，文字的字体及高度一般利用"特性"对话框进行编辑，其操作过程是先选择需编辑的文字，再打开"特性"对话框，在其中即可修改各种属性内容。具体命令格式及操作如下。

下拉菜单：修改→特性

快捷菜单：在已选择文字对象的情况下，右击激活快捷菜单并选择其中的"特性"

图标："标准"工具栏上的"特性"按钮 ![按钮图标]

命令行：PROPERTIES 或 DDMODIFY

当用户按以上格式之一调用命令后，AutoCAD 将弹出如图 8-25 所示的"特性"对话框，当中列出了文字对象的各种属性。在"高度"栏内输入新的高度值即可修改文字的高度；在"样式"栏内选择用户已建样式，即可将所选样式应用于文字，从而达到改变文字字体的目的。

（2）对于 MTEXT 命令创建的多行文字对象，可在如图 8-24所示的"文字格式"工具栏和文字编辑窗口中直接修改，具体操作参照【例 8.3】中第 7 步。

图 8-25 "特性"对话框

8.3.3　调整文字边界宽度

此项功能主要用于调整多行文字的显示宽度，可通过调整文字边界框的宽度来完成。以图 8-23 所示内容为例，具体操作步骤如下：

(1) 选择图中多行文字内容，此时 AutoCAD 自动显示对象关键点，用鼠标左键激活右边的一个关键点，进入拉伸编辑模式；

(2) 此时向右移动光标，可拉大多行文字的显示宽度；反之，则缩小显示宽度。如图 8-26 所示为缩小多行文字显示宽度的效果。

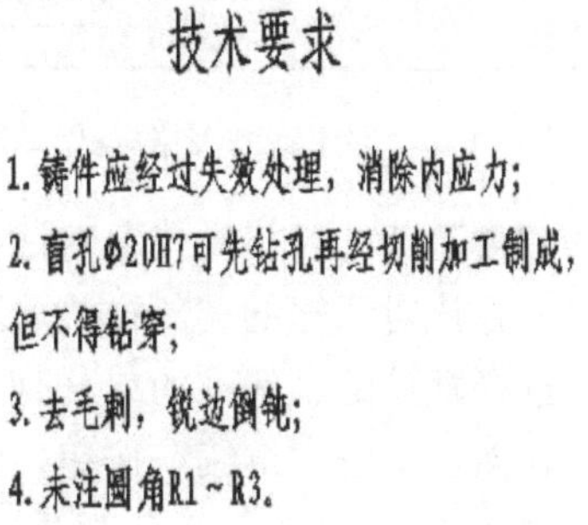

技术要求
1.铸件应经过失效处理，消除内应力；
2.盲孔Φ20H7可先钻孔再经切削加工制成，
但不得钻穿；
3.去毛刺，锐边倒钝；
4.未注圆角R1~R3。

图 8-26　缩小多行文字显示宽度

8.4　创建表格样式和表格

在 AutoCAD 2012 中，可以使用“创建表格”命令创建数据表或标题块，还可以从 Microsoft Excel 中直接复制表格，并将其作为 AutoCAD 表格对象粘贴到图形中。此外，还可以输出来自 AutoCAD 的表格数据，以供 Microsoft Excel 或其他应用程序使用。

8.4.1　新建表格样式

表格样式控制一个表格的外观。使用表格样式，可以保证标准的字体、颜色、文本、高度和行距。用户可以使用默认的表格样式或自定义样式来满足绘制需要，但当用户设置了多种表格样式以后，要使用哪种表格样式应该将该表格样式设置为当前样式。下面介绍如何使用“表格样式”命令设置和修改表格样式。

表格样式
当前表格样式: Standard
样式(S):
Standard
预览: Standard
置为当前(U)
新建(N)...
修改(M)...
删除(D)
列出(L):
所有样式
关闭
帮助(H)

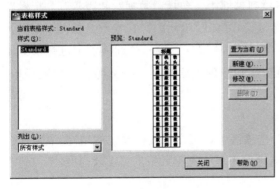

图 8-27　“表格样式”对话框

1. 功能

定义和修改表格样式、设置当前样式、删除已有样式。

2. 命令格式及操作

下拉菜单：格式→表格样式

命令行：TABLESTYLE

用户输入命令后，系统将弹出“表格样式”对话框，如图 8-27 所示。

3. 对话框的说明及操作

在该对话框中，在“当前表格样式”显示区，显示当前用户使用的表格样式（默认为 Standard）；在“样式”列表中显示了当前图形所包含的表格样式；在“预览”窗口中显示了所选表格样式的具体样式；在“列出”下拉列表框中，可以选择“样式”列表是显示图形中的所有样式，还是正在使用的样式。

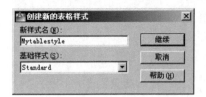

图 8-28　"创建新的表格样式"对话框

此外，在"表格样式"对话框中，还可以单击"置为当前"按钮，将选中的表格样式设置为当前样式；单击"修改"按钮，可以在打开的"修改表格样式"对话框中修改选中的表格样式；单击"删除"按钮，可以删除选中的表格样式。如果用户在图形中需要使用特定格式的表格，可以单击"新建"按钮，打开如图 8-28 所示的"创建新的表格样式"对话框。

在该对话框的"新样式名"文本框中输入新的表格样式名，在"基础样式"下拉列表框中选择默认的、标准的或任何已经创建的表格样式，新样式将在该样式的基础上经修改而得，然后单击"继续"按钮，将打开"新建表格样式"对话框，如图 8-29 所示。

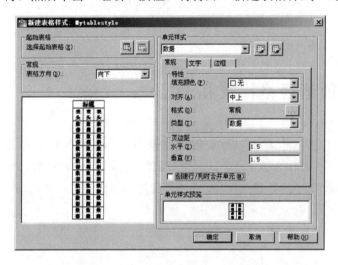

图 8-29　"新建表格样式"对话框

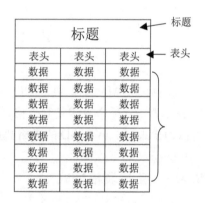

图 8-30　表格结构样式

8.4.2　设置表格的数据、列标题和标题样式

"新建表格样式"对话框的"单元样式"下拉列表框中，包括"数据"、"表头"、"标题"三个单元选项，分别用于控制表格的数据、列标题和总标题单元的样式参数，如图 8-30 所示，各单元的具体样式参数可依次在"常规"、"文字"、"边框"等三个选项卡中进行设置。此外，可以利用对话框中的 █、█ 命令按钮新建和管理表格数据、列标题、总标题等单元样式。

1. "常规"选项卡

"常规"选项卡如图 8-29 所示，在"特性"选项区中，可设置表格单元的填充颜色、文本对齐方式、单元数据格式等；在"页边距"选项区中可设置单元格的宽度及高度。

2. "文字"选项卡

"文字"选项卡如图 8-31 所示，在该选项卡中可设置表格内容的文字样式、文字高度、颜色、倾斜角度等。

3. "边框"选项卡

"边框"选项卡如图 8-32 所示，在该选项卡中可设置表格边框的线型、线宽、颜色等属性，此外可通过边框线控制按钮设置表格边框线的绘制方式。

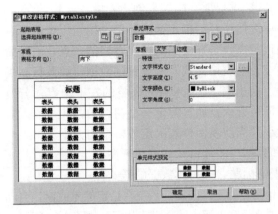

图 8-31　"列标题"选项卡

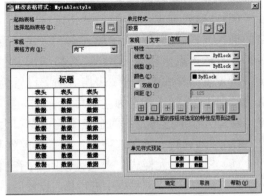

图 8-32　"标题"选项卡

8.4.3　创建表格

定义好表格样式后，即可在图形中利用该表格样式创建表格，下面对此进行具体介绍。

1. 功能

在图形文件中创建表格内容。

2. 命令格式及操作

下拉菜单：绘图→表格

图标："绘图"工具栏上的"插入表格"按钮

命令行：TABLE

用户按以上格式之一输入"创建表格"命令后，AutoCAD 将弹出"插入表格"对话框，如图 8-33 所示。

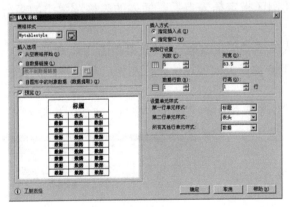

图 8-33　"插入表格"对话框

3. 对话框操作说明

（1）"表格样式"选项区：可以从"表格样式"下拉列表框中选择一种表格样式，或单击其后的"启动表格样式对话框"按钮，打开"表格样式"对话框，新建或修改表格样式。

（2）"插入选项"选项区：选择"从空表格开始"单选按钮，可创建可以手动填充数据的空表格；选择"自数据连接"单选按钮，可通过启动数据连接管理器来创建表格；选择

"自图形中的对象数据"单选按钮，可通过启动"数据提取"向导来创建表格。

（3）"插入方式"选项区："指定插入点"单选按钮及"指定窗口"单选按钮用于选择表格的插入方式。选择"指定插入点"方式，通过定点设备在绘图区指定表格插入点，或在命令行输入插入点坐标插入表格，表格结构大小按当前表格样式及所设置的数据行数及行高决定。设置表格样式时，若"表格方向"设置为"向上"，则插入点为表格的左上角点；若设置为"向下"，则插入点为左下角点。"指定窗口"方式是通过指定一个窗口的方式来插入表格，窗口大小通过指定的两个点确定，窗口大小及当前表格样式决定表格结构大小。

（4）"列和行设置"选项区：用于设定列和数据行的数目及列宽与行高。

（5）"设置单元样式"选项区：用于指定表格标题、表头及数据的样式。

在"插入表格"对话框中进行相应设置后，单击"确定"按钮，系统在指定的点或窗口自动插入一个空表格，并打开多行文字编辑器，用户可逐行输入相应的文字或数据，如图 8-35 所示。

【例 8.4】新建一个名为"参数表"的表格样式，并创建如图 8-34 所示的表格内容。

操作步骤：

①设置表格样式。选择菜单栏中的"格式→表格样式"命令，打开"表格样式"对话框，如图 8-27 所示。

②在"表格样式"对话框中单击"新建"按钮，系统弹出图 8-28 所示的"创建新的表格样式"对话框，在"新样式名"文本框中输入新建样式名"参数表"，单击"继续"按钮，进一步设置"参数表"表格样式。

③在弹出的"新建表格样式"对话框（图 8-29）中，按参数表绘制要求，依次设置参数表标题、表头及数据等的文本对齐方式、单元数据格式、文字样式、文字高度、颜色、倾斜角度、边框特性等。

④将新建的"参数表"样式设置为当前表格样式，单击"确定"按钮退出对话框。

⑤选择"绘图→表格"命令，打开图 8-33 所示的"插入表格"对话框。设置插入方式为"指定插入点"，设置数据行数为 7，列数为 2，设置列宽为 70，行高为 1，单击"确定"按钮退出对话框，在绘图区指定插入点后，插入的表格及弹出的多行文字编辑器如图 8-35 所示。

⑥在单元格中输入文字"齿轮参数"，其效果如图 8-35 所示。

⑦通过键盘上的 Tab 键或方向键定位光标在相应单元格，依次输入图 8-34 所示的其他内容。

⑧单击"文字格式"工具栏中的"确定"按钮，完成表格插入。

齿轮参数	
模数m	1.500
齿数Z	34
精度等级JB179-83	8-7-7HK
齿圈径向跳动Pr	0.063
公法线长度公差Fw	0.028
基节极限偏差fpb	0.013
齿形公差ft	0.011
跨齿数n	4

图 8-34　绘制好的表格　　　　　　　　　图 8-35　插入的表格

8.4.4　编辑表格和表格单元

在 AutoCAD 中，对已插入的表格可使用表格夹点、快捷菜单、工具栏等对其格式及文字进行编辑。

1. 编辑表格

（1）夹点编辑：

用鼠标单击表格边框即可选中表格，表格的框格线呈点线表示，并在框格上显示表格夹点，如图 8-36 所示。在表格夹点上单击夹点即可使之激活，利用激活的夹点即可进行相应的编辑操作。端角上的正方形夹点为表格定位基准点，激活后移动夹点即可移动整个表格的位置；移动其他正方形夹点可改变单列宽度；移动三角形夹点可改变整个表格的宽度或高度。

（2）工具栏编辑：

用鼠标单击表格单元，系统弹出"表格"工具栏，如图 8-37 所示。利用工具栏上的命令按钮可以对已插入的表格进行如下编辑：插入或删除行或列、合并或取消合并单元格、设置单元格填充模式、设置单元格或表格边框线条样式、设置对齐方式、在单元格插入公式等。

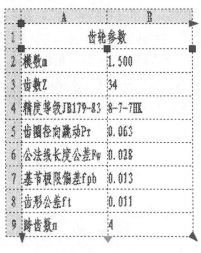

图 8-36　表格夹点

图 8-37　"表格"工具栏

此外，在单元格上右击，利用快捷菜单也可以对表格进行相应的编辑操作，快捷菜单如图 8-38 所示。

图 8-40　"合并单元"下拉菜单

图 8-38　快捷菜单

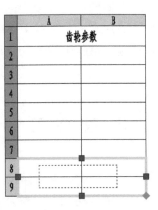

图 8-39　选择合并的单元格

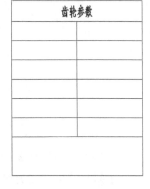

图 8-41　合并单元格

2. 编辑表格单元

（1）合并/取消合并单元格：

在表格单元上按下鼠标左键并拖动鼠标，选中需要合并的单元格，如图 8-39 所示。单击"表格"工具栏上的"合并单元"按钮，在其下拉菜单中选择"全部"命令（图 8-40），即可将选中的多个单元格合并为一个单元格，如图 8-41 所示。选中已合并的单元格，单击"取消合并单元"按钮，即可取消已合并的单元格。

（2）编辑单元格文本：

在表格单元上双击鼠标左键，可激活单元格，并弹出"文字格式"工具栏，如图 8-35 所示。用户可直接在激活的文本框中编辑文本内容，并可利用"文字格式"工具栏对单元格文本的样式进行设置，设置完成后单击"确定"按钮关闭工具栏。

8.5　文字的显示控制方式

1. 功能

通过打开或关闭快速文本状态来控制文本的显示及绘图输出方式，目的在于加速图形重生成的速度，节省绘图时间。

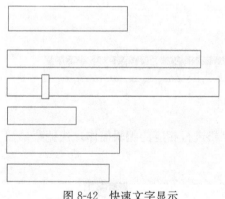

图 8-42　快速文字显示

2. 命令格式和操作

命令行：QTEXT

输入模式［开（ON）/关（OFF）］＜OFF＞：

正常的文字显示方式是显示文字，即 QTEXT 模式设置为"关（OFF）"，如图 8-23 所示。

如果用户将 QTEXT 设置为"开（ON）"，则 AutoCAD 将把当前图形中的所有文字用围绕文字的矩形框代替，而不显示它们的具体内容，如图 8-42 所示。每个矩形框的大小反映了文字行的长度、高度及其所在位置。

注意：

（1）用 QTEXT 命令设置文字显示方式，命令操作结束时，在屏幕上并不能立即看到所设置的效果，需待执行重新生成命令（REGEN）后，系统才按相应设置显示其效果。

（2）QTEXT 命令只是控制文字的显示方式。当要对文字进行编辑或准备输出图形时，必须将 QTEXT 设置为"关（OFF）"，并输入重新生成命令（REGEN）后，才能看到或输出文字的具体内容。

8.6　思　考　练　习

（1）在 AutoCAD 2012 中，如何创建文字样式、表格样式、多行文字？

（2）用 MTEXT 命令标注以下文字（字体为仿宋，字高为 7）：

技术要求

1. 齿轮安装后，用手转动传动齿轮轴时，应灵活旋转。

2. 两齿轮轮齿的啮合面应占齿长的3/4以上。

（3）创建下列表格（标题字高为7，表头字高为5，数据行字高为5）。

材 料 明 细 表							
构件编号	零件编号	规格	长度（mm）	数量（mm）		重量（km）	
				单计	共计	单计	共计

第 9 章 尺 寸 标 注

尺寸标注是工程图样的重要组成部分，对标注的基本要求除内容正确外，还特别要注意遵守国家标准和有关专业标准，如文字标注中的字体应按 GB/T 14961－93，尺寸应按GB/T 4458.4，表面粗糙度应按 GB/T 131－93，形位公差应按 GB/T 1182－96 等。本章介绍如何使用 AutoCAD 2012 中文版进行尺寸标注。

9.1 尺寸标注菜单和工具栏

由于标注类型的多样性，AutoCAD 把标注命令和标注编辑命令集中安排在"标注"下拉菜单和"标注"工具栏（图 9-1）中，以方便用户的使用。图 9-2 列出了"标注"工具栏中各图标的功能。

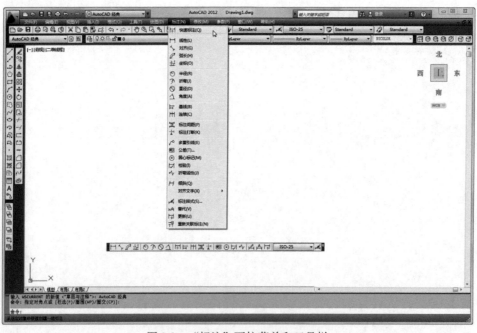

图 9-1 "标注"下拉菜单和工具栏

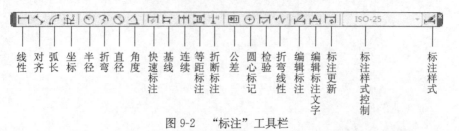

图 9-2 "标注"工具栏

9.2　尺寸标注命令

在 AutoCAD 中，有许多方法可进入到尺寸标注状态中。常用的方法有如下几种。

1. "命令:"提示

在"命令:"提示符下输入 DIMALIGNED（或其他特定尺寸标注命令）。这些命令都以 DIM 为前缀。

2. "标注"菜单

AutoCAD 提供了一个专门用于尺寸标注的下拉菜单。用户可直接选取该菜单中的各个菜单项，以激活相应的尺寸标注命令。

3. "标注"工具栏

AutoCAD 提供了一个专门用于尺寸标注的工具栏。用户可直接单击该工具栏中的图标按钮，以激活相应的尺寸标注命令。

9.2.1　线性尺寸标注

1. 功能

标注垂直、水平或倾斜的线性尺寸。

2. 命令格式及操作

下拉菜单：标注→线性

图标："标注"工具栏中的 ▭

命令行：DIMLINEAR

指定第一条尺寸界线原点或＜选择对象＞：（指定第一条尺寸界线的起点）

指定第二条尺寸界线原点：（指定第二条尺寸界线的起点）

指定尺寸线位置或［多行文字（M）/文字（T）/角度（A）/水平（H）/垂直（V）/旋转（R）］：（指定尺寸线的位置）

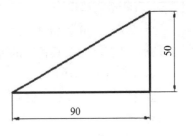

图 9-3　线性尺寸标注

用户指定了尺寸线位置之后，AutoCAD 自动判别标出水平或垂直尺寸，尺寸文字按 AutoCAD 自动测量值标出，如图 9-3 所示。

3. 选项说明

（1）在"指定第一条尺寸界线原点或＜选择对象＞:"提示下，若按 Enter 键，则光标变为拾取框，系统要求拾取一条直线或圆弧对象，并自动取其两端点为两条尺寸界线的起点和终点。

（2）在"指定尺寸线位置或［多行文字（M）/文字（T）/角度（A）/水平（H）/垂直（V）/旋转（R）］:"提示下，如选 M（多行文字），则系统弹出多行文字编辑器，用户可以输入复杂的标注文字；如选 T（文字），则系统在命令行显示尺寸的自动测量值，用户可以修改尺寸值；如选 A（角度），则可指定尺寸文字的倾斜角度，使文字倾斜标注；如选 H

（水平），则取消自动判断并限定标注水平尺寸；如选 V（垂直），则取消自动判断并限定标注垂直尺寸；如选 R（旋转），则取消自动判断，尺寸线按用户输入的倾斜角标注斜向尺寸。

9.2.2 对齐尺寸标注

1. 功能
标注对齐尺寸。

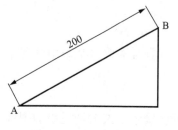

图9-4 对齐尺寸标注

2. 命令格式及操作

下拉菜单：标注→对齐

图标："标注"工具栏中的 ![icon]

命令行：DIMALIGNED

指定第一条尺寸界线原点或＜选择对象＞：（指定 A 点，见图 9-4）

指定第二条尺寸界线原点：（指定 B 点）

指定尺寸线位置或［多行文字（M）/文字（T）/角度（A）］：（指定尺寸线位置）

用户指定了尺寸线位置之后，AutoCAD 自动判别标出尺寸，尺寸线和直线 AB 平行，如图 9-4 所示。

9.2.3 弧长尺寸标注

1. 功能
标注弧长尺寸。

2. 命令格式及操作

下拉菜单：标注→弧长

图标："标注"工具栏中的 ![icon]

命令行：DIMARC

选择弧线段或多段线弧线段：（选择弧线段 AB，见图 9-5）

指定弧长标注位置或［多行文字（M）/文字（T）/角度（A）/部分（P）］：

用户指定弧长标注位置之后，AutoCAD 自动判别标出尺寸，尺寸线和 AB 弧同心，如图 9-5（b）所示。在 AutoCAD 2012 版本以前，圆弧只能标注半径等数据，如图 9-5（a）所示，现在 AutoCAD 2012 新增了弧长标注功能，用户通过该功能可以更加清晰的描述圆弧，如图 9-5（b）所示。

9.2.4 坐标尺寸标注

1. 功能
标注坐标尺寸。

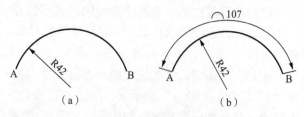

（a）　　　　　　　　（b）

图9-5 弧长标注

2. 命令格式及操作

下拉菜单：标注→坐标

图标："标注"工具栏中的 [图标]

命令行：DIMORDINATE

该命令用于标注指定点相对于 UCS 原点的 X 坐标和 Y 坐标值，但这种标注结果和我国现行标准不符合，故实际中基本不使用。

9.2.5 半径尺寸标注

1. 功能

标注半径尺寸。

2. 命令格式及操作

下拉菜单：标注→半径

图标："标注"工具栏中的 [图标]

命令行：DIMRADIUS

选择圆弧或圆：（选择圆弧，我国国标规定对圆和大于半圆的圆弧标注直径）

标注文字＝30（自动测量所选圆弧的半径值）

指定尺寸线位置或［多行文字（M）/文字（T）/角度（A）］：（确定尺寸线的位置，尺寸线总是指向或通过圆心）

选项的含义和前面相同。结果如图 9-6 所示。

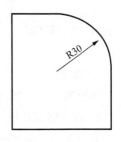

图 9-6　半径尺寸标注

9.2.6 直径尺寸标注

1. 功能

标注直径尺寸。

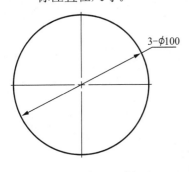

图 9-7　直径尺寸标注

2. 命令格式及操作

下拉菜单：标注→直径

图标："标注"工具栏中的 [图标]

命令行：DIMDIAMETER

选择圆弧或圆：（选择要标注直径的圆弧和圆）

标注文字 ＝100（自动测量所选圆弧的直径）

指定尺寸线位置或［多行文字（M）/文字（T）/角度（A）］：T（输入选项 T）

输入标注文字<100>：3－＜ ＞（"＜ ＞"表示测量值，"3－"为附加前缀）

指定尺寸线位置或［多行文字（M）/文字（T）/角度（A）］：（确定尺寸线位置）

3. 选项说明

命令选项 M、T 和 A 的含义和前面相同。当选择 M 或 T 项在多行文字编辑器或命令行修改尺寸文字的内容时，用"<>"表示保留 AutoCAD 的自动测量值。若取消"<>"，则用户可以完全改变尺寸文字的内容。结果如图 9-7 所示。

9.2.7　圆心标记和中心线

1. 功能

给指定的圆或圆弧画出圆心标记。

2. 命令格式及操作

下拉菜单：标注→圆心标记

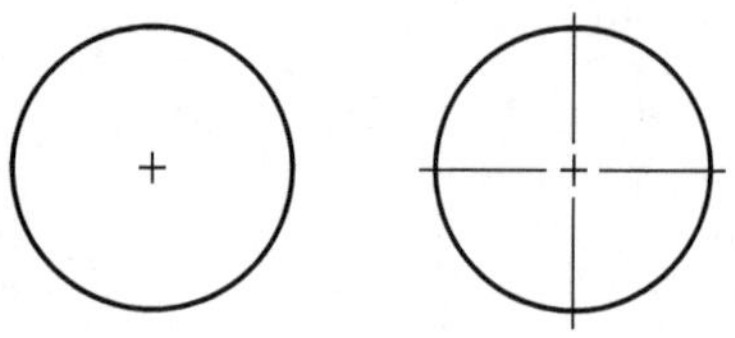

图标："标注"工具栏中的 ⊕

命令行：DIMCENTER

用 DIMCENTER 命令绘制的圆心标记由两条直线组成，不是相关的尺寸标注，而是独立的对象，有自己明确的线型。圆心标记线的长短可在标注样式管理器中修改，结果如图 9-8 所示。

图 9-8　圆心标记

9.2.8　折弯标注

1. 功能

不通过圆心，标注出圆或圆弧的半径。

2. 命令格式及操作

下拉菜单：标注→圆心标记

图标："标注"工具栏中的 ⟲

命令行：DIMJOGGED

图 9-9　折弯标注

根据提示选择所要标注的圆或圆弧，指定中心位置和折弯位置即可，如图 9-9 所示。

9.2.9　角度尺寸标注

1. 功能

标注角度尺寸。

2. 命令格式及操作

下拉菜单：标注→角度

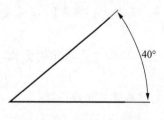

图 9-10　角度尺寸标注

图标："标注"工具栏中的 ⟀

命令行：DIMANGULAR

选择圆弧、圆、直线或<指定顶点>：（选择一条直线）

选择第二条线：（选择角的第二条边）

指定标注弧线位置或［多行文字（M）/文字（T）/角度（A）］：（确定尺寸弧的位置）

用户可选择圆弧、圆、直线或指定角的顶点，根据选择的对象不同，AutoCAD 有四种角度标注方法。

此命令可以标注两条直线所夹的角、圆弧的中心角及三点确定的角，结果如图 9-10 所示，注意角度数字字头方向的设置。

9.2.10 基线标注

1. 功能
标注具有共同基线的一组线性尺寸或角度尺寸。

2. 命令格式及操作
下拉菜单：标注→基线

图标："标注"工具栏中的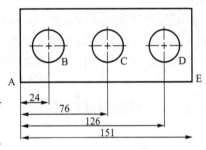

命令行：DIMBASELINE

指定第二条尺寸界线原点或［放弃（U）/选择
（S）］＜选择＞：（按 Enter 键选择作为基准的尺寸标注）

选择基准标注：（如图 9-11 所示，选择 AB 间的尺寸

图 9-11 基线标注

标注 24 左边的尺寸线为基准标注）

指定第二条尺寸界线原点或［放弃（U）/选择（S）］＜选择＞：（指定 C 点）

标注文字＝76（标注出尺寸 76）

指定第二条尺寸界线原点或［放弃（U）/选择（S）］＜选择＞：（指定 D 点）

标注文字＝126（标注出尺寸 126）

指定第二条尺寸界线原点或［放弃（U）/选择（S）］＜选择＞：（指定 E 点）

标注文字＝151（标注出尺寸 151，按 Enter 键结束标注）

选择基准标注：（若继续进行其他基线标注，则选择相应基准，会重复以上提示；若不标注，按 Enter 键退出该命令）

要创建基线型标注，用户应首先创建或选择一个长度型、坐标型或角度尺寸标注作为基准标注。AutoCAD 将基准标注的第一条尺寸界线作为连续标注的起始点，结果如图 9-11 所示。

9.2.11 连续标注

1. 功能
标注连续型链式尺寸。

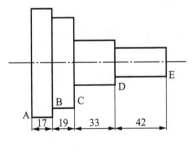

图 9-12 连续标注

2. 命令格式及操作
下拉菜单：标注→连续

图标："标注"工具栏中的

命令行：DIMCONTINUE

指定第二条尺寸界线原点或［放弃（U）/选择（S）］＜选择＞：（按 Enter 键选择作为基准的尺寸标注）

选择连续标注：（选择图 9-12 中的尺寸标注 17 右边的尺寸线作为基准）

指定第二条尺寸界线原点或 ［放弃（U）/选择（S）］＜选择＞：（指定 C 点）

标注文字 ＝19（标注出尺寸 19）

指定第二条尺寸界线原点或 ［放弃（U）/选择（S）］＜选择＞：（指定 D 点）

标注文字 ＝33（标注出尺寸 33）

指定第二条尺寸界线原点或 ［放弃（U）/选择（S）］＜选择＞：（指定 E 点）

标注文字 ＝42（标注出尺寸 42，按 Enter 键结束标注）

选择基准标注：（若继续进行其他连续标注，则选择相应基准，会重复以上提示；若不标注，按 Enter 键退出该命令）

连续标注和基线标注类似，不同的是基线标注是基于相同的标注起点，而 AutoCAD 把每个连续标注的第二条尺寸界线作为下一个连续标注的起始点（即第一条尺寸界线），因而连续标注又称为链式标注。所有连续标注使用同一条尺寸线，结果如图 9-12 所示。

9.2.12　快速引线标注

1. 功能

完成一个带文字注释或形位公差的标注，如图 9-13 所示。

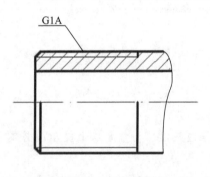

图 9-13　引线标注

2. 命令格式及操作

命令行：QLEADER

指定第一条引线点或 ［设置（S）］＜设置＞：

指定下一点：

指定下一点：

指定文字宽度＜0＞：

输入注释文字的第一行＜多行文字（M）＞：（可在该提示下按 Enter 键，则打开“多行文字编辑器”对话框，输入文本，若直接在命令行输入文本，按 Enter 键后提示如下）

输入注释文字的下一行：（无输入，按 Enter 键退出该命令）

若在提示“指定第一条引线点或 ［设置（S）］＜设置＞：”下直接按 Enter 键，则打开“引线设置”对话框，如图 9-14 所示。

在“引线设置”对话框中有三个选项卡，通过选项卡可以设置引线标注的具体格式。

（1）“注释”选项卡（图 9-14）。该选项卡中，可以设置文字注释的类型和选项。选择“公差”并作相应设置，可完成形位公差的标注。

（2）“引线和箭头”选项卡（图 9-15）。在该选项卡中，可以设置引线的格式、引线顶点数的限制、箭头的形式和引线线段的角度限制等。

（3）“附着”选项卡（图 9-16）。在该选项卡中，可以设置文字注释的格式。

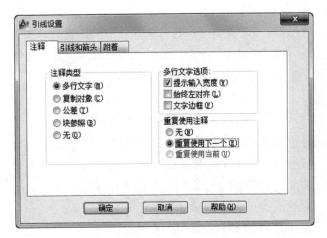

图 9-14　"引线设置"对话框

图 9-15　"引线和箭头"选项卡

图 9-16　"附着"选项卡

9.2.13　多重引线标注

1. 功能

完成一个带文字注释或形位公差的标注，如图 9-13 所示。

2. 命令格式及操作

命令行：MLEADER

指定文字的第一个角点或［引线箭头优先（H）/引线基线优先（L）/选项（O）］＜选项＞：

在图形中单击确定引线箭头位置，然后在打开的文字输入窗口中输入注释内容即可。

9.2.14　快速标注

1. 功能

快速生成尺寸标注。

2. 命令格式及操作

下拉菜单：标注→快速标注

图标："标注"工具栏中的

命令行：QDIM

选择要标注的几何图形：(选择要标注的对象，按 Enter 键则结束选择)

指定尺寸线位置或［连续（C）/并列（S）/基线（B）/坐标（O）/半径（R）/直径（D）/基准点（P）/编辑（E）/设置（T）］＜连续＞：

3. 选项说明

(1) 连续（C）：对所选择的多个对象快速生成连续标注；

(2) 并列（S）：对所选择的多个对象快速生成交错的尺寸标注；

(3) 基线（B）：对所选择的多个对象快速生成基线标注；

(4) 坐标（O）：对所选择的多个对象快速生成坐标标注；

(5) 半径（R）：对所选择的多个对象标注半径；

(6) 直径（D）：对所选择的多个对象标注直径；

(7) 基准点（P）：为基准标注和连续标注确定一个新的基准点；

(8) 编辑（E）：指定要添加或删除的标注点；

(9) 设置（T）：为指定的尺寸界线原点设置默认对象捕捉。

9.3 尺寸标注样式

9.3.1 标注样式管理器

在尺寸标注中，标注文字字体、放置形式、文字高度、箭头样式和大小、尺寸界线的偏移距离以及超出标注线的延伸量等尺寸标注的特性，可以通过"标注样式管理器"对话框来设置和管理。AutoCAD 中默认的尺寸标注样式是 ISO−25。

1. 命令格式及操作

下拉菜单：格式→标注样式…（或：标注→标注样式…）

图标："标注"工具栏中的

命令行：DIMSTYLE

调用命令后，AutoCAD 显示"标注样式管理器"，如图 9-17 所示。与以前版本相比，AutoCAD 2012 中的"标注样式管理器"具有更方便一致的管理界面，通过样式预览窗口，对标注样式作出的更改可以实时快捷地得到反映，方便了用户的操作，减少了出错的可能性，避免重复操作。

2. "标注样式管理器"中的各项功能

(1) 当前标注样式：显示当前正在使用的标注样式。

(2) 样式：显示所有的样式名称，可单击相应名称选择某种样式。

(3) 列出：从该下拉列表中选择在"样式"列表框中显示的样式种类，默认所有类型的样式都显示在"样式"列表框中。

(4) 不列出外部参照中的样式：该复选框控制是否在"样式"列表框中显示外部引用当中的标注样式。

(5) 置为当前：选择该按钮即可将选中的样式作为当前使用的标注样式。

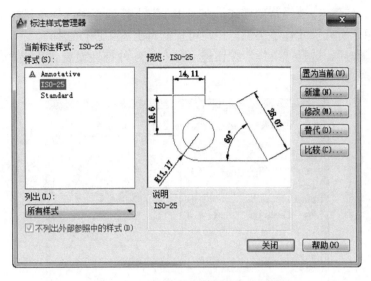

图 9-17 "标注样式管理器"对话框

（6）新建：选择该按钮将新建一种标注样式，弹出"新建标注样式"对话框。

（7）修改：选择该按钮对选中的标注样式的各种特性进行修改。

（8）替代：选择该按钮创建临时标注样式，弹出"替代标注样式"对话框。

（9）比较：选择该按钮，表示比较所有已存在的标注样式在特性参数中的不同，并显示结果。

9.3.2 创建新的尺寸样式

在"标注样式管理器"对话框中选择"新建"按钮，弹出"创建新标注样式"对话框，如图 9-18 所示。

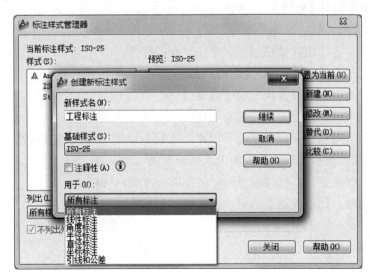

图 9-18 "创建新标注样式"对话框

在"新样式名"中输入用户所需要的样式名称；从"基础样式"下拉列表中选择从哪个

样式开始创建新样式，即选择基础样式；在"用于"下拉列表中选择新建样式所应用的对象范围，默认作用于所有尺寸标注类型，用户可根据自己需要进行选择。

完成以上操作后，选择"继续"按钮进入样式的各种特性设置，弹出"新建标注样式"对话框，如图 9-19 所示。

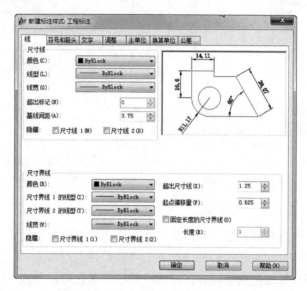

图 9-19 "新建标注样式"对话框

标注样式的特性包含：尺寸线、尺寸界线、箭头以及圆心标记的格式和位置；标注文字的外观、位置和规则；控制 AutoCAD 放置文字和尺寸线位置的规则；所有标注的比例；主单位、换算单位和角度标注单位的格式和精度；公差值的格式和精度。

在"新建标注样式"对话框中包含七个选项卡：线、符号和箭头、文字、调整、主单位、换算单位和公差。用户可通过它们来设置标注样式的特性。

1. "线"选项卡（图 9-19）

该选项卡设置尺寸线、尺寸界线等特征。

（1）"尺寸线"选项组：该栏用于设置尺寸线的特性。

"颜色"下拉列表框：设置尺寸线的颜色。

"线型"下拉列表框：设置尺寸线的线型。

"线宽"下拉列表框：设置尺寸线的宽度。

"超出标记"微调按钮：设置在没有设置尺寸箭头或使用斜线等其他符号作为箭头标志的情况下，标注线经过尺寸界线并延伸出来的长度值（图 9-20（a））。

"基线间距"微调按钮：调整基线尺寸标注时尺寸线的间距。

"隐藏"复选框：用以控制是否显示尺寸线 1 和尺寸线 2（图 9-20（b））。

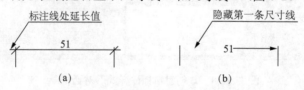

图 9-20 尺寸线延伸长度和隐藏尺寸线

（2）"尺寸界线"选项组：该栏用于设置尺寸界线的特征。

"颜色"下拉列表框：设置尺寸界线的颜色。

"线宽"下拉列表框：设置尺寸界线的宽度。

"超出尺寸线"微调按钮：用于设置尺寸界线超出尺寸线的长度（图9-21）。

"起点偏移量"微调按钮：设置尺寸界线起始点离要标注尺寸的源点的偏移距离（图9-22）。

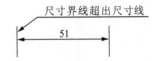

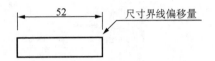

图9-21　尺寸界线超出尺寸线的长度　　　　　图9-22　尺寸界线的起点偏移量

"隐藏"复选框：用以控制是否显示尺寸界线1和尺寸界线2。

"固定长度的尺寸界线"复选框：用以控制固定长度的尺寸界线。

2. "符号和箭头"选项卡（图9-23）

（1）"箭头"选项组：该栏用于设置箭头的样式和尺寸。

（2）"圆心标记"选项组：该栏用于设置圆心处圆心符号的形状和大小。

（3）"弧长符号"选项组：该栏用于设置弧长符号的位置。

（4）"半径折弯标注"选项组：该栏用于设置折弯标注中折弯的角度。

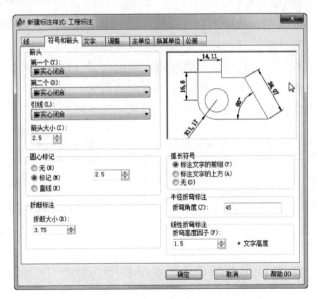

图9-23　"符号和箭头"选项卡

3. "文字"选项卡（图9-24）

该选项卡设置尺寸文字的形式、位置和对齐方式。

（1）"文字外观"选项组：该栏用于设置文字外观的特性。

"文字样式"下拉列表框：设置尺寸文字的字体。

"文字颜色"下拉列表框：设置尺寸文字的颜色。

"填充颜色"下拉列表框：设置尺寸文字的底纹填充颜色。

"文字高度"微调按钮：设置尺寸文字的大小。

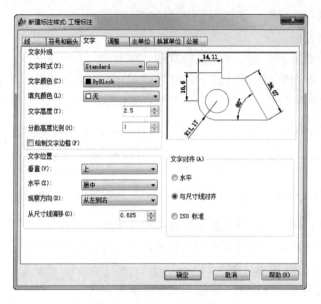

图 9-24 "文字"选项卡

"分数高度比例"微调按钮：设置尺寸分数文本的高度比例系数，用户只有在选中"绘制文字边框"复选框时该项才有效。

"绘制文字边框"复选框：选中此复选框则在尺寸文字周围绘制边框。

（2）"文字位置"选项组：该栏用于设置文字放置的位置。

"垂直"下拉列表框：设置尺寸文字在垂直方向的位置（图 9-25）。

"水平"下拉列表框：设置尺寸文字在水平方向的位置。

"从尺寸线偏移"微调按钮：设置尺寸文字与尺寸线之间的距离。

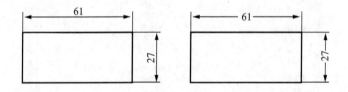

图 9-25 "垂直"方向位置的设置

（3）"文字对齐"选项组：该栏用于设置文字的对齐方式。

"水平"单选按钮：选中该按钮则尺寸文字为水平方向（图 9-26（a））。

"与尺寸线对齐"单选按钮：选中该单选按钮则尺寸文字与尺寸线对齐（图 9-26（b））。

"ISO 标准"单选按钮：根据 ISO 标准设置尺寸文字的位置。

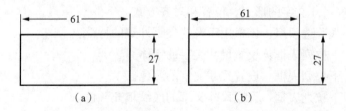

图 9-26 文字对齐

4. "调整"选项卡（图 9-27）

在进行尺寸标注时，某些情况下尺寸界线之间的距离太小，不能够容纳尺寸数字，在此情况下，可通过该选项卡根据两条尺寸界线之间的空间，设置将尺寸文字、尺寸箭头放在两尺寸界线的里边还是外边，以及定义尺寸要素的缩放比例等。

图 9-27 "调整"选项卡

（1）"调整选项"选项组：当尺寸界线之间的空间比较小时，为保证标注清晰，可以通过该选项组设置尺寸文字和箭头的位置。

图 9-28 为不同选项的效果比较，其中，图 9-28（a）为尺寸文字和箭头比较小时的标注，此时文字和箭头都在尺寸界线之间，在增大尺寸数字和箭头之后，由于尺寸界线之间距离太小，为保证清晰，则可根据情况调整文字和箭头的位置；图 9-28（b）为在"调整选项"选项组中选中"文字或箭头（最佳效果）"单选按钮时的标注；图 9-28（c）为选中"箭头"单选按钮时的标注；图 9-28（d）为选中"文字"单选按钮时的标注；图 9-28（e）为选中"文字始终保持在尺寸界线之间"单选按钮时的标注；图 9-28（f）为选中"若箭头不能放在尺寸界线内，则将其消除"复选框时的标注。

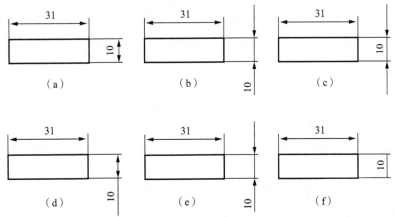

图 9-28 尺寸文字和箭头的不同位置

在标注直径尺寸时，图 9-29（a）为选中"文字或箭头（最佳效果）"单选按钮时的标注；图 9-29（b）为选中"文字"单选按钮时的标注；图 9-29（c）为选中"箭头"单选按钮时的标注。由于直径尺寸标注中箭头和文字摆放位置要求比较灵活，所以建议用户专门为直径尺寸的标注建立独立的标注样式。

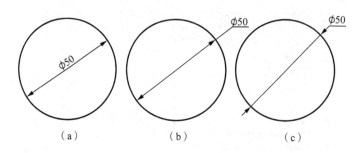

图 9-29　标注直径时尺寸文字和箭头的不同位置

（2）"文字位置"选项组：该选项组用于设置当文字因空间不足不能放在默认位置时，尺寸文字的放置位置。图 9-30（a）为选中"尺寸线旁边"单选按钮时文字的位置；图 9-30（b）为选中"尺寸线上方，带引线"单选按钮时的文字位置；图 9-30（c）为选中"尺寸线上方，不带引线"单选按钮时文字的位置。

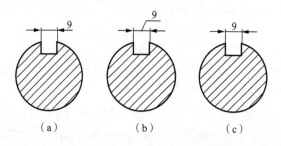

图 9-30　尺寸文字的不同位置

（3）"标注特征比例"选项组：该选项组用于设置尺寸要素的缩放比例。

"使用全局比例"单选按钮：定义整体尺寸要素的缩放比例。

"将标注缩放到布局"单选按钮：表示尺寸要素采用图纸空间的比例。

（4）"优化"选项组：该选项组用于调整尺寸文字和尺寸线的位置。

"手动放置文字"复选框：选中该项，则标注时由用户自己确定尺寸文字的放置位置。

"在尺寸界线之间绘制尺寸线"复选框：选中该复选框，则任何情况下均在两尺寸界线之间绘出一尺寸线。

5. "主单位"选项卡（图 9-31）

"主单位"选项卡用来设置尺寸单位的精度和格式，并可给标注文字设置前缀和后缀。

（1）"线性标注"选项组：该选项组用来设置线性标注的单位和精度。

"单位格式"下拉列表框：设置单位的类型，可设置为十进制、科学、工程、建筑单位类型中的任一种格式。

"精度"下拉列表框：通过该下拉列表框可以设置尺寸标注时的尺寸精度，精度最多可以设置为小数点后 8 位。

"分数格式"下拉列表框：通过该下拉列表框可以设置尺寸标注时的分数形式。

"小数分隔符"下拉列表框：通过该下拉列表框可以设置句点、逗点和空格三种小数分隔符。

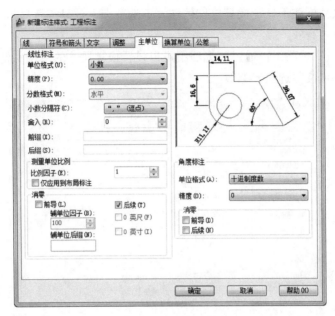

图 9-31 "主单位"选项卡

"舍入"微调按钮：确定数值的取整值。设置除角度标注外所有标注长度的取舍规则。如输入的值为 1.0，则 AutoCAD 将所有标注长度近似取整数，标注如图 9-32（a）所示。

"前缀/后缀"文本框：用于给标注文字添加一个前缀和后缀。如可加前缀为"L"，后缀为毫米单位"mm"，标注如图 9-32（b）所示。

"比例因子"微调按钮：可以设置尺寸标注的比例，默认值为 1，表示按绘图的实际长度进行标注。选中"仅应用到布局标注"复选框表示只对布局尺寸标志有效。

"消零"选项组：用于控制线性标注文字是否显示无效的数字 0。"前导"复选框用于抑制小数点前的 0 的显示，如 0.500 将显示为 .500。"后续"复选框用于抑制小数点后面的仅标志有效位数的 0，如 12.500 将显示为 12.5。选中"0 英尺"复选框，当长度小于 1 英尺时，不显示 0 英尺而只显示英寸值。选中"0 英寸"复选框，当长度为整数的英尺数时，不显示英寸数，如 1ft-0in 显示为 1ft。

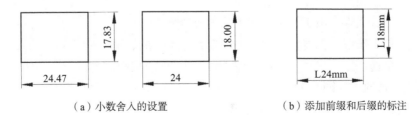

（a）小数舍入的设置　　　　　　　　（b）添加前缀和后缀的标注

图 9-32 主单位设置

（2）"角度标注"选项组：该选项组用来设置角度尺寸标注的单位和精度等，其各选项的设置方法与线性标注类似。

6. "换算单位"选项卡（图9-33）

用户可以通过"换算单位"选项卡来设置替代测量单位的格式和精度以及前缀和后缀等，如图9-33所示。

默认情况下尺寸标注不显示换算单位标注，该选项卡无效呈灰色显示。只有选中"显示换算单位"复选框才有效。

（1）"换算单位"选项组：通过该选项组可以设置换算尺寸的单位、精度、舍入规则等，其具体方法与"主单位"选项卡类似。

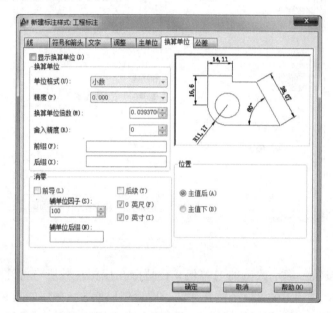

图9-33 "换算单位"选项卡

"单位格式"下拉列表框：选择采用什么类型的替代单位，下拉选项包括科学、十进制、工程、建筑、分数等单位形式。

"精度"下拉列表框：设置替代单位的精度。

"换算单位倍数"微调按钮：定义主单位和替代单位之间转换的倍数因子。如主单位标注的尺寸为150.40，倍数因子为0.5，并且为十进制表示，则替代单位标注为75.20。

（2）"舍入精度"选项组：设置替代单位的近似取整规则，同主单位的设置。

"前缀/后缀"文本框：设置替代单位标注文字的前缀和后缀。

（3）"消零"选项组：消零的设置同主单位。

（4）"位置"选项组：用于控制替代单位的放置方式。

"主值后"单选按钮：将替代单位标注放置在主单位的后面。

"主值下"单选按钮：将替代单位标注放置在主单位的下面。

7. "公差"选项卡（图9-34）

该选项卡设置尺寸公差的形式和精度等。

（1）"公差格式"选项组：通过该选项组可以控制公差的格式。

"方式"下拉列表框：设置公差的形式（包括对称、极限偏差、极限尺寸和基本尺寸四种形式）。

"精度"下拉列表框：显示和设置公差精度。

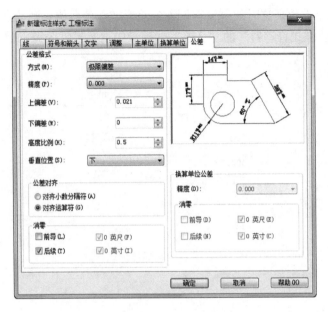

图 9-34 "公差"选项卡

"上偏差"微调按钮：显示和设置最大或上公差值。

"下偏差"微调按钮：显示和设置最小或下公差值。

"高度比例"微调按钮：显示和设置当前公差文字的高度。

"垂直位置"下拉列表框：用于控制对称和背离公差标注文字的对正。"上"项表示公差文字沿主标注文字的顶线对齐；"中"项表示根据主标注文字中线对齐；"下"项表示与主标注文字底线对齐。

（2）"换算单位公差"选项组：设置换算单位公差的精度和消零方式。

9.4 标注公差

在设计过程中，设计人员最主要的任务之一就是确定尺寸和公差。尤其在机械设计中，公差和配合将决定工程加工后零部件能否正确地装配。公差的标注有两种方式：一是尺寸公差；二是形位公差。

9.4.1 尺寸公差

尺寸公差的标注形式主要有对称、极限偏差、极限尺寸、基本尺寸等，如图 9-35 所示。尺寸公差的标注是随着尺寸的标注一起标注的。是否标注尺寸公差可通过"标注样式管理器"来设置，公差的形式和公差值也可通过"标注样式管理器"来设置。

用户可以通过下述方法激活"尺寸公差"命令：

（1）在"标注样式管理器"的"公差"选项卡中设置。

（2）在"标注："提示符下，输入 TOL 并按 Enter 键或空格键。

激活了"尺寸公差"命令后，输入 ON，表示打开尺寸公差标注，则在尺寸标注时添加设定的公差形式和公差值。这时如果没有设置公差形式和公差值，则按默认的形式标注对称公差值 0。在"标注样式管理器"的"公差"选项卡中设置尺寸公差的操作可参见 9.3 节的尺寸标注样式设置。

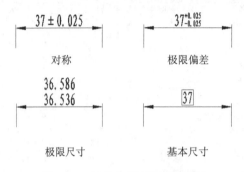

图 9-35　几种公差标注形式示例

9.4.2　形位公差

形位公差反映特征要素的形状、轮廓、定向、定位以及跳动等要求，如直线度、平面度等。形位公差标注在特征控制框中，这些控制框包含了单个标注的所有公差信息。一个完整的形位公差标注如图 9-36 所示，包含以下几个部分：

（1）特征控制框架。
（2）几何特征符号。
（3）公差范围描述。
（4）材料条件符。
（5）基准参考。
（6）公差值。

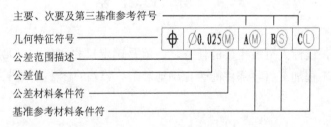

图 9-36　形位公差的组成

一个特征控制框至少由两部分组成。第一部分包含几何特征符号，表明该形位公差作用于哪个结构特征，图 9-36 表示的是位置度公差用于定位。第二部分包含该形位公差的公差值，也可能在公差值前加上一个直径符号，在后面加上一个材料条件符。图 9-36 中不仅仅包含这两部分，还包含了基准参考。

下拉菜单：标注→公差

图标："标注"工具栏中的 ⊞

命令行：TOLERANCE

激活"形位公差"命令后，AutoCAD 将显示图 9-37 所示的"形位公差"对话框。

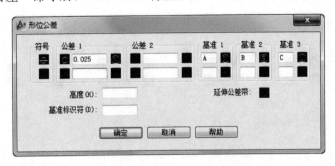

图 9-37 "形位公差"对话框

该对话框实际上是一个放大了的形位公差特征控制框，包含了一个形位公差的完全组成要素，可根据需要来创建形位公差标注。

在"符号"部分选择几何特征符号，单击黑框，AutoCAD 显示"符号"对话框，如图 9-38 所示，在其中选择一个项目符号或单击其中的白底框即可关闭此对话框。

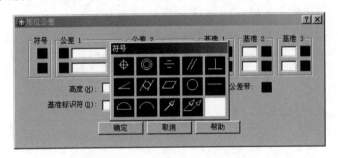

图 9-38 "符号"对话框

在"公差 1"部分可设置公差值。单击左边黑框加入公差范围调节符——直径符号"φ"；单击右边黑框给公差添加材料条件符，弹出"附加符号"对话框，如图 9-39 所示。用户选择一个符号或单击其中的白底框可关闭此对话框。执行同样的操作可编辑"公差 2"的内容。

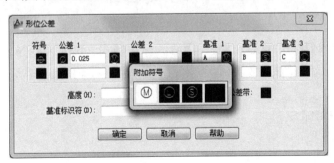

图 9-39 "附加符号"对话框

在"基准 1"、"基准 2"、"基准 3"的对话框中，用户可给形位公差添加基准参考。在该栏中分别标上 A、B、C 基准符号，或单击右边黑框加上基准参考材料条件。

如果要设置预定公差范围，可在"高度"文本框中输入公差范围的高度，然后选择"延伸公差带"右边的黑框，预定公差范围符号会出现在该框中。还可在"基准标识符"文本框中输入"—A—"等字符标明基准符号。

图 9-40 所示为组合形位公差的标注。

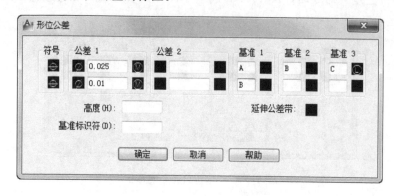

（a）"形位公差"对话框

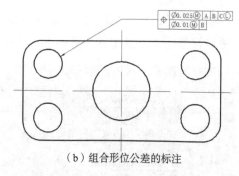

（b）组合形位公差的标注

图 9-40 "形位公差"对话框及其标注

当标注形位公差时，可结合"快速引线"命令一起使用，这样将极大地提高整个标注的速度。

9.5 标注编辑命令

尺寸标注的编辑包括尺寸文字位置、内容、标注样式、尺寸公差等方面的编辑和修改。用户可以使用 AutoCAD 的标注编辑命令或使用尺寸标注对象的夹点来编辑尺寸。

9.5.1 DIMEDIT 命令

1. 功能
修改或编辑已有的尺寸对象，如图 9-41 所示。

2. 命令格式及操作
下拉菜单：标注→倾斜

图标："编辑标注"工具栏中的

命令行：DIMEDIT

输入标注编辑类型［默认（H）/新建（N）/旋转（R）/倾斜（O）］＜默认＞：

其中，"默认（H）"、"新建（N）"、"旋转（R）"三项影响标注文字的编辑，"倾斜（O）"作用于尺寸界线。从"标注"下拉菜单中选择"倾斜"项来激活 DIMEDIT 命令相当于直接调用该命令的"倾斜（O）"。使用 DIMEDIT 命令可一次同时修改多个标注对象。

3. 选项说明

（1）默认（H）：如果已使用拉伸或 DIMEDIT 命令改变了文字的位置，使用该选项将标号组文字移回到标注样式定义的默认位置。

（2）新建（N）：用新的文字字符串来替代已存在的多行文本。选择该选项后，Auto-CAD 显示出"多行文字编辑器"来输入新的文字，选择"确定"按钮关闭编辑器。

（3）旋转（R）：旋转标注文字。

（4）倾斜（O）：使长度型标注的尺寸界线倾斜一定的角度。通常，AutoCAD 创建的尺寸标注、尺寸界线与尺寸线相互垂直。"倾斜"选项在图形中标注与其他特征有交叉时很有用。

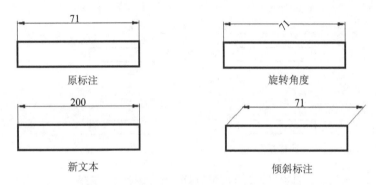

图 9-41　使用 DIMEDIT 命令编辑尺寸标注

9.5.2　DIMTEDIT 命令

1. 功能

该命令主要用来编辑单独存在关联尺寸标注文字的位置和方向。可移动和旋转标注文字，如图 9-42 所示。

2. 命令格式及操作

下拉菜单：标注→对齐文字

图标："编辑标注文字"工具栏中的 ![A]

命令行：DIMTEDIT

选择标注：（选择要编辑的标注）

指定标注文字的新位置或［左（L）/右（R）/中心（C）/默认（H）/角度（A）］：（给标注文字指定新的位置或选择一个选项）

DIMTEDIT 命令有五个选项："左（L）"、"右（R）"、"中心（C）"、"默认（H）"和"角度（A）"。在命令状态行输入相应的缩写字母选择某选项，或从"标注"下拉菜单中"对齐文字"项的下一级菜单中选择所需的选项。

3. 选项说明

（1）指定标注文字的新位置：该选项为默认选项，用户给编辑的标注文字定义一个新的放置位置，移动标注文字，可动态地拖动文字到一个新的位置。

（2）左（L）：将选择的标注对象的标注文字进行左对齐，即沿尺寸线靠近文字左边一条尺寸界线对齐。该选项只能用于长度型、半径型和直径型标注。

（3）右（R）：将选择的标注对象的标注文字进行右对齐，即沿尺寸线靠近文字右边一条尺寸界线对齐。该选项只能用于长度型、半径型和直径型标注。

（4）中心（C）：将标注文字居中放置。

（5）默认（H）：将使用编辑命令或夹点编辑移动位置的标注文字移回到默认位置。

（6）角度（A）：用于改变标注文字的旋转角度，文字的中心点位置不变，文字绕中心点旋转给定的角度。

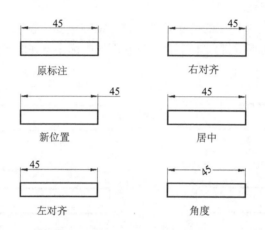

图 9-42　使用 DIMTEDIT 命令编辑标注文字

9.5.3　修改尺寸标注样式

用户要修改某种标注样式可以使用 STYLE 或 DIMSTYLE 命令打开"标注样式管理器"（图 9-17），选择要修改的标注样式名，然后选择"修改"按钮，用户可从"修改标注样式"对话框中修改样式的各种特性，具体方法同新建标注样式（参见 9.3.2 节）。还可使用 _DIMSTYLE 命令在命令行修改尺寸标注样式。

1. 命令格式及操作

命令行：_DIMSTYLE

当前标注样式：ISO—25（显示当前样式名）

输入尺寸样式选项［保存（S）/恢复（R）/状态（ST）/变量（V）/应用（A）/?］＜恢复＞：（用户可选择一个选项）

2. 选项说明

（1）保存（S）：存储当前尺寸标注系统变量的设置到一个标注样式中。在提示下输入 S 以选择该项。命令行接着提示如下。

输入新标注样式名或［?］：

命令提示输入新的标注样式名，输入一个名称后，AutoCAD 按当前尺寸变量设置创建一个新的标注样式。

（2）恢复（R）：该选项用于恢复已存在的标注样式的尺寸变量作为当前设置值。选中该选项后 AutoCAD 提示如下。

输入标注样式名、[?] 或<选择标注>：

提示输入一个标注样式名，如果不清楚有哪些已存在样式可输入"?"列出所有的已有标注样式；还可按 Enter 键选择"选择标注"项，这样就可以通过选择图形当中的标注对象来将该标注对象所使用的样式作为当前的标注样式。

（3）状态（ST）：输入 ST，使用该选项列出所有尺寸变量的当前值。

（4）变量（V）：列出某个标注样式或所选标注对象中的标注系统变量而不修改当前的设置。

（5）应用（A）：使用当前设置的尺寸标注系统变量更新所选择的标注对象。

（6）?：列表显示当前图形中所包含的所有尺寸标注样式。

9.5.4 更新尺寸标注

1. 功能

当重新设置了尺寸标注的标注样式、文字样式以及单位等特性时，又想让已存在的标注也作出相应的改动，可使用标注更新命令 UPDATE，利用当前标注变量、样式、文字样式和单位的设置来重新生成多个关联标注对象。

2. 命令格式及操作

命令行：DIM

标注：UPDATE

选择对象：（该选项相当于 _ DIMSTYLE 命令的"应用（A）"选项来实现标注的更新）

9.5.5 使用"对象特性管理器"编辑尺寸标注

用户可以方便地使用"对象特性管理器"来编辑尺寸标注对象。选择一个或多个标注对象，然后通过 _ PROPERTIES 命令打开特性管理器，如图 9-43 所示。

在管理器的上部选择"对象"下拉列表中的标注类型，可以通过特性管理器的特性列表中的"常规"项编辑和修改标注的通用特性，如线型、颜色等；在"其他"项中修改使用的标注样式；在"直线和箭头"项中修改标注的尺寸线、尺寸界线以及箭头等标注特性；在"文字"项中用户可以设置标注文字的字体样式、高度、放置方式、位置等；在"调整"项中用户可以设置标注的最佳效果；在"主单位"和"换算单位"项中可以修改和设置主单位和替代单位的特性；在"公差"项中可编辑修改公差标注的形式、单位和精度等特性。

图 9-43 使用"特性"管理器编辑标注

9.6 约束的应用

约束是 AutoCAD 2010 的新增功能，在 AutoCAD 2012 中对其进行了较大的改进。约束包括标注约束和几何约束两种类型。通过在"绘图"工具栏中右击，在弹出的快捷菜单中选择"标注约束"和"几何约束"选项，调出"标注约束"和"几何约束"工具栏，如图9-44所示。

图 9-44 "标注约束"和"几何约束"工具栏

9.6.1 约束的设置

在使用"约束"之前应先进行约束的设置，在 AutoCAD 2012 中调用"约束设置"有如下几种常用方法。

下拉菜单："参数"→"约束设置"，如图 9-45 所示。

图标："参数化"工具栏"约束设置"按钮

命令：CONSTRAINTSETTINGS

使用以上任意一种方法，系统均会弹出如图 9-46 所示的"约束设置"对话框，通过该对话框可以进行约束的具体设置。

图 9-45 "约束设置"菜单命令

图 9-46 "约束设置"对话框

9.6.2 创建几何约束

几何约束可以确定对象之间或对象上的点之间的关系。创建几何约束后，可以限制可能会违反约束的所有更改。AutoCAD 2012 中几何约束的类型和含义如表 9-1 所示。

"几何约束"能控制图形与图形之间的相对位置，能减少不必要的尺寸标注。在绘制三维草图的过程中，通过几个约束能对草图进行初步的定义，即通过一个图形来驱动和约束其他图形，从而大大节约了绘图的工作量。

表 9-1 AutoCAD 2012 几何约束的类型和含义

约束符号	含义	约束符号	含义
⟨	约束两直线垂直	∥	约束两直线平行
〰	约束直线水平	⫯	约束直线竖直
⟁	约束图形元素相切	⤳	约束图形元素交点平滑
⩘	约束图形元素共线	◎	约束图形元素同心
[⫶]	约束图形元素对称	=	约束图形元素相等
⥮	约束图形元素重合	🔒	固定图形元素位置

图 9-47～图 9-49 是创建相切约束的例子。

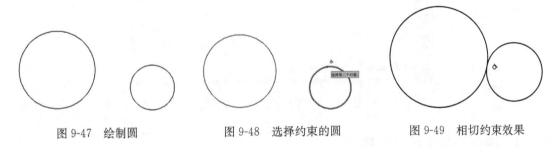

图 9-47　绘制圆　　　　图 9-48　选择约束的圆　　　　图 9-49　相切约束效果

9.6.3　创建标注约束关系

标注约束可以确定对象、对象上的点之间的距离或角度，也可以确定对象的大小。在使用了"标注约束"后，就不能通过"缩放"等编辑工具对其进行尺寸的更改，要改变"标注约束"对象的尺寸有如下两种方法。

1. 通过"标注约束"尺寸进行修改

在使用了"标注约束"后，双击标注约束尺寸数值，然后调整数值，图形尺寸会随着修改值进行相应的变化，如图 9-50 所示。

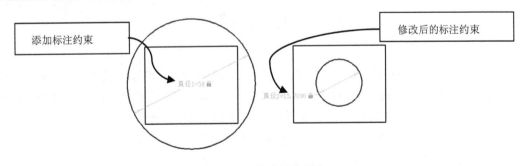

图 9-50　修改标注约束

2. 通过"参数管理器"进行修改

单击菜单栏"参数"下的"参数管理器"命令，系统弹出如图 9-51 所示的"参数管理器"选项板。

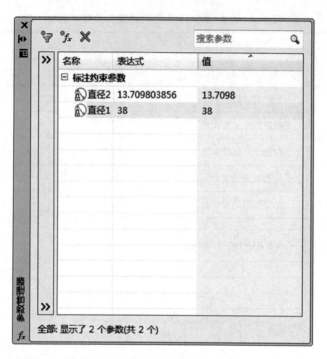

图 9-51　"参数管理器"选项板

9.6.4　编辑受约束的几何图形

几何图形元素被约束后，修改被约束的几何图形元素可以采用以下操作。首先需要删除几何约束或者修改标注元素的函数关系式，然后才能对图形元素进行修改，或者重新添加新的几何约束。

本章主要讲述了如何在绘制的图形当中创建尺寸标注，以及对尺寸标注对象的编辑。具体讲述了如何通过"标注样式管理器"来设置用户所需的样式；使用各种尺寸标注命令来进行标注；使用编辑命令、特性管理器等方法编辑尺寸标注对象。

9.7　思　考　练　习

（1）定义一个新的标注样式。具体要求如下：样式名称为"机械标注样式"，文字高度为 5，尺寸文字相对尺寸线偏移距离为 1.25，箭头大小为 4，尺寸界线超出尺寸线的距离为 2，基线标注时基线之间的距离为 10，其余设置采用系统默认设置。

（2）在中文版 AutoCAD 2012 中，尺寸标注类型有哪些，各有什么特点？

（3）什么是"几何约束"和"尺寸约束"？

第 10 章 AutoCAD 图形输入与输出

在 AutoCAD 2012 中，系统提供了图形输入与输出接口。用户可以将其他应用程序中处理好的数据传递给 AutoCAD，当然也能在 AutoCAD 中将绘制好的图形打印出来，或者把它们的信息传递给其他应用程序。本章将主要对图形的输入与输出作具体介绍。

10.1 图形的导入与打印

1. 导入图形

在 AutoCAD 2012 的"文件"菜单中单击"输入"命令，系统将打开"输入文件"对话框，在其中的"文件类型"下拉列表框中可以看到，系统可以导入 3D Studio、ACIS 以及图元文件等多种图形格式的文件。

2. 图形的打印输出

通过以下命令及操作可以将图形文件通过绘图仪、打印机打印输出。

下拉菜单：文件→打印

图标："标准"工具栏中的 🖶

命令行：PLOT

通过上述三种方式之一输入"打印"命令后，AutoCAD 将打开如图 10-1 所示的"打印"对话框。

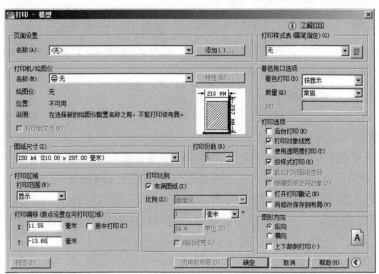

图 10-1 "打印"对话框

3. 打印设置

图形打印输出时，可利用图 10-1 所示对话框中各选项区提供的功能选项来完成图形的打印设置。下面具体介绍该对话框中各主要选项的功能。

（1）"打印机/绘图仪"选项区。

在该选项区中，"名称"下拉列表框中列出了当前已配置的打印设备，可以从中选择某一设备作为当前打印设备。一旦确定了打印设备，AutoCAD 就会在该选项区中显示出与该设备有关的信息。也可以通过单击"特性"按钮，浏览和修改当前打印设备的配置和属性。若在该选项区中选择"打印到文件"复选框，可将图形输出到打印文件，否则，系统将把图形输出到打印机或绘图仪。

（2）"打印样式表（画笔指定）"选项区，用于设置或新建打印样式表。

打印样式用来控制图形的具体打印效果，是一系列参数设置的集合，这些参数包括图形对象的打印颜色、线型、线宽、封口、灰度等内容。打印样式表是打印样式的集合，以文件的形式存在。

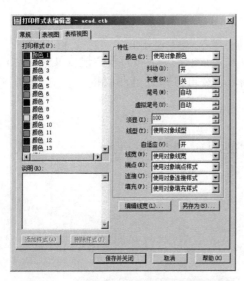

图 10-2 "打印样式表编辑器"对话框

如果要将打印样式表应用到布局中，可在"打印样式表"下拉列表框中选择一个样式表；如果要添加新的打印样式表，可在"打印样式表"下拉列表框中选择"新建"选项，使用"添加颜色相关打印样式表"向导，添加新的打印样式。还可以单击该选项区中的"编辑"按钮，打开如图 10-2 所示的"打印样式表编辑器"对话框，通过该对话框即可编辑打印样式表。

（3）"图纸尺寸"选项区，用于指定图纸尺寸及纸张单位。

（4）"打印份数"选项区，用于指定图形的打印份数。

（5）"打印偏移"选项区。

一般情况下选择"居中打印"复选框，则系统将自动计算偏移量以居中方式打印输出图形。用户若在 X 和 Y 文本框中输入偏移量，可指定相对于可打印区域左下角的偏移距离。

（6）"打印比例"选项区。

若选择了"布满图纸"复选框，系统将自动确定相应打印比例。否则，可在下拉列表框中选择标准缩放比例，或者输入自定义比例值，以确定图形的输出比例。布局空间的默认比例为 1：1。如果要按打印比例缩放线宽，可选择"缩放线宽"复选框。

（7）"图形方向"选项区，用于确定所绘图形在图纸上的输出打印方向。

"纵向"单选按钮表示图形按所绘方向输出；"横向"单选按钮表示图形按所绘方向旋转 90°输出；"上下颠倒打印"复选框用于确定是否将所绘图形反方向打印。

（8）"打印区域"选项区，用于指定要打印的图形区域。

其中，下拉列表框中的"窗口"选项表示打印位于指定矩形窗口中的图形，若选择此选项，并单击旁边的"窗口（0）＜"按钮，系统将返回视图窗口，用户可在视图中框选一个矩形区域，即指定打印的范围。打印区域设置完成后，会重新打开"打印"对话框。"显示"

选项表示将打印当前显示的图形对象。"图形界限"选项表示将打印位于由 LIMITS 命令设置的绘图图限内的全部图形。

（9）"打印选项"选项区。

① "打印对象线宽"复选框：确定是否打印指定给对象和图形的线宽。

② "按样式打印"复选框：指定是否使用为布局或视口指定的打印样式。

③ "打开打印戳记"复选框：打开绘图标记显示。若用户选择了该复选框，其后将会出现"打印戳记设置"按钮 ，单击该按钮，打开"打印戳记"对话框，在该对话框中可以设置"打印戳记"选项，如图 10-3 所示。

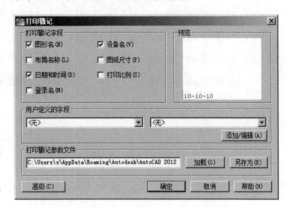

（10）"着色视口选项"选项区，用于在"布局"选项卡上指定视口的设置。

图 10-3　"打印戳记"对话框

4. 打印预览

图形打印设置完毕后，可单击图 10-1 所示对话框中左下角的"预览"按钮，打开如图 10-4 所示的图形预览窗口。从中可预览图形的输出结果，检查设置是否正确，例如，图形是否都在有效的输出区域内等。

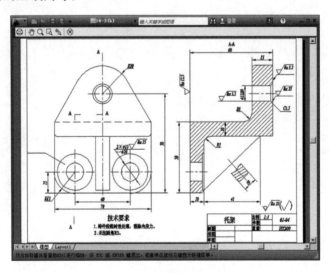

图 10-4　输出结果预览窗口

在预览窗口中，光标变成带加号和减号的放大镜状，按住鼠标左键向上拖动光标可放大预览图形，向下拖动光标可缩小预览图形。要结束全部预览操作，可直接按 Esc 键或单击窗口中的"关闭预览窗口"按钮 ，返回"打印"对话框。

经过打印预览，确认打印设置正确后，单击"打印"对话框中的"确定"按钮，Auto-CAD 即可按设置输出图形。

10.2　思　考　练　习

（1）在中文版 AutoCAD 2012 中，可以输入哪些图形文件？

（2）在中文版 AutoCAD 2012 中，如何通过打印设置，把 CAD 文件正确地打印出来？

（3）在中文版 AutoCAD 2012 中，如何选择打印区域和设置打印比例？

（4）在中文版 AutoCAD 2012 中，如何通过打印预览来修正打印结果？

第 11 章　AutoCAD 的三维绘图简述

AutoCAD 不仅具有强大的二维绘图功能，而且还具备同样强大的三维绘图功能。利用三维绘图功能可以绘制各种三维的线、平面以及曲面等，而且可以直接创建三维实体模型，并对实体模型进行抽壳、布尔等编辑操作。

本章首先介绍三维空间绘图的相关知识，然后简单介绍三维实体模型的创建和编辑方法。

树立正确的空间观念，灵活建立和使用三维坐标系，准确地在三维空间中设置点，是整个三维绘图的基础，同时也是三维绘图的难点所在。

11.1　三维模型分类

AutoCAD 支持三种类型的三维模型——线框模型、表面模型和实体模型。每种模型都有自己的创建和编辑技术。

1. 线框模型

线框模型是一种轮廓模型，它是三维对象的轮廓描述，主要由描述对象的三维直线和曲线组成，没有面和体的特征。在 AutoCAD 中，可以通过在三维空间绘制点、线、曲线的方式得到线框模型。如图 11-1 所示即为线框模型。

2. 表面模型

表面模型是用棱边围成的部分定义形体表面，再通过这些面的集合来定义形体。Auto-CAD 的曲面模型用多边形网格构成的小平面来近似定义曲面。表面模型特别适合于构造复杂曲面，如模具、发动机叶片、汽车等复杂零件表面，它一般使用多边形网格定义镶嵌面。由于网格面是平面的，因此网格只能近似于曲面，如图 11-2 所示。

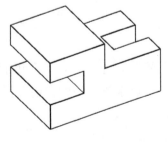

图 11-1　线框模型

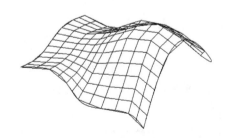

图 11-2　表面模型

3. 实体模型

实体模型如图 11-3 所示，是最容易使用的三维建模类型，它不仅具有线和面的特征，而且还具有体的特征，各实体对象间可以进行各种布尔运算操作，从而创建复杂的三维实体模型。

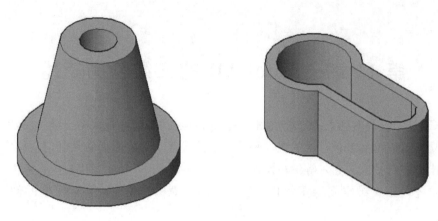

图 11-3 实体模型

11.2 坐 标 系

在三维建模中，坐标系及其切换是 AutoCAD 绘图中不可或缺的元素，在该界面上创建三维模型，其实是在平面上创建三维图形，而视图方向的切换则是通过调整坐标位置和方向实现的。因此三维坐标系是确定三维对象位置的基本手段，是研究三维空间的基础。

11.2.1 UCS 概念及特点

在 AutoCAD 中，"世界坐标系（WCS）"和"用户坐标系（UCS）"是常用的两大坐标系。"世界坐标系"是系统默认的二维图形坐标系，它的原点及各坐标轴的方向固定不变，因而不能满足三维建模的需要。

"用户坐标系"是通过变换坐标系原点及方向形成的，因而可以根据需要随意更改坐标系原点及方向。"用户坐标系"主要应用于三维模型的创建，它具有直观性、灵活性、单一性（系统只存在一个当前坐标系）的特点。

11.2.2 定义 UCS

UCS 坐标系表示了当前坐标系的坐标轴方向和坐标原点位置，也表示了相对于当前 UCS 的 XY 平面的视图方向，尤其在三维建模环境中，它可以根据不同的指定方位来创建模型特征。

在 AutoCAD 中管理 UCS 坐标系主要有如下几种常用方法。

功能区：单击"坐标"面板工具按钮，如图 11-4 所示。

工具栏：单击 UCS 工具栏对应工具的工具按钮，如图 11-5 所示。

命令行：UCS

图 11-4　"坐标"面板

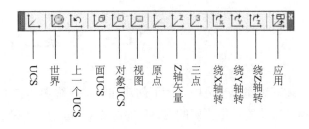

图 11-5　UCS 工具栏

1. UCS

单击该按钮，命令行出现以下提示。

命令行：_ucs

当前 UCS 名称：＊右视＊

指定 UCS 的原点或［面（F）/命名（NA）/对象（OB）/上一个（P）/视图（V）/世界（W）/X/Y/Z/Z 轴（ZA）］＜世界＞：

该命令行中各选项与工具栏中按钮相对应。

2. 世界

该工具用来切换回模型或视图的世界坐标系，即 WCS 坐标系。

3. 上一个 UCS

相当于绘图中的撤销操作，可返回上一个绘图状态，但区别在于仅返回上一个 UCS 状态，其他图形保持效果不变。

4. 面 UCS

该工具将新用户坐标系的 XY 平面与所选实体的一个面重合。

5. 对象 UCS

通过选择一个对象，定义一个新的坐标系，坐标轴的方向取决于所选对象的类型。

6. 视图

可使新坐标系的 XY 平面与当前视图方向垂直，Z 轴与 XY 面垂直，而原点保持不变。

7. 原点

该工具是系统默认的 UCS 坐标创建方法，它主要用于修改当前用户坐标系的原点位置，坐标轴方向与上一个坐标相同。

8. Z 轴矢量

通过指定一点作为坐标原点，指定一个方向作为 Z 轴的方向，从而定义新的用户坐标系。

9. 三点

该方式是最简单，也是最常用的一种方法，只需选取 3 点就可以确定新坐标系的原点、X 轴与 Y 轴的正向。

10. X/Y/Z 轴

将当前 UCS 坐标绕 X 轴、Y 轴或 Z 轴旋转一定角度，从而生成新的用户坐标系。

11.3　观察三维模型

在三维建模环境中，为了创建和编辑三维图形各部分的结构特征，需要不断调整显示方式和视图位置，以更好的观察三维模型，在此我们主要介绍与控制二维视图显示不同的三维视图控制方法。

1. 利用控制盘观察三维图形

在"三维建模"工作空间中，使用"三维导航器"工具和"视窗"标签，可快速切换各种正交或轴测视图模式，如图 11-6 所示，可以根据需要快速调整模型视点。

该三维导航器操控盘显示了非常直观的 3D 导航立方体，选择该工具按钮的各位置将显示不同的视图效果。

该导航器图标的显示方式可根据设计进行必要的修改，右击立方体并选择"ViewCube 设置"选项，系统弹出"ViewCube 设置"对话框，如图 11-7 所示。在该对话框中设置参数值可控制立方体的显示方式和行为，并且可在对话框中设置默认的位置、尺寸和立方体的透明度。

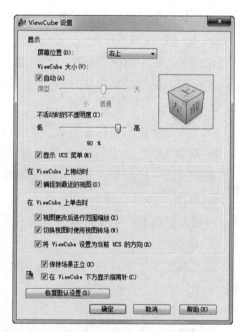

图 11-6　利用导航工具切换视图方向　　　　图 11-7　"ViewCube 设置"对话框

2. 控制盘辅助操作

通过控制盘可以访问不同的导航工具，可以用不同的方式平移、缩放或操作模型的当前视图，这样可将多个常用导航工具结合到一个单一界面中。此外，还可以自定义导航控制盘的外观和行为，右击导航控制盘，选择"SteeringWheels 设置"选项，弹出如图 11-8 所示的"SteeringWheels 设置"对话框，从而节省大量的设计时间，提高绘图的效率。如图 11-9 所示，在"视图"下拉菜单中选择 SteeringWheels，打开导航控制盘。控制盘有三种不同的形态以供使用，其中每个控制盘均拥有其独有的导航方式，如图 11-10 所示。

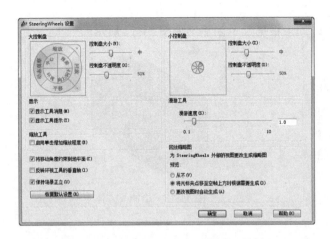

图 11-8　"SteeringWheels 设置" 对话框　　　　图 11-9　"视图" 下拉菜单

　　（a）查看对象控制　　　　　　（b）巡视建筑控制　　　　　　（c）全导航控制

图 11-10　导航控制盘

11.4　创建三维实体

　　实体模型是三维建模中重要的一部分，是最符合真实情况的模型。实体模型不再像曲面模型那样只是一个"空壳"，而是具有厚度和体积的模型。

　　AutoCAD 也提供了直接创建基本形状的实体模型命令。对于非基本形状的实体模型，可以通过曲面模型的旋转、拉伸等操作创建。

11.4.1　绘制基本实体

　　一些基本实体，如长方体、圆柱体、球体、锥体等，在 AutoCAD 三维建模环境中可以很方便的创建出来。

1. 绘制多段体

　　与二维图形中的"多段线"相对应的是三维图形中的"多段体"，它能快速完成一个实体的创建，其绘制方法与绘制多段线相同。在默认情况下，多段体始终带有一个矩形的轮廓，可以在执行命令后，根据提示信息指定轮廓的高度和宽度。

　　下拉菜单：绘图→建模→多段体

　　图标："建模"工具栏"多段体"按钮

命令行：POLYSOLID

通过以上任意一种方法执行该命令，即可根据提示创建出如图 11-11 所示的效果。

图 11-11 绘制多段体

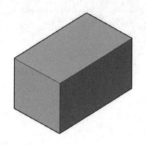

图 11-12 绘制长方体

2. 绘制长方体

"长方体"命令可创建具有规则实体模型形状的长方体或正方体等实体，如创建零件的底座、支撑板、建筑墙体等。

下拉菜单：绘图→建模→长方体

图标："建模"工具栏"长方体"按钮

命令行：BOX

根据命令提示操作，得到如图 11-12 所示的效果。

3. 绘制楔体

"楔体"可以看作是以矩形为底面，其一边沿法线方向拉伸（另一边不进行拉伸）所形成的具有楔状特征的实体。

下拉菜单：绘图→建模→楔体

图标："建模"工具栏"楔体"按钮

命令行：WEDGE

根据命令提示操作，得到如图 11-13 所示的效果。

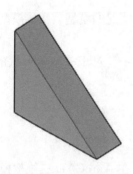

图 11-13 绘制楔体

图 11-14 绘制球体

4. 绘制球体

"球体"是在三维空间，到一个点（球心）距离相等的所有点的集合形成的实体，它广泛应用于机械、建筑等制图中，如控制杆球头、建筑物球形屋面等。

下拉菜单：绘图→建模→球体

图标："建模"工具栏"球体"按钮

命令行：SPHERE

根据命令提示操作，得到如图 11-14 所示的效果。

5. 绘制圆柱体

"圆柱体"是以面或圆为截面形状，沿截面法线方向拉伸所形成的实体，常用于绘制各类轴零件、建筑中的各类立柱等。

下拉菜单：绘图→建模→圆柱体

图标："建模"工具栏"圆柱体"按钮

命令行：CYLINDER

根据命令提示操作，得到如图 11-15 所示的效果。

6. 绘制圆锥体

"圆锥体"是以圆为截面形状，沿截面法线方向并按照一定锥度拉伸所形成的实体，常用于绘制轴类零件、建筑中的各类立柱等。

下拉菜单：绘图→建模→圆锥体

图标："建模"工具栏"圆锥体"按钮

命令行：CONE

根据命令提示操作，得到如图 11-16 所示的效果。

图11-15　绘制圆柱体　　　　　　　图11-16　绘制圆锥体

7. 绘制棱锥体

"棱锥体"可以看作是以一个多边形面为底面，其余各面是由有一个公共顶点的具有三角形特征的面所构成的实体。

下拉菜单：绘图→建模→棱锥体

图标："建模"工具栏"棱锥体"按钮

命令行：PYRAMID

根据命令提示操作，得到如图 11-17 所示的效果。

8. 绘制圆环体

"圆环体"是以圆为截面形状，绕与其共面直线旋转所形成的实体特征。

下拉菜单：绘图→建模→圆环体

图标："建模"工具栏"圆环体"按钮

命令行：TORUS

根据命令提示操作，得到如图 11-18 所示的效果。

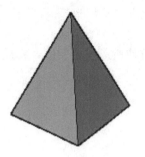

图 11-17　绘制棱锥体

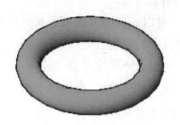

图 11-18　绘制圆环体

11. 4. 2　由二维对象生成三维实体

在 AutoCAD 中，不仅可以利用上面介绍的各类基本实体工具直接创建简单实体模型，还可以利用二维图形生成三维实体。

1. 拉伸

"拉伸"工具可以将二维图形沿指定的高度和路径，拉伸为三维实体。"拉伸"命令常用于创建管道、楼梯栏杆等物体。

先绘制二维截面图形，然后将二维图形用 REGION（面域）命令将截面转化为二维面，最后使用"拉伸"工具进行拉伸操作。

下拉菜单：绘图→建模→拉伸

图标："建模"工具栏"拉伸"按钮 🔳

命令行：EXTRUDE

根据命令提示操作，得到如图 11-19 所示的效果。

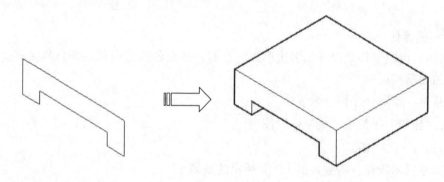

图 11-19　拉伸

2. 旋转

在创建实体时，用于旋转的二维图形必须是封闭的图形或区域。三维对象、包含在块中的对象、有交叉或自干涉的多段线不能被旋转，而且每次只能旋转一个对象。

先绘制二维截面图形和回转体中央的回转轴，然后将二维图形用 REGION（面域）命令将截面转化为二维面，最后使用"旋转"工具进行旋转操作。

下拉菜单：绘图→建模→旋转

图标："建模"工具栏"旋转"按钮

命令行：REVOLVE

根据命令提示操作，得到如图 11-20 所示的效果。

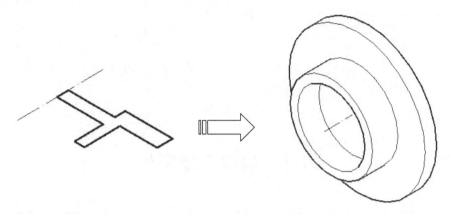

图 11-20　旋转

3. 扫掠

在创建实体时，可以将扫掠对象沿着开放或闭合的二维或三维路径运动扫描，来创建实体或曲面。

先绘制二维截面图形和路径，然后将二维图形用 REGION（面域）命令将截面转化为二维面，最后使用"扫掠"工具进行扫掠操作。

下拉菜单：绘图→建模→扫掠

图标："建模"工具栏"扫掠"按钮

命令行：SWEEP

根据命令提示操作，得到如图 11-21 所示的效果。

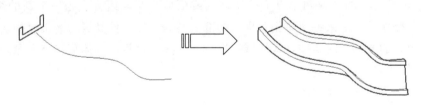

图 11-21　扫掠

4. 放样

"放样"是将横截面沿指定的路径或导向运动扫描得到的三维实体。横截面指的是具有放样实体截面特征的二维对象，并且使用该命令时必须指定两个或两个以上的横截面来创建实体。

下拉菜单：绘图→建模→放样

图标："建模"工具栏"放样"按钮

命令行：LOFT

根据命令提示操作，得到如图 11-22 所示的效果。

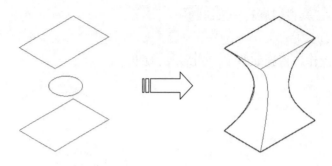

图 11-22　放样

11. 5　编辑三维实体

就像在二维绘图中可以使用修改命令对已经创建好的图形对象进行编辑和修改一样，也可以对已经创建的三维实体进行编辑和修改，以创建出所需的三维实体模型。借助 UCS 变换，使用平移、复制、镜像、旋转等基本修改命令，可对三维实体进行修改。鉴于内容所限，在此我们只介绍 AutoCAD 中的特色编辑功能——布尔运算。掌握好"布尔运算"功能的运用，我们可以在三维实体设计中更快、更方便地进行建模操作。

AutoCAD 的"布尔运算"功能贯穿建模的整个过程，尤其是在建立一些机械零件的三维模型时使用更频繁，该运算用来确定多个体（曲面或实体）之间的组合关系，也就是说通过该运算可将多个形体组合为一个形体，从而实现一些特殊的造型，如孔、槽、凸台和齿轮等特征都是执行布尔运算组合而成的新特征。

三维建模中"布尔运算"同样包括"并集"、"差集"、"交集"三种运算方式。

1. 并集运算

"并集"运算是将两个或两个以上的实体（或面域）对象组合成为一个新的组合对象。执行"并集"操作后，原来各实体相互重合的部分融为一体，使其成为无重合的实体。正是由于这个无重合的原则，对实体（或面域）进行"并集"运算后，体积将小于原来各个实体（或面域）的体积之和。

下拉菜单：修改→实体编辑→并集

图标："建模"或"实体编辑"工具栏"并集"按钮 ⓪

命令行：UNION

根据命令提示操作，得到如图 11-23 所示的效果。

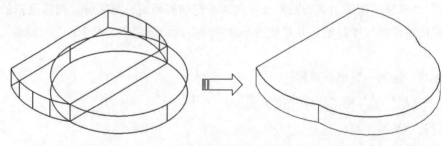

图 11-23　"并集"运算

2. 差集运算

"差集"就是将一个对象减去另一个对象,从而形成新的组合对象。在"差集"运算中,第一个选取的对象作为被剪切对象,之后选取的对象作为剪切对象。

注意:在执行"差集"运算时,如果第二个对象包含在第一个对象之内,则"差集"操作的结果是第一个对象减去第二个对象;如果第二个对象只有一部分包含在第一个对象之内,则"差集"操作的结果是第一个对象减去两个对象的公共部分;如果两个对象无公共部分,则"差集"运算执行失败。

下拉菜单:修改→实体编辑→差集

图标:"建模"或"实体编辑"工具栏"差集"按钮 ⓪

命令行:SUBTRACT

根据命令提示操作,得到如图 11-24 所示的效果。

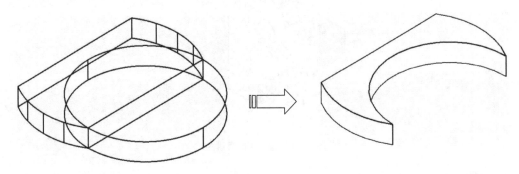

图 11-24　"差集"运算

3. 交集运算

在三维建模过程中,执行"交集"运算可获取两相交实体的公共部分,从而获得新的实体,该运算是"差集"运算的逆运算。

注意:在执行"交集"运算时,如果第二个对象包含在第一个对象之内,则"交集"操作的结果是第二个对象;如果第二个对象只有一部分包含在第一个对象之内,则"交集"操作的结果是两个对象的公共部分;如果两个对象无公共部分,则"交集"运算执行失败。

下拉菜单:修改→实体编辑→交集

图标:"建模"或"实体编辑"工具栏"交集"按钮 ⓪

命令行:INTERSECT

根据命令提示操作,得到如图 11-25 所示的效果。

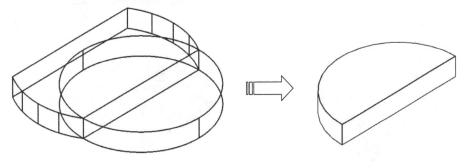

图 11-25　"交集"运算

11.6 综合实例

绘制如图 11-26 所示的三维支架，熟悉 UCS 坐标转换以及三维实体命令的运用。

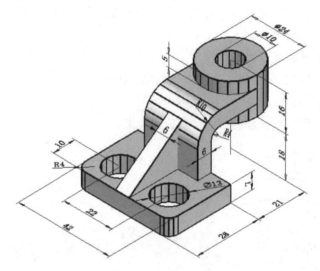

图 11-26 绘制支架模型

1. 开始

启动 AutoCAD 2012，并新建一个文件。

2. 绘制底座

(1) 绘制底座的二维截面图形，如图 11-27 所示。

(2) 将其转换为二维面域，并用布尔运算将两个圆用"差集"减除，如图 11-28 所示。

(3) 调用"拉伸"命令将底座实体模型建出，如图 11-29 所示。

(4) 将用户坐标系统 UCS 定义在如图 11-30 所示位置。

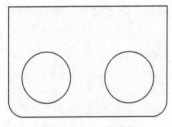

图 11-27 二维线框

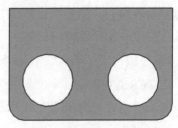

图 11-28 二维面域

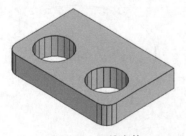

图 11-29 三维实体

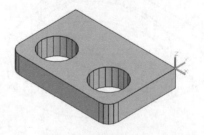

图 11-30 定义 UCS

3. 绘制支架臂

（1）在刚才定义的 UCS 中，绘制支架臂二维截面；然后再定义一个新的 UCS 坐标系统，如图 11-31 所示。

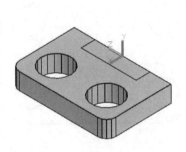

图 11-31　新 UCS 和支架臂截面

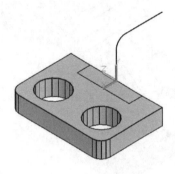

图 11-32　支架臂扫掠路径

（2）在新定义的 UCS 中，用 PLINE 绘制支架臂的路径，如图 11-32 所示。

（3）调用"扫掠"功能，建出支架臂三维模型并再次新建 UCS，如图 11-33 所示。

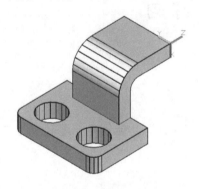

图 11-33　新 UCS 和支架臂实体

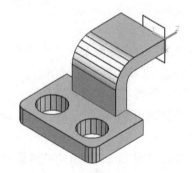

图 11-34　圆柱"旋转"截面

（4）在新定义的 UCS 中，绘制圆柱的"旋转"截面，如图 11-34 所示。

（5）调用"旋转"功能，建立圆柱三维模型并再次新建 UCS，如图 11-35 所示。

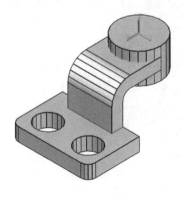

图 11-35　新 UCS 和圆柱实体

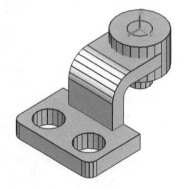

图 11-36　内圆柱实体

（6）在新定义的 UCS 中，用"拉伸"功能绘制内圆柱的实体，如图 11-36 所示。

（7）运用布尔运算功能，挖出中空的圆筒；利用"楔体"功能，建立肋板。最终效果如图 11-37 所示。

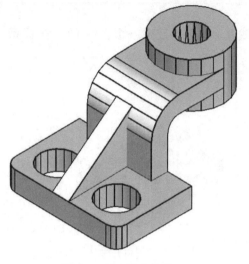

图 11-37　三维支架模型

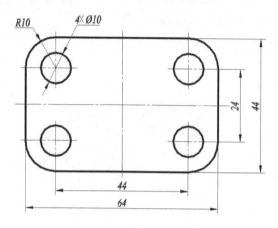

图 11-38　底板二维图形

11.7　思 考 练 习

（1）熟悉三维实体模型的各个功能。

（2）熟悉 UCS 坐标系统环境。

（3）了解并练习布尔运算功能。

（4）绘制如图 11-38 所示的二维轮廓，然后用"拉伸"功能创建与之对应的三维实体，拉伸高度为 50。

（5）绘制如图 11-39 所示的三维模型。

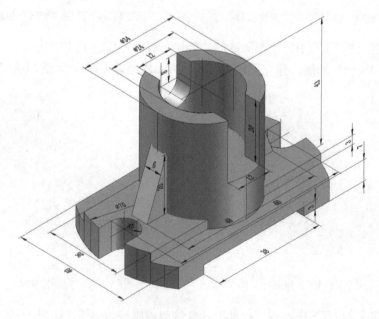

图 11-39　支座三维模型

第 12 章　平面绘图综合示例

通过对前面各章节的学习，读者对 AutoCAD 二维绘图已经有了比较全面的了解。但是，由于各章节的知识是相对独立的，因此，对各个章节知识的理解和掌握可能还不够系统和熟练。为了增进读者 AutoCAD 二维绘图的综合能力，本章将通过几个绘图实例，系统介绍整个绘图过程和步骤，从而帮助读者建立 AutoCAD 平面绘图的完整概念。在这里需要补充说明的是，图形的绘制可通过多种方法和步骤完成，以下所介绍的绘图方法和步骤并非唯一选择，仅供读者参考。

12.1　AutoCAD 平面绘图流程

使用 AutoCAD 绘制图样时，应首先进行绘图样式的格式化设置，如单位、图幅、图层、字体样式、标注样式等，然后再绘图、标注尺寸和文字等，具体绘图流程如图 12-1 所示。

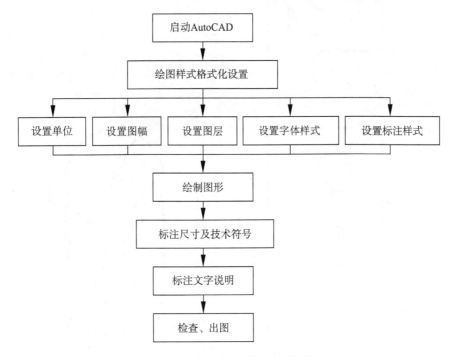

图 12-1　AutoCAD 平面绘图流程

下面针对不同专业的用户，分别以机械图样、建筑工程图和水工图样的绘制为实例，具体介绍 AutoCAD 二维工程图样的绘制方法和过程。

12. 2　AutoCAD 平面绘图示例

12. 2. 1　绘制机械图样

绘制如图 12-2 所示的组合体，可按以下步骤绘图。

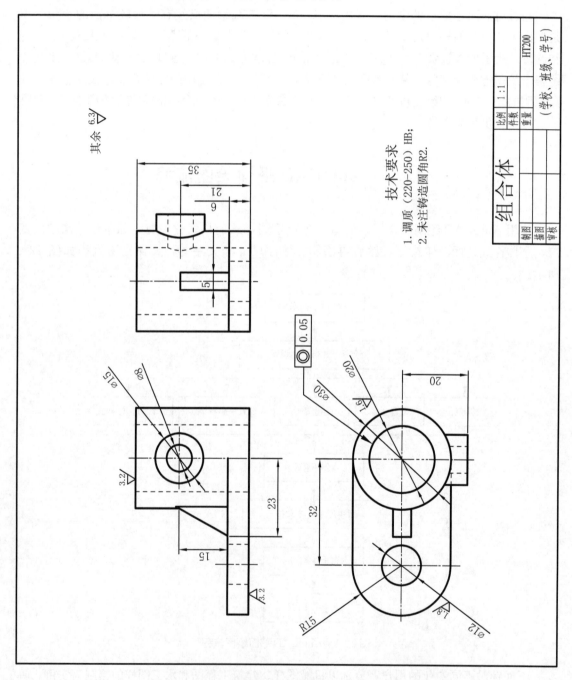

图 12-2　组合体

1. 绘图样式格式化设置

绘图样式格式化可通过图 12-3 所示的"格式"下拉菜单中的相应命令选项进行设置，图 12-2 中各样式可按表 12-1 所示进行设置。具体设置过程如下。

图12-3　"格式"下拉菜单　　　　图 12-4　示例一图形单位设置

表 12-1　示例一绘图样式格式化设置

图形界限	图形单位		文字样式		标注样式	图层
	单位	精度	汉字	数字		
420×297	毫米	0	仿宋 _ GB2312	italic.shx	见第 9 章	见表 12-2

（1）图形单位设置：

在"格式"下拉菜单中，单击"单位"命令选项，进入"图形单位"对话框，在其中设置"长度"的"类型"为"小数"，"精度"为 0；"角度"的"类型"为"十进制度数"，"精度"为 0；系统默认逆时针方向为正。设置结果如图 12-4 所示。

（2）图形界限设置：

AutoCAD 中绘图时，通常采用 1∶1 的比例绘制，因此图形界限应参照图形的实际尺寸进行设置。输入"图形界限"命令，命令行提示如下。

指定左下角点或[开(ON)/关(OFF)]<0，0>：（按 Enter 键确认左下角点为默认值<0，0>）

指定右上角点<420，297>：420，297

（3）设置图层：

在"格式"下拉菜单中单击"图层"命令选项，AutoCAD 将打开"图层特性管理器"对话框。在该对话框中单击"新建"按钮，依次按表 12-2 所约定的名称建立不同的新图层，并为新建图层参照表 12-2 设置图层的颜色、线型、线宽等属性，设置结果如图 12-5 所示。

表 12-2　示例一图层设置

图 层 名	颜 色	线 型	线 宽	用 途
0	7（白色）	CONTINUOUS	默认	辅助线层
中心线	1（红色）	CENTER	默认	绘制中心线
细实线	7（白色）	CONTINUOUS	默认	绘制细实线
粗实线	3（绿色）	CONTINUOUS	0.5mm	绘制粗实线
尺寸文本标注	7（白色）	CONTINUOUS	默认	标注尺寸文本
虚线	2（黄色）	DASHED	默认	绘制虚线

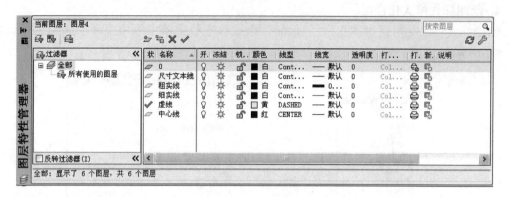

图 12-5　示例一图层设置结果

（4）设置文字样式：

根据工程图样对汉字和数字的不同要求，分别设置汉字样式和数字样式。

在"格式"下拉菜单中单击"文字样式"选项，AutoCAD 将打开"文字样式"对话框。单击"新建"按钮，新建样式名为"汉字"的文字样式。根据国标规定，工程图样中的字体为长仿宋体，故在"字体名"下拉列表框中设置字体为"仿宋 _GB2312"；字体高度设置为 5；"效果"选项组中设置"宽度因子"为 0.7。以上操作完成后，该样式的设置结果如图 12-6 所示。

图 12-6　示例一文字样式设置结果

按上述方法再次新建一个样式名为"数字"的文字样式，并设置其字体名为 italic. shx，字体高度为 3.5。

（5）设置标注样式：

在"格式"下拉菜单中单击"标注样式"命令选项，AutoCAD 将打开"标注样式管理器"对话框，使用该对话框新建和设置标注样式，具体设置方法详见第 9 章。

2. 定义图块

绘图时，应首先预览已给图样的形状、尺寸和其他技术标注及说明，然后确定正确、便捷的绘图方式。值得注意的是，每幅图样均有图框、标题栏，机械图样一般均须标注表面粗糙度等技术要求，因此可先将这些在图样中常用的图形和技术符号绘制出来并定义为图块，且应该用 WBLOCK（写块）命令定义为外部块，以便在其他图样中也能引用，再进行视图的绘制。对于图 12-2 所示图形可以把 A3 图框定义为块；标题栏和表面粗糙度符号分别定义为带属性的块，具体操作详见 7.3 节和 7.4 节。

3. 绘制视图

图 12-2 所示图样可参照以下步骤绘制视图。

（1）绘制视图的定位基准线。

图 12-2 所示图形，其长度方向基准为∅30 的中心线，宽度方向的基准为俯视图的水平线，高度方向的基准为组合体底面。分别画出主、俯、左视图的定位基准线，即∅15、∅8 和∅12、∅20、∅30 圆的中心线，如图 12-7 所示，可按以下方法和步骤绘制：

①把"中心线"图层设置为当前层（图 12-8），用"直线"命令 及"偏移"命令 以适当长度分别绘制俯视图各圆中心轴线；

②根据"长对正"关系及"偏移"命令 以适当长度绘制主视图中∅8、∅15 圆的中心线。

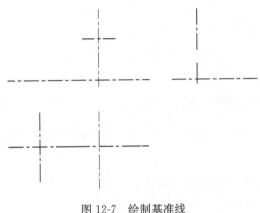

图 12-7　绘制基准线

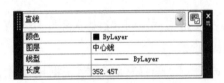

图 12-8　"中心线"图层

（2）绘制主、俯视图中的圆，如图 12-9 所示。

①在"粗实线"层上，用"圆"命令 绘制主、俯视图中的圆；

②在"粗实线"层上，用"直线"命令 绘制俯视图中两圆的公切线。

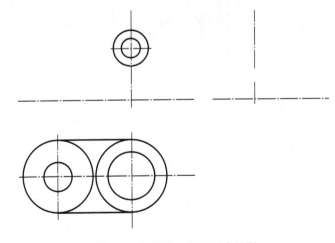

图 12-9　绘制主、俯视图中的圆

（3）绘制主、左视图。以上步骤完成后，如图 12-10 所示。

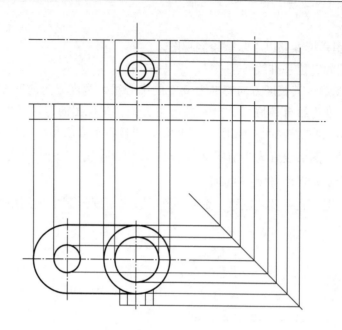

图 12-10　绘制主视图外轮廓

①根据视图间的投影关系，用"直线"命令 ✏ 绘制主、左视图长度方向和宽度方向的主要轮廓；

②用"偏移"命令 ⚒ 根据尺寸确定出主、左视图底板、圆柱的高度。

（4）修剪主、俯及左视图图线，如图 12-11 所示。

①用"修剪"命令 ✂ 修剪掉俯、主、左视图中多余的轮廓线、作图线；

②用"删除"命令 ✎ 删除掉修剪后剩余的图线。

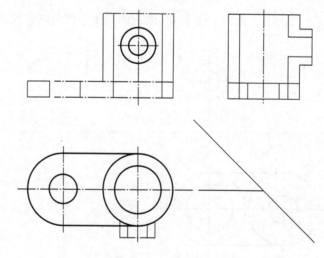

图 12-11　修剪图线

（5）绘制肋板、圆柱相贯线，如图 12-12 所示。

①用"直线"命令 ✏、"偏移"命令 ⚒ 根据尺寸绘制出肋板；

②用"圆弧"命令 ✏ 绘制出左视图中大小圆柱内外相贯线。

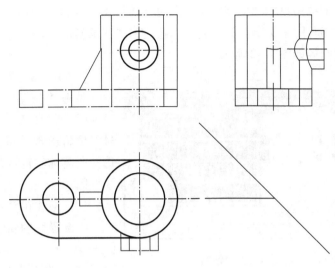

图 12-12　绘制肋板

（6）整理图线，如图 12-13 所示。

①用"快捷特性"或"线性匹配" 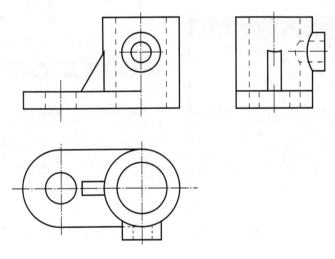，将图 12-12 中的图线按制图标准的要求及组合体图示要求将图线改为粗实线、细实线和中心线；

②用 ITSCALE 命令调整中心线、虚线的比例因子直至符合图线符号制图标准。

图 12-13　整理图线

（7）标注尺寸和文字。

在视图中用"插入"命令 将制作好的图框块插入到视图中，利用"移动"命令 适当调整各视图在图框中的位置，使图形布置匀称、合理，随后可参照以下步骤进行尺寸和文字的标注：

①在"格式"菜单下"标注样式"命令中按机械制图标准设置好标注样式；

②分别用"线性标注" 、"半径标注" 、"直径标注" 、"基线标注" 等尺寸标注命令，按图 12-2 所示进行尺寸标注，并对一些尺寸作适当的修改和调整，使尺寸线、尺寸界线和尺寸数字的位置协调合理，符合制图标准的要求；

③用“绘图”下拉菜单中“文字”命令中的“单行文字”或“双行文字”，按之前设置好的“汉字”样式书写图中文字，如图名、标题栏和“技术要求”等。

标注完毕后的图样如图 12-2 所示。

（8）标注公差。

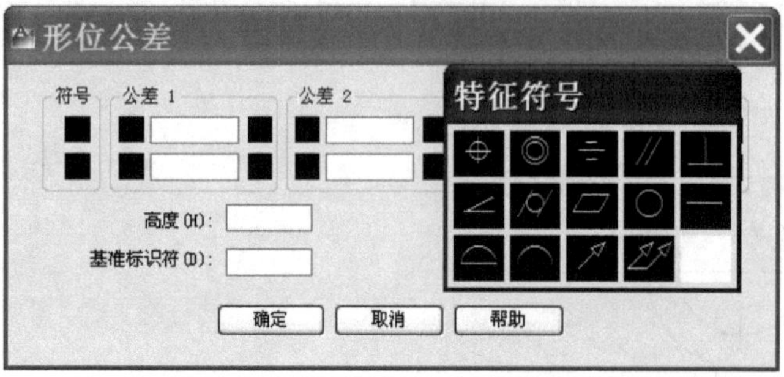

图 12-14　“特征符号”对话框

单击“公差”命令，出现如图 12-14 所示对话框，单击图中“符号”框将出现“特征符号”对话框。选择所需标注符号并输入数值进行标注（图12-14）。

（9）标注粗糙度。

①设置块的属性：单击菜单“绘图→块→定义属性”，弹出如图 12-15 所示的“属性定义”对话框，在画好的粗糙度图形上，输入“粗糙度”文字（图 12-16），同时调整到位，并设置好其他参数。

②建立块：单击菜单“绘图→块→创建”，或单击工具栏按钮，弹出如图 12-17 所示的“块定义”对话框，选取已设置好属性的粗糙度图形，设置三角形的顶点为“拾取点”并命名为 hh.

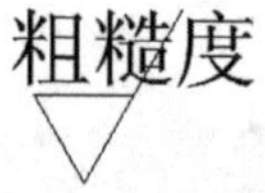

图 12-16　粗糙度图形

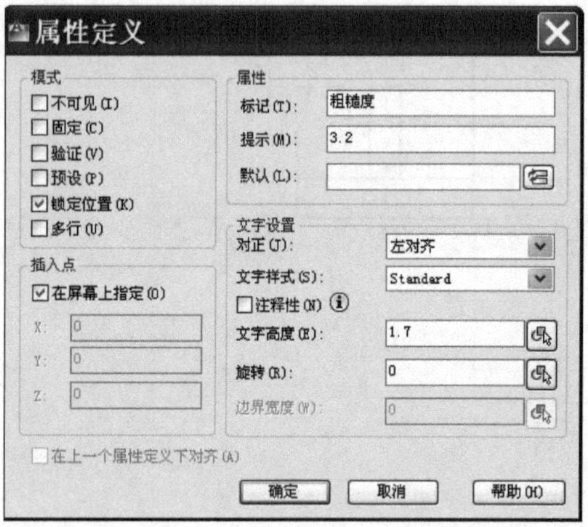

图 12-15　“属性定义”对话框

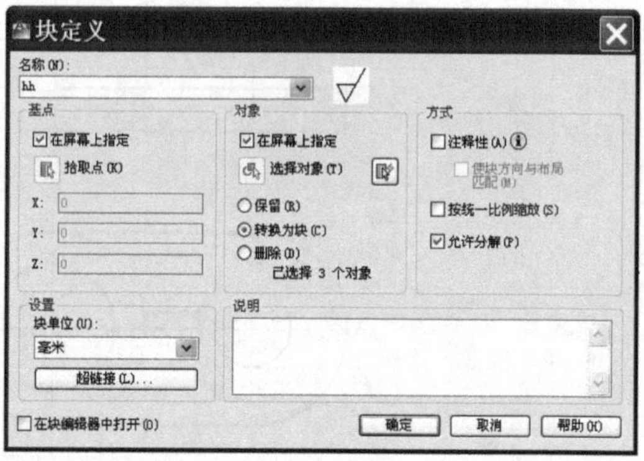

图 12-17　“块定义”对话框

③调入块：单击菜单“插入→块”，或单击工具栏上的按钮，选择名为 hh 的块，在图中需要标注粗糙度的位置插入图块，并按提示输入粗糙度值。

12. 2. 2　绘制水工图样

以大头坝设计图（图 12-18）为例，来说明水工图样的绘制过程。

1. 绘图样式格式化设置

绘图样式可按表 12-3～表 12-5 进行设置。

注意：由于大头坝设计图用 1∶1 比例绘制，其字体样式和尺寸样式设置都要做相应修改。

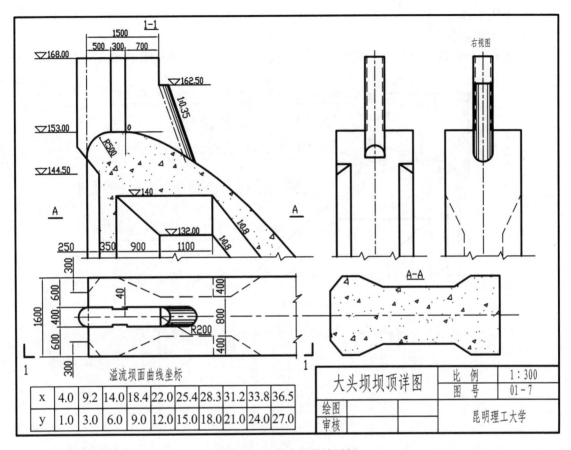

图 12-18　大头坝设计图例

表 12-3　大头坝设计图的绘图样式格式化设置

图形界限	图形单位		文字样式		图层	尺寸样式
	单位	精度	汉字	数字		
12600×9000	厘米	0.00	仿宋_GB2312 字体高度：300	italic.shx 字体高度：100	见表 12-4	见表 12-5

表 12-4　大头坝设计图的图层设置

图 层 名	颜 色	线 型	线 宽	用 途
0	白色	CONTINUOUS	默认	辅助线层
中心线	红色	CENTER	默认	绘制中心线
粗实线	绿色	CONTINUOUS	0.3mm	绘制粗实线
细实线	白色	CONTINUOUS	默认	绘制细实线
虚线	黄色	DASHED	默认	绘制虚线

表 12-5　大头坝设计图的尺寸样式设置

尺寸基线距离	尺寸界线超出尺寸线	起点偏移量	箭头大小	文字高度	文字从尺寸线上偏移	小数点分隔符
180	80	0	150	100	30	"."（句号）

2. 绘图步骤

（1）绘制主视图。

主视图的绘制可按图 12-19 所示的方法进行，具体绘图过程参见图 12-20。

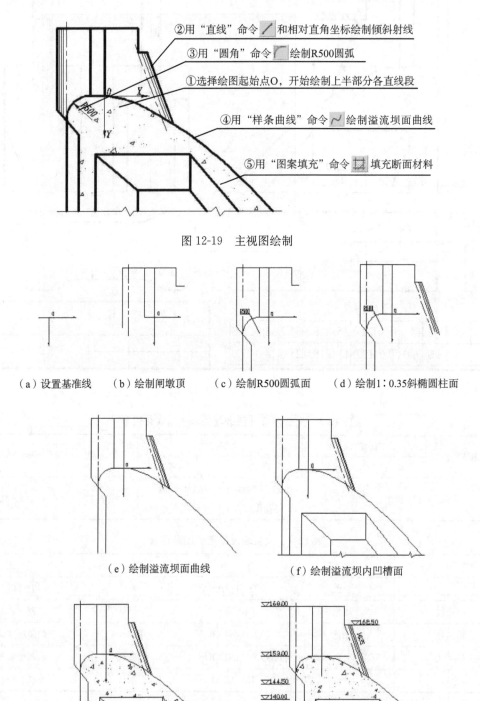

②用"直线"命令 ╱ 和相对直角坐标绘制倾斜射线

③用"圆角"命令 ╱ 绘制R500圆弧

①选择绘图起始点O，开始绘制上半部分各直线段

④用"样条曲线"命令 ∿ 绘制溢流坝面曲线

⑤用"图案填充"命令 ▦ 填充断面材料

图 12-19　主视图绘制

（a）设置基准线　　（b）绘制闸墩顶　　（c）绘制R500圆弧面　　（d）绘制1：0.35斜椭圆柱面

（e）绘制溢流坝面曲线　　　　　（f）绘制溢流坝内凹槽面

（g）填充溢流坝断面材料　　　　　（h）标注尺寸及标高

图 12-20　主视图绘制步骤

①选择绘图起始点，绘制上半部分各直线段；

②用"直线"命令 和相对直角坐标绘制倾斜射线；

③用"圆角"命令 绘制 R500 圆弧；

④用"样条曲线"命令 绘制溢流坝面曲线；

⑤用"图案填充"命令 填充断面材料。

（2）绘制平面图。

①绘制定位中心线，根据已知尺寸画出外轮廓矩形框和溢流坝体中间的凹槽部分虚线的轮廓，如图 12-21 所示；

②由于图形是对称的，可以只画出一半投影，最后用"镜像复制"命令完成另一半的绘制；

③绘制闸墩的平面图时，应注意闸墩下游处的相贯线画法。

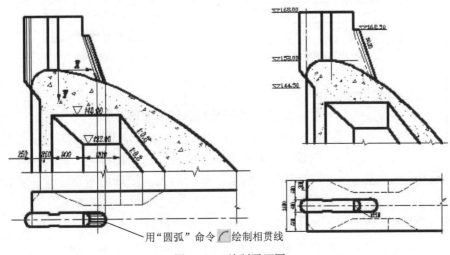

用"圆弧"命令 绘制相贯线

图 12-21　绘制平面图

（3）绘制左视图和右视图，由于这两个视图比较简单，在此不做赘述。

（4）绘制 A—A 断面图。

①根据立面主视图中 A—A 剖切位置线引出投影连线，分别确定 1～7 点的位置，便可以绘制断面图的半边轮廓，如图 12-22（a）所示；

②用"镜像复制"命令绘出另一半轮廓；

③填充材料图例，如图 12-22（b）所示；

④用移动命令将绘制好的 A—A 断面图移至图纸右下角空白处。

（5）标注尺寸，填写图中文本信息。

（6）绘制溢流坝面曲线坐标表，并填写数据。

（7）检查图形，调整位置。

（8）将预先定义好属性的 A3 图框和标题栏图块以合适的（放大）比例插入该图中，一张完整的大头坝水工图就完成了，今后可以根据需要，调整比例打印出图。

注意：①凡对称图形均可只绘出一半图形，然后用"镜像复制"命令 绘出另外一半；

②A—A 断面图可在主视图下方先绘出，这样便于长对齐，从而使绘图过程更加准确和便捷，然后用"移动"命令 将其移到图纸右下角空白处并进行标注。

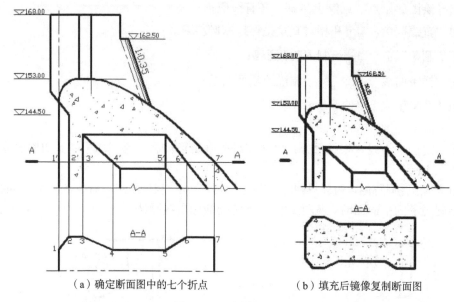

（a）确定断面图中的七个折点　　　　（b）填充后镜像复制断面图

图 12-22　绘制断面图

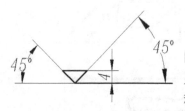

（a）标高符号基本图形

标高值

（b）对标高值定义属性

图 12-23　标高及标高值图块

3. 标高符号及标高值的图块

在 AutoCAD 中，没有直接定义标高的功能，要解决这个问题，可参照 7.4 节的表面粗糙度标注方法，将标高符号定义为带属性的块，然后插入到图形的适当位置。具体操作过程如下：

（1）绘制标高符号。根据标高符号的实际尺寸用"直线"命令 ✏ 绘制标高符号，如图 12-23（a）所示。

（2）定义标高值的文本属性。

（3）将标高符号及其标高文本属性一同写入图块。标高图块可以直接用"写块（WBLOCK）"命令完成，如图 12-23（b）所示。

（4）标高符号的插入标注。根据图样标注要求，用"插入块"命令将定义好的图块插入到图形的相应位置。

按以上步骤的操作结果如图 12-18 所示。

12.2.3　绘制建筑工程图样

建筑工程图样以房屋楼层平面图和楼梯图最为典型，下面就这两种图样的绘制为例介绍建筑工程图样的绘制过程和方法。

如图 12-24 所示的建筑平面图，可按以下步骤绘制。

1. 绘图样式格式化设置

本示例中的绘图样式可参照表 12-6 和表 12-7 的要求进行设置。具体设置方法和步骤可参照前面，不同之处在于，标注样式设置中应将尺寸箭头设置为"建筑标记"。

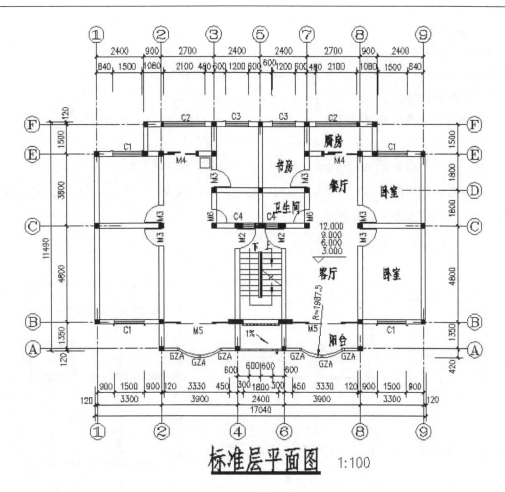

图 12-24　建筑平面图示例

表 12-6　三绘图样式格式化设置

图形界限	图形单位		文字样式		标注样式	图层
	单位	精度	汉字	数字		
25000×24000	毫米	0	仿宋 _ GB2312 字体高度：0	italic. shx 字体高度：0	同前例	见表 12-5

表 12-7　三图层设置

图 层 名	颜 色	线 型	线 宽	用 途
0	白色	CONTINUOUS	默认	辅助线层
轴线	红色	CENTER	默认	绘制定位轴线
墙线（粗实线）	白色	CONTINUOUS	0.5mm	绘制墙体
柱（粗实线）	白色	CONTINUOUS	0.5mm	绘制柱
区域轮廓线	蓝色	CONTINUOUS	0.25mm	绘制次要轮廓线
门、窗（细实线）	绿色	CONTINUOUS	0.18mm	绘制门、窗
虚线	黄色	DASHED	0.18mm	绘制虚线
尺寸标注	品红	CONTINUOUS	0.18mm	标注尺寸、标高等
文本标注	白色	CONTINUOUS	默认	施工说明、文字等内容

2. 绘制图形

从图 12-24 可以看出，该平面图左、右以轴线⑤对称，因此，可先画轴线⑤左边的一半图形，右半部分可由"镜像"命令 ◭ 绘制。具体绘制过程如下。

（1）绘制定位轴线。

定位轴线是建筑图的定位基准，一旦确定，则墙、柱、门、窗等的位置也就确定了。定位轴线线型为细点画线，绘制时将当前图层设置为"轴线"层。

①用"直线"命令 ╱ 绘制轴线①和轴线 A，即 12 和 34 两直线；

②根据各轴线间距，利用"偏移"命令 ⬚ 绘制其他轴线：轴线②、③、④、⑤和轴线 B、C、D、E、F，如图 12-25 所示。

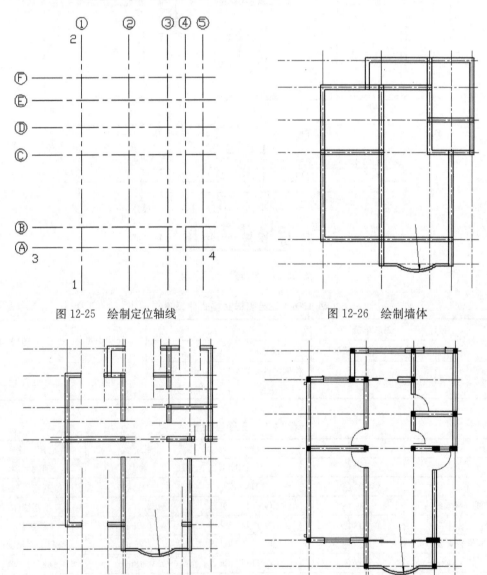

图 12-25　绘制定位轴线　　　　　　图 12-26　绘制墙体

图 12-27　绘制门窗洞口

（2）绘制墙体。

墙体通常可采用多线命令绘制。

①根据图中墙厚尺寸和墙体形状，设置多线为包含两直线元素的多线样式，偏移量设为±120mm；

②将"墙线"层设置为当前层，用"多线"命令分别绘制各墙体轮廓，结果如图 12-26 所示；

③根据墙体轮廓，用"多线编辑工具"编辑多线，使多线相交处连接正确。

（3）绘制门、窗洞口。

①根据图中轴线与门、窗洞的定位关系，用"偏移"命令 🖼 偏移轴线到门、窗洞口（偏移距离为定位尺寸），确定门、窗洞口的位置和宽度；

②再用"修剪"命令 🖾 修剪出门、窗洞，以完成门、窗洞口的绘制，结果如图 12-27 所示。

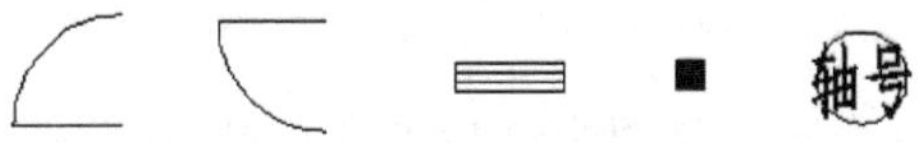

（4）绘制门、窗、柱和轴线标记等。

为使绘图快捷、修改方便，门、窗、柱和轴线

图 12-28　门、窗、柱、轴线标记图块

标记的绘制通常用插入"图块"的方式进行，这些图块结构的基本图形如图 12-28 所示，定义和插入图块的方法参见 7.4 节。

（5）用"镜像"命令 🖾 绘制出另一半图形，修改图形细节，结果如图 12-29 所示。

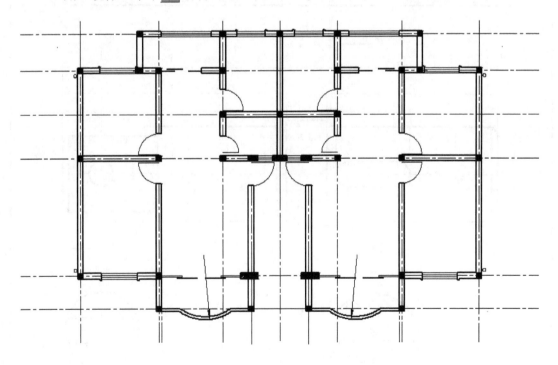

图 12-29　镜像画出平面图右半部分

（6）检查、修改、补充完善图形。

（7）进行尺寸和标高符号标注。

将"尺寸标注"层设置为当前图层，即可利用之前设置好的"尺寸标注样式"，按以下步骤进行尺寸和标高符号的标注：

①利用"线性标注"命令 ⊟、"基线标注"命令 ⊟ 和"连续标注"命令 ⊞ 标注图中的线性尺寸；

②利用"半径"命令 ⊙ 标注图中圆弧阳台的半径尺寸；

③根据图样中的要求，以图块插入的方式标注标高符号。

（8）文字标注。

将当前层设置为"文本标注"层，利用"绘图"下拉菜单中的"文字"命令标注图中的文字说明。

按以上步骤操作完成后，结果如图 12-24 所示。

12.3 思 考 练 习

（1）按要求绘制如图 12-30 所示的泵轴零件图。要求如下：

①定义图框、标题栏和技术要求符号图块及其属性；

②设计绘图方案并绘制图形；

③按照图样要求设置文本标注和尺寸标注样式，并标注尺寸、图样技术要求；

④在图样中插入已定义好的图块；

⑤修改、存盘或打印出图。

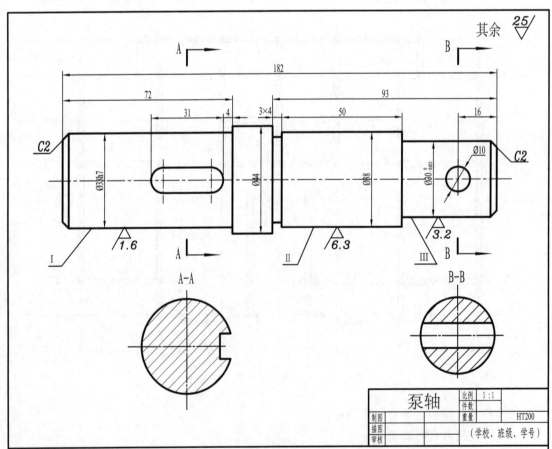

图 12-30 泵轴零件图

（2）按要求绘制如图 12-31 所示的教室一层平面图。要求如下：

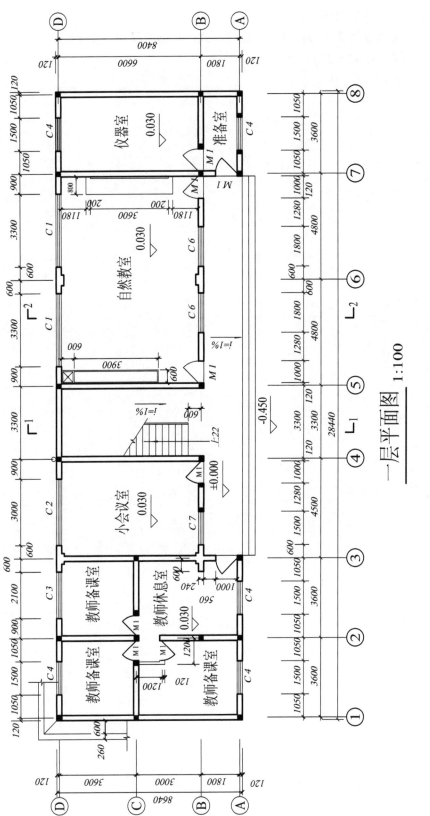

一层平面图 1:100

图12-31　一层平面图

①定义图框、标题栏和技术要求符号图块及其属性；

②设计绘图方案并绘制图形；

③按照图样要求设置文本标注和尺寸标注样式，并标注尺寸、技术说明要求；

④在图样中插入已定义好的图块；

⑤修改、存盘或打印出图。

参 考 文 献

朱龙. 2007. 中文版 AutoCAD2006 教程. 北京：科学出版社.

张永茂，王继荣. 2010. AutoCAD2010 中文版机械绘图实例教程. 北京：机械工业出版社.

李承军，胡仁喜. 2010. AutoCAD2011 中文版实用教程. 北京：机械工业出版社.

陈志民. 2011. AutoCAD2012 实用教程. 北京：机械工业出版社.

胡仁喜，成昊. 2011. 新概念 AutoCAD2011 建筑制图教程. 北京：科学出版社.

李善锋，姜勇，李原福. 2012. AutoCAD2012 中文版完全自学教程. 北京：机械工业出版社.